Jan Fuhse · Christian Stegbauer (Hrsg.)

Kultur und mediale Kommunikation in sozialen Netzwerken

Netzwerkforschung

Herausgegeben von
Roger Häußling
Christian Stegbauer

In der deutschsprachigen Soziologie ist das Paradigma der Netzwerkforschung noch nicht so weit verbreitet wie in den angelsächsischen Ländern. Die Reihe „Netzwerkforschung" möchte Veröffentlichungen in dem Themenkreis bündeln und damit dieses Forschungsgebiet stärken. Obwohl die Netzwerkforschung nicht eine einheitliche theoretische Ausrichtung und Methode besitzt, ist mit ihr ein Denken in Relationen verbunden, das zu neuen Einsichten in die Wirkungsweise des Sozialen führt. In der Reihe sollen sowohl eher theoretisch ausgerichtete Arbeiten, als auch Methodenbücher im Umkreis der quantitativen und qualitativen Netzwerkforschung erscheinen.

Jan Fuhse
Christian Stegbauer (Hrsg.)

Kultur und mediale Kommunikation in sozialen Netzwerken

VS VERLAG

Bibliografische Information der Deutschen Nationalbibliothek
Die Deutsche Nationalbibliothek verzeichnet diese Publikation in der
Deutschen Nationalbibliografie; detaillierte bibliografische Daten sind im Internet über
<http://dnb.d-nb.de> abrufbar.

1. Auflage 2011

Lektorat: Frank Engelhardt

VS Verlag für Sozialwissenschaften ist eine Marke von Springer Fachmedien.
Springer Fachmedien ist Teil der Fachverlagsgruppe Springer Science+Business Media.
www.vs-verlag.de

Umschlaggestaltung: KünkelLopka Medienentwicklung, Heidelberg
Gedruckt auf säurefreiem und chlorfrei gebleichtem Papier
Printed in Germany

ISBN 978-3-531-17041-1

Inhalt

Einleitung: Über das Verhältnis von Kultur, Kommunikationstechnologien und sozialen Netzwerken

Christian Stegbauer und Jan Fuhse

1   Zur Fragestellung des Bandes

Der vorliegende Band hat zum Ziel, das Verhältnis zwischen Kultur, Kommunikationsmedien und sozialen Netzwerken zu beleuchten. Kommunikationstechnologien können die Bildung von sozialen Netzwerken ermöglichen und dadurch zu Veränderungen der Kultur führen. Zugleich wird die kulturelle Bedeutung von Kommunikationstechnologien und deren Inhalten in sozialen Netzwerken verhandelt. Beispiele dafür sind etwa die Subkulturen, die sich derzeit im Internet bilden, die Netiquette, die Rolle von Mobiltelefonen für soziale Beziehungen und die Wirkung massenmedialer Inhalte, gefiltert durch die sozialen Netzwerke des Publikums.

Die Begriffe Netzwerk und Kultur sollen diesen Wandel sozialer Strukturen durch Kommunikationsmedien beleuchten, setzen dabei auf unterschiedliche Weise an: Auf der Strukturebene verändert die Art und Weise, wie wir im Internet oder mobil kommunizieren, die persönlichen Netzwerke, lässt Beziehungen bestehen, die sonst abgerissen wären, hilft neue Beziehungen zu knüpfen etc. Abgesehen von dieser reinen Strukturebene von Sozialbeziehungen entstehen kulturelle Bedeutungen auf der Ebene der sozialen Netzwerke und dort werden sie auch durch Tradierung aufbewahrt.

Struktur und Kultur sollen also gemeinsam in den Blick genommen werden. Viele Phänomene – etwa zur Verankerung von kulturellen Differenzen in Netzwerken oder zur Stabilisierung von struktureller Trennung durch Kategorisierungen – werden erst in der Zusammenschau beider Begriffe sichtbar. Eine solche Zusammenschau setzt sich in den letzten Jahren auch in der Netzwerkforschung durch (Fine / Kleinman 1983; Hannerz 1992; Emirbayer / Goodwin 1994; Fuhse / Mützel 2010).

Kultur wird hier – in Anlehnung an Max Weber, die wissenssoziologische Tradition und Niklas Luhmann – verstanden als gemeinsam gebrauchte Sinnmuster (Schemata, Symbole, praktische Verhaltensweisen, Kategorien) in der Kommunikation (Fuhse 2008: 54). Sehr viele soziale Phänomene – wie die Beteiligten sich verhalten, wie sie kommunizieren, wer ausgeschlossen wird etc. – lassen sich somit als Kultur beobachten. Vieles davon ist in konkreten Kommunikationssituationen verhandelbar, weite Bereiche gehören aber auch zum Common Sense und sind von daher der Reflexion und Analyse kaum zugänglich (Geertz 1983).

Ausgangspunkt der vorliegenden Überlegungen ist, dass kulturelle Sinnmuster in der Kommunikation verbreitet und reproduziert werden, sich aber auch verändern oder sogar aus der Kommunikation wieder verschwinden können. Kultur wird insofern als das Ergebnis von kommunikativen Aushandlungsprozessen gesehen. Wenn Kommunikation mehr und mehr durch Kommunikationstechnologien kanalisiert und ermöglicht wird, führt dies entsprechend auch zu Veränderungen in der sozialen Verbreitung und in der Aushandlung dieser Sinnmuster.

Genau wie die Schrift, der Buchdruck oder das Fernsehen (Luhmann 1997: 249ff) sorgen in letzter Zeit neue Kommunikationstechnologien wie das Mobiltelefon oder das Internet dafür, dass sich neue kulturelle Formen und neue Muster des sozialen Umgangs ausbilden (Baecker 2007). So werden die mit dem Internet zusammenhängenden soziokulturellen Milieus noch kleinteiliger (Stegbauer 2001) und tendenziell ortsunabhängiger (Thiedeke 2003).

Wenn im Zusammenhang mit kulturellen Formen Kommunikationstechnologien genannt werden, dann ist aus unserer sozialwissenschaftlichen Perspektive insofern Vorsicht geboten. Wir wollen keinesfalls in Technikdeterminismus (Schulz-Schäffer 2000) abgleiten. Gleichwohl steht die Technik in einem Wechselverhältnis zur Entwicklung von Beziehungsstrukturen und den in diesen Strukturen mitentwickelten Bedeutungen. Die Technologie ermöglicht das Soziale und ist gleichzeitig in seiner Entstehung ebenfalls sozial bedingt (McKenzie 1998). Dennoch ist klar, dass die Technologie den Rahmen absteckt, innerhalb dessen neue soziale Formen und Strukturen entstehen können. Dabei kommt es oft vor, dass der von den Informatik-Ingenieuren vorgegebene Rahmen auch gesprengt wird – es zu eigensinnigen Nutzungen kommt, die sozial konstruiert werden. Dieses Wechselverhältnis ist ein kompliziertes und immer noch nicht ausreichend untersuchtes Feld – es wird vor allem thematisiert in der Techniksoziologie.

Wie und mit welchen Konsequenzen kommuniziert wird, das ist eine Frage, die vor allem die Kommunikationssoziologie angeht. Auch wenn dies in der Medien- und Kommunikationswissenschaft noch nicht durchgängig angekommen ist: Das Internet ist mittlerweile zum wichtigsten Medium von Jugendlichen geworden. Es bestimmt den Alltag der heranwachsenden Generation zu einem großen Anteil mit (StudienVZ 2010). Es eröffnet dabei auch den Raum für Spezialkulturen, es ermöglicht eine viel kleinteiligere Kommunikation und besitzt durchaus auch eine panoptische Funktion (Stegbauer 1996) und eine Möglichkeit der Selbstvergewisserung am Vorbild der Anderen. Diese Funktion ermöglicht auch das Aufnehmen und die Widerspiegelung des eigenen Standes im Wettbewerb mit Gleichgesinnten – bei White (1992) wird dies „pecking order" genannt. Auf der Ebene der Ermöglichung wird so deutlich, wie stark die Entwicklung unserer Kultur sich gleichzeitig mit den zur Verfügung stehenden Kommunikationsmedien verändern. Und – obgleich enormes Potential in den Medien steckt, dürfen bei der Interpretation begrenzende Faktoren nicht außer Acht gelassen werden. Grenzenlos ist die Kommunikation im Internet keinesfalls (Stegbauer 2001) – sie ermöglicht aber eine Verschiebung von Grenzen, das Entstehen von neuen Geflechten und ist damit nicht zu unterschätzen.

Spätestens seitdem durch sogenannte Social Software (Stegbauer/ Jäckel 2008) oder das Web 2.0 Beteiligung und Selbstdarstellung ermöglicht und gefordert wird, gehört das Internet zu den wichtigen Utensilien hinsichtlich der Identitätsentwicklung insbesondere junger Leute. Hier werden Erfahrungen mit der Reaktion Anderer gemacht – eine Korrektur erfolgt durch das Wahrnehmen von Fremdbildern, des „generalisierten" Anderen (Mead 2000). Soziale Situationen sind hier zahlreich. In diesen Situationen werden Aushandlungen vorgenommen, die zu einem Verständnis von Beziehungen führen. Das „neue Netz" (Schmidt 2010) ist zwar in weit geringerem Maß, als es sich manche erwünscht hatten, ein „Mitmach Netz". Die aktive Beteiligung ist in vielen Bereichen geringer als erwartet oder lässt sogar nach (für Wikipedia: Stegbauer 2009; für Web 2.0 Busemann/ Gscheidle 2010).

Dennoch dienen die Errungenschaften des sozialen Internet häufig der Kommunikation untereinander – sicherlich mit einem Schwerpunkt im privaten Bereich und nicht hinsichtlich eines öffentlichen Engagements. Dabei ergänzt die Online-Kommunikation oft Beziehungen außerhalb des Internet.

Freilich werden in Situationen im Internet auch Vorstellungen, Symbole, Normen, Werthaltungen und damit kulturelle Werkzeuge (Swidler 1997, 2001) hinein genommen, die aus nicht technik-medialen Zusammenhängen stammen. Umgekehrt gilt aber auch, dass der Umgang junger Leute geprägt ist durch die Übertragung von Elementen, die im sozialen Internet entstanden sind. Damit soll nur angedeutet werden, dass Internetmedien weit tiefer in die Gesellschaftsbilder und -strukturen eingreifen, als dies etwa das klassische Leitmedium, die Tageszeitung je vermochte.

Alle Identitäten von Akteuren – so lässt sich mit Harrison White (1992) formulieren – bilden sich in Netzwerken. Das bedeutet, dass Netzwerke und damit die Fragen, wer dort mit wem in Kontakt kommt und wie die Kontakte strukturiert sind, von herausragender Bedeutung für die Konstitution des Sozialen sind. Die Ermöglichung der Technik bedeutet nicht, dass alles damit versprochene auch Wirklichkeit wird. Was dann aber tatsächlich von den technischen Möglichkeiten kommunikativ genutzt wird, das beeinflusst auch die Entstehung der sozialen Netzwerke.

Insgesamt liefert die Betrachtung von Medienkommunikation mit Hilfe der Begriffe Netzwerk und Kultur damit eine der spannendsten Forschungsperspektiven für die Medien- und Kommunikationssoziologie. Im Internet bilden sich neue soziale Strukturen, die Bedeutungen von massenmedialen Inhalten werden in sozialen Netzwerken ausgehandelt, neue Kommunikationstechnologien (Handy und SMS, Bildtelefonie) setzen sich Kommunikationsnetzwerken durch oder auch nicht – alle diese Aspekte des sozialen Umgangs mit Kommunikationsmedien lassen sich mit Hilfe der Begriffe Kultur und Netzwerk rekonstruieren und auch empirisch zugänglich machen. Für die Netzwerkforschung geht es umgekehrt darum, ihre meist alleine auf kleinteilige und lokale persönliche Beziehungsnetze fokussierte Perspektive zu erweitern: Kulturelle Formen werden im Zusammenspiel zwischen Verbreitungsmedien und sozialen Netzwerken – und eben auch in medial basierten sozialen Netzwerken – entwickelt, verbreitet, reproduziert und verändert. Die Kultursoziologie schließlich erhält auf diese Weise einen Zugang zu neuen kleinteiligen Kulturphänomenen, etwa zu den Interaktionskulturen im Internet oder zur kulturellen Konstruktion von Medientechnik (etwa des Mobiltelefons) in verschiedenen Milieus. Thema und Konzept dieses Bandes stehen somit an den Schnittmengen zwischen ganz unterschiedlichen sozialwissenschaftlichen Traditionen – und gerade hieraus ergeben sich spannende und vielversprechende Verknüpfungsmöglichkeiten.

2   Übersicht über die Beiträge

Der Band gliedert sich grob in drei Teile: Den ersten Teil bilden theoretische Beiträge mit begriffliche Reflexionen zum Zusammenspiel von Medienkommunikation, sozialen Netzwerken und Kultur. Den Anfang macht hier *Andreas Hepp* mit allgemeinen Überlegungen zu Kommunikationsnetzwerken, Lokalität und kulturellen Verdichtungen. Hepp berichtet von einer Untersuchung Jugendlicher, die zwischen den Kulturen leben und mit Hilfe des Internets Kontakte zu den Herkunftsländern aufrechterhalten. In diesem Konglomerat entstehen die Identitäten der untersuchten Jugendlichen – die keinesfalls von vornherein fest-liegen.

Im zweiten Beitrag versucht *Jan Fuhse* eine allgemeine kommunikationstheoretische Formulierung des Einflusses von Verbreitungsmedien auf die Bildung soziokultureller Formationen. In einem historischen Überblick argumentiert Fuhse, dass Printmedien zu-nächst für eine kulturelle Homogenisierung innerhalb von Staatswesen und Märkten für Druckerzeugnisse sorgen, dann aber auch die Bildung von Subkulturen ermöglichen. Das Fernsehen liefert dagegen stärker standardisierte kulturelle Formen, während das Internet eher die kulturelle Vielfalt fördert, aber auch im Web 2.0 die Bildung eigener sozialer Strukturen erlaubt.

Der Beitrag von *Christian Stegbauer* bildet das Bindeglied vom Theorieteil zum zwei-ten Teil des Bandes, in dem es um die Anwendung auf Internetkommunikation und hier ausschließlich auf verschiedene Phänomene des Social Web geht. Stegbauer beschreibt am Beispiel von Wikipedia wie sich die Kultur in einem webbasierten sozialen Struktur wan-delt. Er zeigt auf, dass eine Wandlung von der Befreiungs- zur Produktideologie stattgefun-den hat. Im Beitrag wird aufgezeigt, dass mit der auf der Mesoebene ausgehandelten Positi-on eigene Sichtweisen entstehen, die das Handeln der beteiligten Personen in deutlichem Maße beeinflussen.

Florian Schulz berichtet aus einem Projekt an der Universität Bamberg zur Partner-wahl im Internet. Wenn wir von der neuen internetspezifischen Ermöglichung von Sozial-strukturen reden und dies auch empirisch in Teilen für das die Kontakte Jugendlicher bestä-tigt sehen (Mesch/ Talmud 2007), dann heißt das noch lange nicht, dass dies auch auf Part-nerschaftsbörsen zutrifft. Hier kommt es gerade nicht zu einem zufälligen Zusammentreffen vom sozialen und ökonomischen Hintergrund her heterogener Personen – im Gegenteil spricht alles für eine Festigung der sowieso bereits bekannten Strukturen.

Anhand von „MMOPRGs", den sog. Massively Multi-Player Online Role-Playing Games untersucht *Elke Hemminger* die Aufeinanderbezogenheit von Alltag und Spielkul-tur. Sie beschäftigt sich dort explizit mit World of Warcraft, einem Spiel, dass viele Teil-nehmer sehr intensiv zu binden vermag. Dabei zeigt sie die Komplexität der dort entstehen-den sozialen Regularien und sozialen Muster auf.

Die folgenden beiden Beiträge nehmen die Identitätskonstruktion und Bildung sozialer Strukturen in Social Networking-Plattformen in den Blick. Zunächst betrachtet *Gerit Göt-zenbrucker* die Gefahren der öffentlichen Selbststilisierung in Nutzer-Profilen auf StudiVZ. Götzenbruckers These ist, dass hier oft mit scheinbar „coolen" Selbst- und Fremdbeschrei-bungen ein negatives soziales Kapital gebildet wird.

Mittels des Instrumentariums der formalen Netzwerkanalyse untersuchen *Jürgen Pfef-fer, Klaus Neumann-Braun* und *Dominic Wirz* soziale Strukturen auf *festzeit.ch*, einer vor-wiegend bildbasierten in der Schweiz sehr populären Web 2.0-Plattform. Anhand dieser Daten lässt sich zeigen, dass eine Stabilisierung der Beziehungen über die Zeit stattfindet. Ferner gibt es Anzeichen dafür, dass es überwiegend nicht neue Beziehungen sind, die auf der Plattform entstehen. Vielmehr dürfte es sich meist um eine Nutzung zur Unterstützung lokal entstandener Offline-Beziehungen handeln.

Im abschließenden dritten Teil geht es um die Bedeutung von Medienkommunikation in persönlichen Interaktionsnetzwerken. *Iren Schulz* untersucht hier anhand eines Krisenex-periments die Rolle von Mobiltelefonie für die sozialen Netzwerke Jugendlicher. Sie beo-bachtet und analysiert das Verhalten einer Gruppe Jugendlicher, die temporär auf ihr Handy verzichteten. In ihrem Beitrag wird gezeigt, wie sehr sich eigene kulturelle Muster hinsichtlich der Organisation von Freizeit und der gegenseitigen Wahrnehmung mit dem technischen Artefakt verbunden hatten. Die Studie kann als eine Fallstudie dafür gelten, wie sehr Kommunikationstechnologien kulturell in ihre Nutzer „hineinwachsen" und dann hinsichtlich ihrer Bedeutung in der Alltagspraxis weit über eine bloße Werkzeugfunktion hinausgehen.

Der Beitrag von *Matthias Thiemann* betrachtet die Taktiken und Schwierigkeiten von Webdesignern in New York an Aufträge heranzukommen. Dabei zeigt sich, wie wichtig die Eingebundenheit in das Beziehungsgeflecht mit Kollegen und Kunden ist. Beziehungsstrukturen und das darin mit der Zeit entstehende Vertrauen sind in dem durch harten Wettbewerb gekennzeichneten Markt die wichtigste Säule im täglichen Kampf um Aufträge und die Durchsetzung einer angemessenen Entlohnung.

Aus der Frage heraus, wie Technik, Kommunikation darin und die entstehenden Netzwerke und kulturellen Formen miteinander zusammenhängen, entwickelten wir die Idee zu diesem Buch. Es entstand aus einer Tagung im Mai 2009 an der Universität Stuttgart – aber es handelt sich nicht um einen Tagungsband im klassischen Sinne. Das Buch folgt einem Konzept: Alle Autorinnen und Autoren betrachten die drei unterschiedlichen Bereiche, die im Titel genannt werden, im Zusammenhang miteinander. Dabei finden sich, an den jeweiligen Gegenständen gewonnen, auch deutliche Unterschiede zwischen den verwendeten Begriffen von Medienkommunikation, Netzwerk und Kultur. Diese werden jedoch in den Beiträgen mit eigenen Definitionen und Herleitungen explizit gemacht – oft mit einem eigenen Abschnitt –, um den LeserInnen hier rasch Orientierung zu geben und auch den Vergleich zwischen den verschiedenen Theorieoptionen zu erleichtern. Insgesamt zeigt sich dabei die Bedeutsamkeit des Zusammenspiels der drei im Titel genannten Bereiche. Technik verändert unser Leben – aber nicht als eigener Akteur, sondern in Verbindung mit den sozialen Netzwerken und den einerseits weitergegebenen, andererseits dort entwickelten kulturellen Mustern.

3   Danksagung

Der vorliegende Band entstand aus einer gemeinsamen Tagung der AG Netzwerkforschung und der Sektion für Medien- und Kommunikationssoziologie in der Deutschen Gesellschaft für Soziologie, die unter dem Titel „Kultur und Kommunikationstechnologien in sozialen Netzwerken" am 29. und 30. Mai 2009 am Internationalen Zentrum für Kultur- und Technikforschung der Universität Stuttgart durchgeführt wurde. Wir danken dem IZKT herzlich für die finanzielle und institutionelle Unterstützung der Tagung, vor allem dem damaligen geschäftsführenden Direktor Georg Maag. Ein Teil der Mittel konnte dabei aus den Sachmitteln eines Stipendiums der Alexander von Humboldt-Stiftung für Jan Fuhse bestritten werden, welches auch die Vorbereitung und Durchführung der Tagung ermöglichte. Bei der Organisation der Tagung haben insbesondere Dagmar Beer und Felix Heidenreich vom IZKT geholfen. Paul-Arne Buckermann und Simon Schlimgen (beide Universität Bielefeld) haben bei der Durchsicht und Formatierung der Beiträge geholfen. Die Betreuung beim VS-Verlag übernahmen Frank Engelhardt und Cori Mackrodt. Ihnen allen gilt unser herzlicher Dank!

Literatur

Alstyne, M. van/ Brynjolfsson, E. 1996: „Could the Internet Balkanize science?" *Science* 274, 1479f.

Baecker, Dirk 2007: *Studien zur nächsten Gesellschaft*, Frankfurt/Main: Suhrkamp.

Busemann, Katrin; Gscheidle, Christoph 2010: „Web 2.0: Nutzung steigt – Interesse an aktiver Teilhabe sinkt. Ergebnisse der ARD/ZDF-Onlinestudie 2010" *Media Perspektiven* 7-8, S. 359–368.

Emirbayer, Mustafa / Jeff Goodwin 1994: „Network Analysis, Culture, and the Problem of Agency" *American Journal of Sociology* 99, 1411-1154.

Fine, Gary Alan / Sherryl Kleinman 1983: „Network and Meaning: An Interactionist Approach to Structure" *Symbolic Interaction* 6, 97-110.

Fuhse, Jan 2008: *Ethnizität, Akkulturation und persönliche Netzwerke von italienischen Migranten*, Leverkusen: Barbara Budrich.

Fuhse, Jan / Sophie Mützel (Hg.): *Relationale Soziologie; Zur kulturellen Wende der Netzwerkforschung*, Wiesbaden: VS.

Hannerz, Ulf 1992: *Cultural Complexity; Studies in the Social Organization of Meaning*, New York: Columbia University Press.

Geertz, Clifford 1983: *Dichte Beschreibung. Beiträge zum Verstehen kultureller Systeme*. Frankfurt/Main: Suhrkamp.

Luhmann, Niklas 1997: *Die Gesellschaft der Gesellschaft*, Frankfurt/Main: Suhrkamp.

MacKenzie, Donald A. 1998: *Knowing machines. Essays on technical change*. Cambridge, Mass.: The MIT Press.

Mead, George Herbert 2000: *Mind, self, and society. From the standpoint of a social behaviorist*. 29th pr. Chicago: Univ. of Chicago Press

Mesch, Gustavo / Ilan Talmud 2007: „The Impact of Online Relations on Homophily: A Social Network Analysis" *Journal of Research on Adolescence* 17, 455-466.

Schmidt, Jan 2009: *Das neue Netz. Merkmale Praktiken und Folgen des Web 2.0*. Konstanz: UVK.

Schulz-Schaeffer, Ingo 2000: *Sozialtheorie der Technik*. Frankfurt/Main: Campus.

Stegbauer, Christian 1996: *Euphorie und Ernüchterung auf der Datenautobahn*. Frankfurt/Main: dipa-Verl.

Stegbauer, Christian 2001: *Grenzen virtueller Gemeinschaft*, Wiesbaden: Westdeutscher Verlag.

Stegbauer, Christian 2009: *Wikipedia. Das Rätsel der Kooperation*. Wiesbaden: VS Verl.

Stegbauer, Christian; Jäckel, Michael 2008: *Social Software. Formen der Kooperation in computerbasierten Netzwerken*. Wiesbaden: VS Verl.

StudienVZ 2010: „Generation Netzwerk": VZ und IQ Digital veröffentlichen Deutschlands größte Jugendstudie mit über 30.000 Befragten. http://blog.studivz.net/2010/09/09/%E2%80%9Egeneration-netzwerk%E2%80%9C-vz-und-iq-digital-veroffentlichen-deutschlands-groste-jugendstudie-mit-uber-30-000-befragten/ (10.09.2010).

Swidler, Ann: 1986: „Culture in Action: Symbols and Strategies" *American Sociological Review* 51, 273–286.

Swidler, Ann. 2001: *Talk of love. How culture matters*, Chicago: University of Chicago Press.

Thiedeke, Udo 2003: *Virtuelle Gruppen*, Wiesbaden: Westdeutscher Verlag.

White, Harrison C. 1992: *Identity and control. A structural theory of social action*. Princeton N.J.: Princeton University Press.

Kommunikationsnetzwerke und kulturelle Verdichtungen: Theoretische und methodologische Überlegungen

Andreas Hepp

1   Einleitung

In diesem Artikel wird ein spezifischer Zugang sowohl zu ‚Netzwerk' als auch zu ‚Kultur' entwickelt. Es geht mir darum, *Netzwerke* nicht von vornherein als soziale Netzwerke zu charakterisieren. Erst eine Berücksichtigung der Differenz von sozialen Netzwerken und Kommunikationsnetzwerken ermöglicht es, deren Wechselverhältnis untereinander aber auch zu ‚Kultur' angemessen zu erfassen. Kommunikationsnetzwerke werden dabei als spezifische Strukturen von Kommunikationsbeziehungen oder allgemeiner kommunikativen Konnektivitäten begriffen. Solche Kommunikationsnetzwerke verweisen auf soziale Netzwerke im Sinne von Strukturen sozialer Beziehungen, dürfen aber nicht mit diesen gleichgesetzt werden. Gleichzeitig müssen sie in ihrer Relation zu *Kultur* gesehen werden, wobei Kultur im Weiteren nicht als eine geschlossene Entität oder als Instanz der Systemintegration verstanden wird. Vielmehr geht es darum, den unausweichlich unabgeschlossenen, unscharfen und konfliktären Charakter von Kultur im Blick zu haben. Deswegen ist es zielführend, Kulturen als widersprüchliche Verdichtungen spezifischer Muster zu beschreiben – Verdichtungen, die an ihren Rändern ähnlich wie Kommunikationsnetzwerke und soziale Netzwerke unscharf sind.

Mit solchen begrifflichen Überlegungen verweist dieser Aufsatz auf eine breite bestehende Forschung zu (auf digitalen Medien basierenden) Kommunikationsnetzwerken und Netzkulturen. Zusammengefasst wurden solche Studien in verschiedenen, auch metatheoretisch orientierten Publikationen, von denen die Arbeiten Manuel Castells vielleicht die bekanntesten sind (siehe insbesondere Castells 2001, 2005). Gleichzeitig fällt aber auf, dass bestehende Entwürfe im Hinblick auf deren theoretische Integration von Fragen der (Kommunikations-)Netzwerke und der Kultur nicht wirklich zufriedenstellend sind. Hierauf hat aus wissenssoziologischer Perspektive Hubert Knoblauch aufmerksam gemacht. So konstatiert er zum aktuellen Stand der empirischen Forschung zu „Internet-Communities":

> „Zum einen ist das empirische Wissen gerade über die technisch doch so einfach rekonstruierbaren Internet-Gemeinschaften so löchrig und die methodische Vorgehensweise so problematisch, dass empirisch begründete Aussagen schwer zu machen sind. Zum anderen sind die begrifflich-analytischen Vorgaben in der Regel so unscharf oder beliebig [...]." (Knoblauch 2008: 73)

Ausgehend von dieser Kritik geht es ihm darum, eine Auseinandersetzung mit kommunikativer Vernetzung in einem weitergehenden theoretischen Horizont einzuordnen. Kern seiner Argumentation ist, dass „Internet-Gemeinschaften" in einem Gesamthorizont des Relevanzverlustes von „Wissensgemeinschaften" und des Relevanzgewinns von „Kommunikationsgemeinschaften" gesehen werden sollten.

Als „Wissensgemeinschaften" charakterisiert Knoblauch – Überlegungen Max Webers (1972), Ferdinand Tönnies' (1979), Alfred Schütz' und Thomas Luckmanns (1979) aufgreifend – Vergemeinschaftungen, „in denen sich dieselben Menschen von Angesicht zu Angesicht begegnen" (Knoblauch 2008: 81). Sie bauen entsprechend „nicht nur auf der unmittelbaren Kommunikation auf", sondern sind auch „Gemeinschaften geteilten und weitestgehend unausgesprochenen, sedimentierten, habitualisierten und routinisierten Wissens" (Knoblauch 2008: 83f.). Das charakteristische Beispiel dafür ist die Dorfgemeinschaft.

Mit fortschreitender Mediatisierung von Kultur und Gesellschaft – d. h. ihrer zunehmenden Durchdringung mit und Prägung durch technische Medien – haben aber andere Gemeinschaften an Relevanz gewonnen, die jenseits solcher Face-to-Face-Kontexte bestehen. Hubert Knoblauch nennt diese „Kommunikationsgemeinschaften". In diesen lassen sich „Gemeinsamkeiten der Kommunikation und Objektivierung [...] [ausmachen, die] in soziale Strukturen umgesetzt werden" (Knoblauch 2008: 85). Beispiele sind die besagten Internet-Gemeinschaften, wo die netzvermittelte Kommunikation sich in entsprechenden sozialen Strukturen von Vergemeinschaftung konkretisiert. Die Hauptdifferenz von „Kommunikationsgemeinschaften" und „Wissensgemeinschaften" ist darin zu sehen, dass bei ersteren die Kontexte in der Kommunikation selbst hergestellt werden müssen.

Der vorliegende Aufsatz verfolgt ein ähnliches Unterfangen und geht von vergleichbaren Prämissen aus wie Hubert Knoblauch, argumentiert jedoch weniger wissenssoziologisch, sondern stärker kommunikations- und medienwissenschaftlich. Kernüberlegung ist, dass eine gegenwärtige Beschäftigung mit ‚Kultur', ‚Medienkommunikation' und ‚Netzwerk' den weitergehenden Kultur- und Gesellschaftswandel im Blick haben sollte. Um diesen Zusammenhang zu fassen, ist eine klare begriffliche Unterscheidung zwischen *Kommunikations*netzwerken (als einer Beschreibungskategorie ortsübergreifender Kommunikation) einerseits und *Sozial*netzwerken (als einer Beschreibungskategorie sozialer Beziehungen) andererseits notwendig. Beide stehen in einem Wechselverhältnis, können aber – gerade in einer kulturanalytischen fundierten Forschung – nicht aufeinander reduziert werden.

Es sind solche Überlegungen, die ich detaillierter diskutieren möchte. In einem ersten Schritt werde ich mich mit Kommunikationsnetzwerken befassen und deren Betrachtung in einem weiteren Kontext der Auseinandersetzung mit medienvermittelter Konnektivität, Lokalität und Translokalität verorten. Aufbauend hierauf geht es mir zweitens darum, dies in Bezug zu setzen zu einer Analyse kultureller Verdichtungen, um dann drittens einige allgemeine Bemerkungen zu einer qualitativen Netzwerkanalyse als Teil empirischer Medienkulturforschung zu machen.

2   Kommunikationsnetzwerke: Konnektivität, Lokalität und Translokalität

In der aktuellen kommunikations- und medienwissenschaftlichen Forschung gewinnt das Konzept der *Konnektivität* an Bedeutung. Der Ausdruck Konnektivität fasst dabei das Herstellen von kommunikativen Beziehungen oder Verbindungen, die einen sehr unterschiedlichen Charakter haben können.[1] Greift man die Argumente von James Lull auf, so muss jede

---

[1] Im Gegensatz zum alltagssprachlichen Ausdruck ‚Beziehung' oder ‚Verbindung', bei dem stets auch Aspekte der kulturellen Nähe mitschwingen (‚das Persönliche', ‚das Verbundensein'), versucht der wissenschaftliche Ausdruck

gegenwärtige Auseinandersetzung mit Kultur „die weitreichendste Dimension von Kommunikation ernsthaft berücksichtigen – Konnektivität" (Lull 2000: 11). Diese Relevanz von Konnektivität wird greifbar, wenn man eine von John B. Thompson (1995: 85) vorgenommene Unterscheidung dreier Typen von Kommunikation aufgreift (siehe Tabelle 1).

Mit dieser Systematik unterscheidet John B. Thompson drei Typen von Kommunikation, nämlich erstens Kommunikation als Face-to-Face-Interaktion, also das direkte Gespräch mit anderen Menschen, zweitens Kommunikation als mediatisierte Interaktion, d. h. die technisch vermittelte personale Kommunikation mit anderen Menschen (beispielsweise mittels eines Telefons), und schließlich drittens Kommunikation als mediatisierte Quasi-Interaktion, womit der Bereich der Medienkommunikation bezeichnet wird, den klassischerweise das Konzept der Massenkommunikation oder der öffentlichen Kommunikation fasst.

Tabelle 1: Typen von Kommunikation als Interaktion

	Face-to-Face Interaktion	**Mediatisierte Interaktion**	**Mediatisierte Quasi-Interaktion**
Raum/Zeit-Konstitution	Kontext der Kopräsenz; geteiltes räumliches/zeitliches Referenzsystem	Separation von Kontexten; erweiterte Verfügbarkeit von Raum/Zeit	Separation von Kontexten; erweiterte Verfügbarkeit von Raum/Zeit
Bandbreite symbolischer Mittel	Vielheit von symbolischen Mitteln	Einengung von symbolischen Mitteln	Einengung von symbolischen Mitteln
Handlungsorientierung	Orientiert auf bestimmte Andere	Orientiert auf bestimmte Andere	Orientiert auf ein unbestimmtes Potenzial von Adressaten
Kommunikationsmodus	Dialog	Dialog	Monolog
Konnektivität	lokal	translokal adressiert	translokal offen

Quelle: Erweitert nach Thompson 1995: 85

Insgesamt verdeutlicht diese Systematik, dass bei der mediatisierten Interaktion und Quasi-Interaktion die im Vergleich zur Face-to-Face-Interaktion bestehende Einengung von symbolischen Mitteln damit einhergeht, dass die Kontexte der beteiligten Interaktanten voneinander separiert werden und entsprechend eine erweiterte Verfügbarkeit von Kommunikation über Raum und Zeit hinweg möglich ist. Anders formuliert: Technische Medien gestatten es, Kommunikation aus der Lokalität der Face-to-Face-Beziehung zu „entbetten" (Giddens 1996: 33). Kommunikation eröffnet so translokale Konnektivitäten, d. h. im alltagssprachlichen Wortgebrauch ‚Verbindungen' jenseits des Lokalen.

---

der Konnektivität zu fassen, dass die über das Lokale hinausgehende kommunikative Beziehung nicht mit einer weitergehenden Verbundenheit einhergehen muss.

Bemerkenswert ist, welche Aspekte Thompson (1995: 82-87) im Detail herausarbeitet. Während die Face-to-Face-Interaktion in einem Kontext der Ko-Präsenz mit einem geteilten raum-zeitlichen Referenzsystem stattfindet und diese Kommunikation so etwas wie eine lokale Konnektivität schafft,[2] besteht diesbezüglich bei der translokalen Konnektivität mediatisierter Interaktion eine Differenz: Durch den Gebrauch technischer Medien agieren die Beteiligten der mediatisierten Interaktion in Kontexten, die räumlich und/oder zeitlich unterschiedlich sind. Sie teilen entsprechend kein Referenzsystem im obigen Sinne. Exemplarisch wird dies an Mobiltelefongesprächen deutlich, bei denen die Notwendigkeit auszumachen ist, durch eine „Verdopplung des Ortes" (Moores 2006: 199) – also die Schaffung eines geteilten ,Ortes des Gesprächs' – erst ein gemeinsames Referenzsystem der Interaktionspartner herzustellen. Insgesamt geht der Gewinn einer solchen translokalen kommunikativen Konnektivität mit einem Verlust an symbolischen Mitteln einher, entlang derer die Kommunikation erfolgt bzw. erfolgen kann. Indem die translokale Konnektivität der mediatisierten Interaktion auf bestimmte Interaktionspartner bezogen bleibt, lässt sie sich als translokal adressierte Konnektivität bezeichnen.

Bei der mediatisierten Quasi-Interaktion ist ein weiterer Aspekt von Konnektivität auszumachen. Auch hier ist diese zuerst einmal translokal, indem mittels technischer Medien Kommunikation aus ihren lokalen Kontexten entbettet wird. Im Gegensatz zur mediatisierten Interaktion wie zur Face-to-Face-Interaktion ist die mediatisierte Quasi-Interaktion aber auf ein unbestimmtes Potenzial von Anderen gerichtet. Entsprechend muss die Konnektivität, die durch sie hergestellt wird, anders gefasst werden – nämlich als eine translokal offene Konnektivität, d. h. als ein Kommunikationsgefüge mit entsprechend unscharfen Rändern. Der damit verbundene Konnektivitätsgewinn – nämlich die Möglichkeit von kommunikativer Konnektivität zu nicht weiter spezifizierten Anderen – geht wiederum mit einem Verlust einher, dem Verlust einer dialogischen Kommunikationsbeziehung zu Gunsten einer monologischen.

Eine solche begriffliche Differenzierung hat gegenüber der traditionellen, in der deutschsprachigen Kommunikations- und Medienwissenschaft verbreiteten Unterscheidung von personaler Kommunikation und öffentlicher Massenkommunikation nicht nur den Vorteil, dass sie sich auch problemlos auf ,neue' digitale Medien übertragen lässt.[3] Ein zusätzlicher Vorzug besteht aus kulturtheoretischer Perspektive darin, dass hiermit eine kulturhistorische Kontextualisierung kommunikativer Konnektivität möglich wird. Dies macht exemplarisch ein Bezug auf die Überlegungen Friedrich Tenbrucks (1972) zu verschiedenen Gesellschaftstypen deutlich, die eine gewisse Nähe zu mediumstheoretischen Ansätzen aufweisen (vgl. Meyrowitz 1995).[4]

---

[2] Entsprechend ist es möglich, in der Face-to-Face-Kommunikation gemeinsame deiktische Ausdrücke (,hier', ,jetzt', ,dies' etc.) zu verwenden.

[3] Ein Problem der traditionellen kommunikations- und medienwissenschaftlichen Unterscheidung von personaler Kommunikation und Massenkommunikation besteht in Bezug auf digitale Medien darin, dass sich das Internet *nicht* als Massenmedium charakterisieren lässt, da es nicht als *ein* Medium auf ein *verstreutes* Publikum gerichtet ist, gleichzeitig aber als Distributionsnetzwerk Kommunikationsformen integriert, die sich sowohl der personalen als auch der Massenkommunikation zurechnen lassen. Genau bei solchen Kommunikationsformen setzt die Unterscheidung der genannten drei Typen von Kommunikation an und ermöglicht es, die Kommunikation entlang verschiedenster ,neuer' und ,alter' Medien in einem einheitlichen Begriffsraster zu betrachten.

[4] Die Mediumstheorie fasst hierbei eine Zugangsperspektive, die den Einfluss von Medien auf kulturellen Wandel weniger an den durch sie kommunizierten Inhalten denn an der Art und Weise fest macht, wie verschiedene Medien Kommunikation strukturieren. Für eine kritische Betrachtung der Mediumstheorie im Hinblick auf eine Medienkulturforschung siehe Hepp et al. 2010b.

Ausgehend von der sich in der menschlichen Arbeitsteilung konkretisierenden sozialen Differenzierung lassen sich nach Friedrich Tenbruck drei Idealtypen von Gesellschaft unterscheiden, nämlich die orale Gesellschaft, die Hochkultur und die moderne Gesellschaft.[5] Von Interesse erscheint dabei, welchen Stellenwert in seiner Argumentation einerseits Lokalität, andererseits eine durch technische Medien hergestellte translokale Konnektivität hat:[6] So sind orale, nur altersmäßig differenzierte Gesellschaften getragen durch lokale Gruppen, deren Mitglieder in einer direkten Face-to-Face-Interaktion miteinander in Beziehung stehen. In der Mediumstheorie werden diese als „traditionale orale Gesellschaften" (Meyrowitz 1995: 54) bezeichnet. Hochkulturen verweisen mit ihrer Arbeitsteilung und Differenzierung von Oberschicht bzw. Unterschicht auf einen translokalen Herrschaftsapparat, der einer ebensolchen Kommunikationsmöglichkeit bedarf. Mediatisierte Interaktion mittels Schrift gestattet durch ein „überlokales Kommunikationsnetz" (Tenbruck 1972: 59) den Aufbau und die Aufrechterhaltung eines Herrschaftsapparats, der wie ein Netzwerk verschiedene Lokalitäten einbindet und – insbesondere über Religion – eine überlokale Identifikation lokaler Gruppen als Teil weitergehender Vergemeinschaftungen ermöglicht. Weniger scharf ist an dieser Stelle die Begrifflichkeit der Mediumstheorie, die ausschließlich aus Perspektive der Medien argumentierend von einer „transionalen schriftlichen Phase" (Meyrowitz 1995: 54) spricht. Moderne Gesellschaften mit ihrer weiteren sozialen Differenzierung wie auch ihrer „Aufhebung des für die Hochkultur wesentlichen Unterschieds von Oberschicht und lokalen Einheiten" (Tenbruck 1972: 64) verweisen auf mediatisierte Quasi-Interaktionen, indem es vor allem die Massenmedien sind, die als „Kommunikationsmittel [...] Mitglieder der Gesellschaft unabhängig von ihrem Ort zu immer neuen, oft typischerweise flüchtigen und passiven Gruppen zusammenfassen und dadurch ihren Kontakt mit der weitergehenden Gesellschaft herstellen" (Tenbruck 1972: 66). Die Mediumstheorie bezeichnet dies als „moderne Print-Kultur" (Meyrowitz 1995: 55).

Sicherlich ist eine solche Typologie nicht unproblematisch. Auf zwei Einschränkungen weist Tenbruck (1972: 55f.) selbst hin, erstens, dass diese Gesellschaftstypen nicht als Entwicklungsmodelle gefasst werden sollten, zweitens, dass es sich bei den Typen generell um Ein-Gesellschafts-Modelle handelt. Beziehungen zwischen Gesellschaften werden also nur am Rande einbezogen, was gerade im Hinblick auf Fragen der Globalisierung – nicht nur der Medienkommunikation – auf deutliche Grenzen der Argumentation verweist. Daneben besteht zumindest eine weitere dritte Einschränkung, indem die Typologie einen aktuellen Wandel von Kultur und Gesellschaft, wie er beispielsweise mit Konzepten der Netzwerkgesellschaft diskutiert wird, nicht reflektiert bzw. aufgrund ihres Alters reflektieren kann. Exakt dies klingt in der Mediumstheorie an, in der ein vierter Typus unterschieden wird, nämlich der der „globalen elektronischen Kultur" (Meyrowitz 1995: 57), die sich auch als Kultur der „Netzwerkgesellschaft" im Sinne Manuel Castells (2001) charakterisie-

---

[5] In Anlehnung an die Überlegungen von Walter Ong (1987) verwende ich im Weiteren die Bezeichnung ‚orale Gesellschaft' anstatt des von Tenbruck gebrauchten Ausdrucks der ‚primitiven Gesellschaft'. Der Grund hierfür ist, dass ‚orale Gesellschaft' weitgehend neutral auf das Grundcharakteristikum der Organisation dieser Gesellschaft abhebt. Im Gegensatz dazu impliziert die Begrifflichkeit von Tenbruck nicht nur eine Wertung, sondern darüber hinausgehend – trotz anderweitiger Bekundungen (s.u.) – Entwicklungsvorstellungen.
[6] Tenbruck selbst benutzt allerdings nicht den Ausdruck ‚translokal', sondern spricht von ‚überlokal' (vgl. beispielsweise Tenbruck 1972: 58), meint damit aber wie auch in der hier vorliegenden Verwendungsweise eine (kommunikative) Vernetzung von Lokalitäten und nicht ein Ablösen von diesen.

ren lässt.[7] Trotz dieser nicht unwichtigen Beschränkungen führen uns die Überlegungen von Tenbruck vor Augen, in welchem Maße bestimmte Gesellschaften und Kulturen mit verschiedenen Typen der Interaktion und damit verbundenen kommunikativen Konnektivitäten einhergehen: Die Konnektivität von mediatisierter Quasi-Interaktion ist in Beziehung zu sehen mit der Artikulation spezifischer translokaler und stark mediatisierter Kulturen, die deshalb sinnvoll als Medienkulturen bezeichnet werden können (siehe dazu im Detail den folgenden Abschnitt).

Die Frage, die im Kontext der vorliegenden Publikation im Raum steht, ist die, wie sich Kommunikationsnetzwerke in einen solchen Gesamtbetrachtungsrahmen einordnen lassen. Wie also ist der Begriff des Kommunikationsnetzwerks in Bezug zu setzen zu dem der (kommunikativen) Konnektivität? Wie bisher deutlich wurde, ist das Konzept der Konnektivität zuerst einmal ein offener Ansatz, um das Herstellen von Kommunikationsbeziehungen unterschiedlicher Art und Reichweite zusammenfassend zu beschreiben.[8] Die Stärke dieser Offenheit ist darin zu sehen, dass nicht von vornherein bestimmte *Qualitäten* oder *Folgen* dieser Kommunikationsbeziehungen unterstellt werden: Kommunikative Konnektivitäten können hergestellt werden durch mediatisierte Interaktionen (bspw. E-Mail oder Telefon) und mediatisierte Quasi-Interaktionen (bspw. mit WWW oder Fernsehen). Sie können als Wechselbeziehung eine ,Verständigung' oder ,politische Legitimation' nach sich ziehen, aber auch vielfältige ,Konflikte' und ,Verdrängungen'. Genau dies gilt es letztlich, kontextuell sensibel zu erforschen.

In einer solchen Forschung sind – zumindest heuristisch – zwei Zugangsweisen zu unterscheiden, erstens eine, die auf Strukturaspekte abhebt, zweitens eine, die Prozessaspekte in den Vordergrund rückt. Während es bei dieser zweiten Art des Zugangs um die Beschreibung von *Kommunikationsflüssen* geht, kann man die erste mit dem Begriff des *Kommunikationsnetzwerks* verbinden. Eine Betrachtung von Kommunikationsnetzwerken zielt auf das Herausarbeiten mehr oder weniger dauerhafter Strukturen von Kommunikation. Hier lässt sich durchaus die ursprünglich auf *soziale* Netzwerke bezogene Definition Manuel Castells auf *Kommunikations*netzwerke übertragen. Kommunikationsnetzwerke wären dann

> „offene Strukturen und in der Lage, grenzenlos zu expandieren und dabei neue Knoten zu integrieren, solange diese innerhalb des Netzwerks zu kommunizieren vermögen, also solange sie die selben Kommunikationskodes besitzen […]." (Castells 2001: 528f.)

Dieses Zitat macht zuerst einmal den Umstand deutlich, dass sich Kommunikationsnetzwerke entlang spezifischer Kodes artikulieren. Strukturen von Kommunikationsnetzwerken sind nicht einfach da, sondern werden in einem fortlaufenden Kommunikationsprozess (re)artikuliert, d.h. Kommunikationsnetzwerke verweisen stets auf Flüsse der sie konstituierenden Kommunikationspraxis. In der Vielfalt von Handlungspraxis liegt begründet, dass Kommunikationsnetzwerke alles andere als hermetisch voneinander abgeschlossen sind, dass ein und dieselbe Person Teil verschiedener Kommunikationsnetzwerke sein kann: Eine Jugendliche mit Migrationshintergrund beispielsweise steht im Kommunikationsnetzwerk ihrer lokalen Clique, einem weitergehenden Kommunikationsnetzwerk der Diasporage-

---

[7] Gleichwohl ist auch die Typenbildung der Mediumstheorie nicht unproblematisch, indem sie von einem engen Modell des *einen* Leitmediums ausgeht. Siehe dazu nochmals Hepp et al. 2010b.

[8] Eine gewisse gedankliche Nähe zu Überlegungen Simmels (1992) ist an dieser Stelle nicht von der Hand zu weisen, würde aber der Darstellung in einer eigenständigen Publikation bedürfen.

meinschaft, sowie dem zentrierten Kommunikationsnetzwerk einzelner deutscher Massenmedien.

Diese Anmerkungen helfen zu fassen, was man unter dem Ausdruck Knoten verstehen kann. Auf einer heuristischen Ebene ist ein Knoten der Punkt, an dem sich kommunikative Konnektivitäten kreuzen. Auf den ersten Blick mag eine solche Formulierung irritieren. Nichtsdestotrotz hilft sie uns, den wichtigen Aspekt einzuordnen, dass sich als ‚Knoten' innerhalb von Kommunikationsnetzwerken sehr divergente Dinge fassen lassen. Mediatisierte Interaktion ist dann ein Prozess der Herstellung einer bestimmten Art von Konnektivität, in der die sprechenden Personen die zentralen ‚Knoten' sind. ‚Knoten' können aber ebenso andere soziale Formen haben. Zum Beispiel kann man lokale Gruppen als ‚Knoten' in dem Kommunikationsnetzwerk einer weitergehenden sozialen Bewegung oder Szene beschreiben, oder man kann Organisationen wie lokale Unternehmungen als Knoten im weitergehenden Kommunikationsnetzwerk eines transnationalen Konzerns begreifen. Es geht in solchen Fällen immer wieder um Fragen der kommunikativen Konnektivität mediatisierter Quasi-Interaktion, durch die ein weitergehender Sinnhorizont von (lokalen) Gruppen oder Institutionen geschaffen wird, die selbst wiederum durch Netzwerke einer internen (mediatisierten) Interaktion gekennzeichnet sind. Kommunikationsnetzwerke sind auf vollkommen unterschiedlichen Ebenen auszumachen – und das ist der Grund, warum dieses Konzept eine Chance eröffnet, Kommunikationsstrukturen *über verschiedene Ebenen hinweg* zu erfassen (und zu vergleichen).

Gleichwohl ist es wichtig, *nicht* davon auszugehen, dass sich Kommunikationsnetzwerke stets mit sozialen Netzwerken decken, so wir unter letzteren in einem gewissen Rahmen dauerhafte soziale Strukturen fassen wollen (Holzer 2006: 74-79). Kommunikationsnetzwerke haben als *Kommunikations*strukturen einen Eigenwert für sich und verweisen hierbei auf *unterschiedliche* soziale Netzwerke. Ein Beispiel wäre die Werbekommunikation für Produkte wie iPod oder iPad, deren Strukturen sich als transmediale Kommunikationsnetzwerke rekonstruieren lassen, denen aber kaum ein soziales Netzwerk entspricht.[9] Umgekehrt können wir jedoch davon ausgehen, dass nicht nur ein Kommunikationsnetzwerk der „brand community" (Pfadenhauer 2008: 217) der Apple-Fans besteht, sondern man diesbezüglich auch ein enges Wechselverhältnis von sozialem Netzwerk und Kommunikationsnetzwerk ausmachen kann. Es sind solche Wechselbeziehungen, die ich im Weiteren näher betrachten möchte.

3   Kulturelle Verdichtungen: Medienkultur, Vergemeinschaftung und soziale Netzwerke

Eine angemessene Theoretisierung des Verhältnisses von ‚Kultur' und ‚sozialen Netzwerken' beschäftigt seit einiger Zeit die strukturanalytische Netzwerktheorie. Dies betrifft insbesondere Harrison White, dessen „relationaler Konstruktivismus" – wie Boris Holzer (2006: 79) diesen Zugang bezeichnet – als ein wichtiger Schritt der Theorieentwicklung in diesem Feld gilt. In Abgrenzung zu einer empiristischen Netzwerkanalyse, die mittels unterschiedlicher Verfahren die reine Analyse einzelner Netzwerkbeziehungen („ties") in den Fokus rückt, bedarf nach White eine theoretisch fundierte Netzwerkanalyse der Berücksichtigung von „stories" (White 1992: 66-70), womit er die Charakterisierung von Netzwerkbe-

---

[9] Siehe für solche Überlegungen auch Knoblauch 2008: 84f.

ziehungen jenseits ihrer faktischen Existenz hinaus fasst. Es geht um die Bedeutung von Netzwerkbeziehungen im Rahmen einer phänomenologischen Betrachtung von Netzwerken. In einer fast klassischen Wendung formuliert er: „Social networks are phenomenological realities, as well as measurement constructs. Stories describe the ties in networks. [...] A social network is a network of meanings" (White 1992: 65, 67). Eine „story" ist als eine summarische (Selbst-)Beschreibung zahlreicher Episoden und Berichte über konkrete soziale Beziehungen zu verstehen, in der sich die mitunter widerstreitenden Perspektiven und Interessen der Beteiligten niederschlagen (Holzer 2006: 86f.).

Exakt dieser Begriff von „story" als Bedeutungskomponente sozialer Netzwerke ist der Punkt, an dem White das Konzept der Kultur einführt. Grundlegend stellt er fest, „stories are a form of agreement limiting the field" (White 1992: 127), eine Form der Musterbildung („patterning"), die sich insgesamt als Kultur analysieren lässt. Dabei sind gegenwärtige Kulturen für White wesentlich ungeordneter („messier") als es die Rhetorik der Sozialwissenschaften gerne sieht; in seinen Worten:

> „[...] a culture should be seen as a continuously interacting population of interpretive forms articulated within some social formation. [...] culture is made up of practices. One can view culture as the interpretive contexts for all social actions so that it can be computed as an envelope from them as well as shaped by them." (White 1992: 289f.)

Eine gewisse akteursbezogene Konkretisierung erfährt eine so verstandene Kultur als „network domain". Hiermit wird ein spezialisiertes Interaktionsfeld (Nachbarschaft, Kollegium) gefasst, das durch bestimmte Cluster von Beziehungen und mit diesen verbundenen Bündeln von „stories" konstituiert wird.

Diese Überlegungen lassen sich als ein wichtiger Schritt der Netzwerkanalyse begreifen, indem sie sich so anderen Traditionen von (Medien-)Kulturforschung annähert (siehe Hepp 2010b). Betrachtet man diese Konzeptionalisierung jedoch aus Sicht insbesondere der interpretativen (Medien-)Kulturforschung, kann die Position Whites nicht wirklich überzeugen, bleiben seine Aussagen, dass Kultur mittels Praktiken ‚gemacht' wird, doch hinter den dortigen Theoretisierungen und empirischen Analysen zurück, die stärker auf das Wechselverhältnis von kulturellen Praktiken und der ‚Musterhaftigkeit' von Kultur abheben. Umgekehrt hat im Feld der interpretativen (Medien-)Kulturforschung das Konzept des sozialen Netzwerks einen hohen und gleichzeitig nicht weiter ausgefüllten Stellenwert, was exemplarisch die Szeneforschung Ronald Hitzlers verdeutlicht. In dieser werden die „posttraditionalen Vergemeinschaftungen" der Szenen als „thematisch fokussierte soziale Netzwerke" (Hitzler et al. 2001: 20) mit „je eigene[r] Kultur" (S. 22) beschrieben, d. h. als „Netzwerke von Gruppen" (S. 25), für deren Kommunikationsbeziehungen Folgendes gilt:

> „Während sich innerhalb von Gruppen Kommunikation verdichtet, ist diese zwischen den Gruppen vergleichsweise niedrig. Dennoch macht gerade die Kommunikation zwischen den Gruppen die Szene aus. Szenemitglieder kennen sich nicht mehr notwendig persönlich (wie das innerhalb von Gruppen der Fall ist), sondern erkennen sich an typischen Merkmalen und interagieren in szenespezifischer Weise (unter Verwendung typischer Zeichen, Symbole, Rituale, Embleme, Inhalte, Attributierungen, Kommentare usw.)." (Hitzler et al. 2001: 25)

Es geht also um die Beschreibung der „Vergemeinschaftung" einer Szene als soziales Netzwerk mit einer spezifischen „Kultur", die getragen wird von lokalen und translokalen Kommunikationsnetzwerken bzw. sich in bestimmten sozialen Netzwerkstrukturen konkretisiert. In einer solchen – hier exemplarisch für andere – herausgegriffenen Zugangsweise wird im durchaus klassischen Sinne Max Webers die „Kulturbedeutung" (Weber 1988: 176) einer „Vergemeinschaftung" erfasst, wobei Kommunikation(-snetzwerk) und soziales Netzwerk hierfür analytische Kategorien sind.

Aus kommunikations- und medienwissenschaftlicher Perspektive ist dabei allerdings zu betonen, dass der *medien*vermittelte Charakter ein entscheidendes Moment der Betrachtung sein sollte: Die Kommunikation findet ja – wenn sie die lokale Gruppe überschreitet – neben Szene-Events insbesondere mittels Medien statt. Entsprechend fokussiert man nicht allgemein ‚Kultur', sondern genauer ‚Medienkultur'. Der Ausdruck Medienkultur akzentuiert entsprechend, dass es sich um Kulturen handelt, deren primäre Bedeutungsressourcen durch technische Kommunikationsmedien vermittelt werden.

An dieser Definition von Medienkultur erscheinen zwei Aspekte explikationsbedürftig. Zum einen ist dies der Medienbegriff, der explizit auf *technische* Verbreitungsmittel abhebt, also beispielsweise nicht Sprache als Medium fasst, sondern Kommunikationsmedien, die folgende vier Dimensionen aufweisen (Beck 2006: 13): Erstens verfügen sie über ein technisch basiertes Zeichensystem, das die Kommunikation mit ihnen auf eine bestimmte Art und Weise (vor-)strukturiert. Zweitens sind sie durch spezifische soziokulturelle Institutionen gekennzeichnet. Drittens haben Kommunikationsmedien charakteristische Organisationen. Und viertens erbringen sie für bestimmte soziale Gruppen und Gesellschaften spezifische Leistungen, die es als kulturelle Konstruktionen gleichwohl kritisch zu hinterfragen gilt. Greift man die Terminologie von Herbert Kubicek (1997: 220) auf, handelt es sich bei diesen Kommunikationsmedien um Medien „zweiter Ordnung". Mit dem Begriff des Mediums „erster Ordnung" bezeichnet er „technische Systeme mit Funktionen und Potenzialen für die Verbreitung von Information" wie den Druck. Medien zweiter Ordnung sind „soziokulturelle Institutionen zur Produktion von Verständigung", die Medien erster Ordnung weiter ausdifferenzieren. Dies ist in Bezug auf den Druck als Medium erster Ordnung beispielsweise die Zeitung, das Buch, die Zeitschrift usw.

Der zweite erklärungsbedürftige Aspekt der Definition von Medienkultur ist der der primären Bedeutungsressource. Sicherlich ist keine Kultur in dem Umfang mediatisiert, dass all deren Bedeutungsressourcen medienvermittelt wären. Auch muss man vorsichtig sein, als Kommunikations- und Medienwissenschaftler nicht in den Mythos eines „mediated centres" (Couldry 2003) zu verfallen, der (Massen-)Medien unhinterfragt als Zentrum einer nationalen Gesellschaft begreift, statt die Prozesse der Konstruktion medialer Zentralisierung zu analysieren. Indem der Mensch ein körperliches Wesen ist, wird ein Teil seiner kulturellen Bedeutungsproduktion stets „unmittelbar" oder doch zumindest „nicht medienvermittelt" bleiben (Reichertz 2008: 17). Die entscheidende Betonung liegt entsprechend auf dem Wort „primär": Versteht man unter Mediatisierung in Anlehnung an die Überlegungen von Friedrich Krotz (2007) den Prozess der zunehmenden zeitlichen, räumlichen und sozialen Durchdringung unserer Kulturen mit Medienkommunikation und damit verbunden eine Prägung verschiedenster kultureller Bereiche durch verschiedene Medien, lässt sich historisch gesehen ein Punkt ausmachen, an dem Medien Kulturen in einer Weise prägen, in der diese auf Alltagsebene konstitutiv für das Aufrechterhalten der Kulturen werden. Während sicherlich nicht alles durch die Medien vermittelt ist, artikulieren sich die Medien selbst in Kooperation mit anderen sozialen Institutionen in einem Prozess der „fortlaufenden sozialen Konstruktion" (Couldry 2008: 3) als das Zentrum der Gesellschaft. Entsprechend sind Medienkulturen nicht einfach Kulturen, die durch Mediatisierung im

Sinne einer quantitativen Verbreitung und qualitativen Prägung gekennzeichnet sind (Hepp 2010a). Zusätzlich lässt sich formulieren, dass Medienkulturen solche Kulturen sind, in denen „die Medien" Erfolg haben, sich als diejenigen zu positionieren, die die primären Bedeutungsressourcen zur Verfügung stellen – kurz: das Zentrum (mit) bilden.

Exakt dies lässt sich – und hier kann nochmals auf die Typologie Friedrich Tenbrucks verwiesen werden – für Kulturen (spät-)moderner Gesellschaften argumentieren, die in ihrer Spezifik auf das Vorhandensein von Massenmedien und später digitalen Medien verweisen. Folglich können solche Kulturen als umfassend mediatisierte Kulturen oder kurz Medienkulturen bezeichnet werden. Den allgemeinen Kulturbegriff Stuart Halls (2002) weiter konkretisierend sind Medienkulturen dann die Summe der verschiedenen, *im obigen Sinne* primär medienvermittelten Klassifikationssysteme und diskursiven Formationen, auf die in alltagsweltlichen Praktiken Bezug genommen wird, um Dingen Bedeutung zu geben. Entsprechend werden Medienkulturen über „Verdichtungen" (Löfgren 2001) von Kommunikationsprozessen beschreibbar. Der Begriff der *Verdichtung* akzentuiert, dass wir uns gegenwärtige medienkulturelle Gebilde als fließend ineinander übergehend vorstellen müssen, d. h. insbesondere in ihren Grenzbereichen erscheinen diese zunehmend unscharf. In ihrem Inneren ‚verdichten' sie sich gleichwohl zu spezifischen kulturellen Einheiten. Und genau an dieser Stelle wird deutlich, welches Potenzial die Kategorie des Netzwerks für die Analyse solcher Phänomene hat: Im Gegensatz zur Kategorie des Systems, die letztlich mit Denkweisen der Abgeschlossenheit operiert, ermöglicht die Kategorie des Netzwerks, in der empirischen Forschung wie der darauf basierenden Theoriearbeit sowohl die Spezifika von Medienkulturen zu erfassen – u. a. über eine Beschreibung ihrer Kommunikationsnetzwerke als Strukturaspekt ihrer kommunikativen Konnektivität –, als auch die Übergangs- und Unschärfebereiche zwischen verschiedenen Medienkulturen zu reflektieren.

Hierbei gilt es, die potenzielle ‚Ausdehnung' von Medienkommunikation im Blick zu haben. Indem Medienkulturen auf ortsübergreifenden Kommunikationsprozessen fußen, sind sie der Definition nach translokal orientiert. Mit fortschreitender Globalisierung der Medienkommunikation – d.h. mit weltweiter Zunahme translokaler kommunikativer Konnektivitäten – decken sich dabei Medienkulturen nicht mehr zwangsläufig mit bestimmten geografischen oder sozialen Territorien.[10] So sind es die jüngeren elektronischen Medien (u.a. Satellitenfernsehen und Internet) gewesen, mittels derer die ‚massenhafte' Bedeutungsproduktion zunehmend von Territorialität entkoppelt wurde. Mit ihnen ist es möglich, einzelne Medienprodukte, die als Ressourcen der Generierung von Bedeutung an einer Lokalität produziert werden, durch komplexe Distributionsprozesse über verschiedenste Territorien hinweg zugänglich zu machen, was Aneignungen an unterschiedlichsten Lokalitäten ermöglicht.[11]

Ein solcher Gesamtblickwinkel auf Medienkulturen ist rahmend für eine konkrete Analyse von heutigen Vergemeinschaftungsprozessen. Greift man an dieser Stelle nochmals die eingangs zitierten Überlegungen Hubert Knoblauchs auf, lassen sich diese nun in dem Sinne konkretisieren, dass sich mit dem Wandel von Kulturen hin zu Medienkulturen auch Fragen der Vergemeinschaftung gewandelt haben: Neben lokale Vergemeinschaf-

---

[10] Vgl. zu diesem Aspekt im Detail die Diskussionen von García Canclini 1995, Tomlinson 1999 und Hepp 2004.
[11] Um Missverständnisse zu vermeiden, sei an dieser Stelle betont, dass ich mit ‚Territorialität' nicht jeglichen materiellen Aspekt von Örtlichkeit (Lokalität) bezeichne, letztlich, weil jede Lokalität auf eine solche materielle Dimension verweist. Ich verwende diesen Begriff hier ausschließlich für größere, über einzelne Lokalitäten hinausgehende, geschlossene sozio-geografische Räume.

tungen – oder in der Terminologie Knoblauchs „Wissensgemeinschaften" – sind mannig-
fache medienvermittelte, translokale Vergemeinschaftungen getreten (in seiner Terminologie „Kommunikationsgemeinschaften"). Translokale, d.h. ortsübergreifende Vergemeinschaftungen sind stets symbolisch vermittelt und damit „vorgestellt", wie es Benedict
Anderson (1996) in Bezug auf die Gemeinschaft der Nation formulierte.

Abbildung 1:   Territoriale und deterritoriale Vergemeinschaftungen

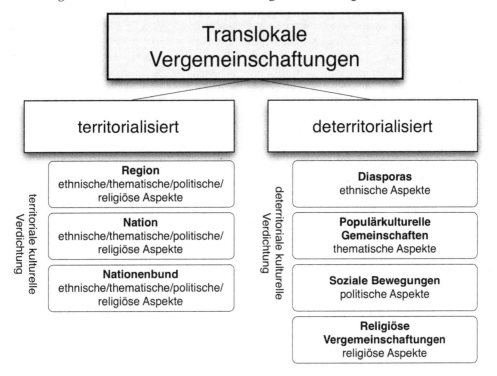

Gerade für den gegenwärtigen Wandel von Medienkultur und Vergemeinschaftung scheinen insbesondere deterritoriale Vergemeinschaftungen einen besonderen Stellenwert zu
haben, weswegen diese näher betrachtet werden sollen. Beispiele für solche deterritorialen
Vergemeinschaftungen sind neben den bereits angeführten Szenen und weiteren populär-
kulturellen Vergemeinschaftungen ethnische Vergemeinschaftungen der Diaspora, politische Vergemeinschaftungen sozialer Bewegungen oder religiöse Vergemeinschaftungen.
So unterschiedlich diese im Einzelfall sind, analytisch teilen sie folgende drei Aspekte:

   1. Netzwerke lokaler Gruppen: Diese deterritorialen Vergemeinschaftungen artikulieren sich zuerst einmal in lokalen Gruppen, die durch eine entsprechende Face-to-Face-
Kommunikation gekennzeichnet und im Bereich des Lokalen verwurzelt sind. Diese verschiedenen Gruppen fügen sich zu einem übergreifenden translokalen sozialen Netzwerk.

   2. Translokaler Sinnhorizont: Innerhalb dieses Netzwerkes deterritorialer Vergemeinschaftungen besteht ein translokaler Sinnhorizont, d.h. eine gemeinsame Sinnorientierung,
die diese Vergemeinschaftungen als solche begründet und auf deren Medienkulturen verweist. Der translokale Sinnhorizont wird insbesondere über ein spezifisches Kommunikati-

onsnetzwerk aufrechterhalten, basierend auf mediatisierten Interaktionen („personale Kommunikation', bspw. durch Chats) und mediatisierten Quasi-Interaktionen („Massenkommunikation' bspw. durch Fanzines).

3. Deterritoriale Erstreckung: Wie der Begriff „deterritoriale Vergemeinschaftung" schon sagt, deckt sich das translokale soziale Netzwerk der Vergemeinschaftung wie ihr Kommunikationsnetzwerk nicht einfach mit einem spezifischen Territorium. Die Netzwerke bestehen gewissermaßen ‚quer' zu verschiedenen soziokulturellen Territorien und über diese hinweg.

Gerade wenn man diese deterritorialen Vergemeinschaftungen empirisch erforschen will, ist es entsprechend zentral, sie als *soziales Netzwerk* wie als *Kommunikationsnetzwerk* im Blick zu haben. Letzteres artikuliert sich dabei in einer Vielfalt von Medien, sprich: transmedial.[12] Hierbei gilt es, durch differenzierte Analysen herauszuarbeiten, auf welche Weise Kommunikationsnetzwerke im Wechselverhältnis zu sozialen Netzwerken stehen, statt beide von vornherein gleichzusetzen. Mediale Kommunikationsnetzwerke können als *Voraussetzung* translokaler sozialer Netzwerke begriffen werden: Ohne Medienkommunikation sind diese nicht vorstellbar. Entsprechend verweist jedes soziale Netzwerk *auch* auf ein Kommunikationsnetzwerk. Umgekehrt folgt aber nicht aus der Existenz eines Kommunikationsnetzwerks ein bestimmtes soziales Netzwerk. Gerade aus kommunikations- und medienwissenschaftlicher Perspektive sind es die *kommunikativen Formen der Vermittlung sozialer Beziehungen*, wie sie sich in Kommunikationsnetzwerken konkretisieren, die Gegenstand der Forschung sein sollten. Letztlich sind wir an dieser Stelle mit Fragen der Methodologie von Netzwerkanalyse konfrontiert, auf die ich abschließend eingehen möchte.

4   Empirische Medienkulturforschung: Kontextualisierte Netzkulturforschung und qualitative Netzwerkanalyse

Versucht man, die bisherigen Überlegungen methodisch zu wenden, verweisen sie auf die Notwendigkeit einer *kontextualisierten Netzkulturforschung*. Eine solche kontextualisierte Netzkulturforschung zeichnet sich dadurch aus, (Medien-)Kultur nicht einfach nur als ‚weitere Variable' einer strukturanalytischen Netzwerkforschung zu berücksichtigen. Vielmehr geht es darum, Netzwerkanalysen in eine umfassende empirische Medienkulturforschung einzubinden.

Wie ich an anderer Stelle argumentiert habe (Hepp 2009), steht im Zentrum einer empirischen Medienkulturforschung das Herausarbeiten bestimmter ‚Muster' (der jeweils konfliktären Produktion, Repräsentation, Aneignung, Regulation und Identifikation) von Medienkultur. Der Gebrauch des Ausdrucks „Muster" ist dabei irreführend, wenn er auf etwas „Statisches" bezogen wird. Im Gegensatz dazu sollte in der Medienkulturanalyse gegenwärtig sein, dass es ebenfalls um Muster des Prozesses geht. Insgesamt hebt der Ausdruck „Muster" so darauf ab, dass Medienkulturanalyse nicht einfach das *singuläre* Denken, den *singulären* Diskurs oder die *singuläre* Praxis beschreibt, sondern auf der Basis der

---

[12] So zeigt unsere eigene Forschung zur kommunikativen Vernetzung von Diasporagemeinschaften (u.a. Hepp et al. 2011), dass sich diese nicht hinreichend fassen lässt, wenn man nur einzelne Medien wie bspw. Diasporawebseiten oder Mobiltelefon im Blick hat. Erst durch eine Betrachtung des *Gesamt*kommunikationsnetzwerks – traditionelle Massenmedien wie auch heutige digitale einschließend – wird es möglich, den Stellenwert von Medienkommunikation für die Artikulation dieser Vergemeinschaftung angemessen zu analysieren.

Analyse unterschiedlicher singulärer Phänomene die typischen „Arten" des Denkens, der Diskurse oder der Praktiken in einem kulturellen Kontext. Mit anderen Worten ist ein kulturelles Muster eine „Form" oder ein „Typus", der in der Medienkulturanalyse mittels empirischer Methoden herausgearbeitet wird.

In diesem Gesamtrahmen lässt sich die Kategorie des Netzwerks als ein heuristisches Instrument begreifen, die Strukturspezifik einzelner kultureller Muster zu erfassen – sowohl im Hinblick auf Kommunikationsnetzwerke als auch im Hinblick auf soziale Netzwerke. Konkret ist damit gemeint, dass wir die musterhafte Spezifik der kommunikativen Konnektivitäten und sozialen Beziehungen mithilfe der Kategorie ‚Netzwerk' beschreiben können. Es geht also darum, musterhaft bzw. letztlich typisierend die Strukturen von Kommunikationsbeziehungen zu rekonstruieren und dabei zu reflektieren, in welcher Relation diese zu wiederum als Netzwerk begriffenen sozialen Beziehungen stehen. Hierbei ist zentral, gerade *nicht* davon auszugehen, dass sich Netzwerke ausschließlich auf Ebene von Praxis konkretisieren. Netzwerke konkretisieren sich ebenfalls auf Ebene des Diskurses (bspw. als ‚diskursive Vernetzungen') bzw. auf Ebene kognitiver Schemata (bspw. als ‚Vorstellungen von Vernetzungshorizonten').

Betrachtet man Kommunikationsnetzwerke und soziale Netzwerke in einem solchen Gesamtrahmen, so steht interpretative empirische Medienkulturforschung vor der zum Teil nicht unerheblichen methodischen Herausforderung, *verstehende* Netzwerkanalysen in ihren weiteren Forschungsprozess einzuordnen. Hierbei ist es möglich, die bestehende Diskussion um eine qualitative Netzwerkforschung aufzugreifen (vgl. für den deutschen Sprachraum insbesondere die Beiträge in Hollstein/Straus 2006).

Gleichwohl gilt es, zweierlei im Blick zu haben: Erstens besteht in dieser Tradition die Tendenz, die aus der standardisierten Forschung bekannte Operationalisierung der Erhebung von sozialen Netzwerken in der Form von konzentrisch strukturierten Netzwerkkarten (Kahn/Antonucci 1980; „Social Convoy"-Modell) auf eine qualitative Forschung zu übertragen. Rekonstruiert werden Netzwerke aus ego-zentrierter Perspektive durch die Positionierung verschiedener Bezugspersonen (oder Gruppen) in einem Schema von drei konzentrischen Kreisen. Ein solches Vorgehen kann dann problematisch werden, wenn eine nicht weiter reflektierte Pseudo-Standardisierung in qualitative Forschung einzieht (Diaz-Bone 2007). Netzwerke werden so auf Fragen der Nähe und Distanz einzelner Personen (Gruppen, Orte etc.) reduziert, ohne aber das nutzbar zu machen, worin die Leistungen einer verstehenden Forschung liegen, nämlich in der Berücksichtigung der *kontextbezogenen Qualitäten* in diesem Fall von Netzwerkbeziehungen, die es durch eine in Max Webers Sinne verstehende Analyse zu erfassen gilt.

Zweitens reduziert ein solches Vorgehen ‚Netzwerke' auf soziale Netzwerke bzw. setzt diese mit Kommunikationsnetzwerken gleich. Dieser Punkt ist insbesondere aus Sicht einer (kommunikations- und medienwissenschaftlichen) Medienkulturforschung nicht hinreichend, zielt diese doch – wie bereits mehrfach betont – auf die verstehende Analyse von Kommunikationsnetzwerken bzw. deren Wechselverhältnis zu sozialen Netzwerken. Es geht also darum, eine verstehende Kommunikationsnetzwerkanalyse als Teil einer empirischen Medienkulturforschung zu entwickeln.

Dieses Unterfangen kann methodisch auf verschiedene Weise ansetzen. Um die bisherigen allgemeinen Überlegungen aber weiter zu konkretisieren, möchte ich abschließend unsere aktuelle qualitative Netzwerkforschung als *eine* Möglichkeit vorstellen, Netzwerkanalyse und empirische Medienkulturforschung miteinander zu verbinden. Diese Darlegun-

gen beziehen sich dabei auf ein empirisches Forschungsprojekt, in dem wir u. a. die medienübergreifenden ego-zentrierten *Kommunikations*netzwerke von Migrantinnen und
Migranten als Teil der Beschreibung ihrer Medienkultur rekonstruieren.[13] Hierzu gehen wir
in einer dreifachen „Triangulation" (Flick 2004) der Datenerhebung vor:

- *Qualitative Interviews:* Wir führen mit den Migrantinnen und Migranten ca. einstündi-
  ge Interviews, die neben Fragen der eigenen Identität und Zugehörigkeit deren Medienaneignung in ihrer gesamten Breite fokussieren.

- *Freie Netzwerkkarten:* Im Rahmen der Interviews bitten wir unsere Gesprächspartner,
  auf einer ‚freien' (= leeren) Karte aus ihrer subjektiven Sicht ihr Kommunikationsnetzwerk zu visualisieren, also konkret: ‚zu zeichnen, wie sie ihre verschiedenen
  Kommunikationen sehen' und dies im Anschluss zu erläutern (siehe exemplarisch die
  Abbildung 2).

- *Medientagebücher:* Schließlich werden dieselben Personen gebeten, über eine Woche
  hinweg in einem Tagebuch jegliche Form der medienvermittelten Kommunikation
  festzuhalten und uns dann dieses Medientagebuch zukommen zu lassen.

Auch wenn mit einer solchen Methodentriangulation Probleme im Detail bestehen können,[14] so ermöglicht sie einen vielschichtigen, verstehenden Einblick in die Kommunikationsnetzwerke der Migrantinnen und Migranten: Durch die Interviews erfahren wir viel über
den Kontext kommunikativer Vernetzungsprozesse, d. h. die Positionierung der Interviewten in ihrer Alltagswelt, ihre Sozialbeziehungen sowie deren generelle Medienaneignung.
Die freien Netzwerkkarten geben uns aus ego-zentrierter Sicht Einblick darin, wie die
Migrantinnen und Migranten ihre Kommunikationsnetzwerke sehen und welchem Medium
(Brief, Telefon, E-Mail, Fernsehen, Radio, Zeitung etc.) sie dabei welche Bedeutung für
kommunikative Konnektivität zuschreiben. Bemerkenswerterweise – und hier besteht eine
direkte Beziehung zur Analyse sozialer Netzwerke – gruppiert ein beträchtlicher Teil der
Interviewten ihre Netzwerkkarten *nicht* nach Medien, sondern nach den verschiedenen
Bezugsgruppen (oder -regionen) und visualisiert die kommunikative Konnektivität zu diesen transmedial. Schließlich gestatten die Medientagebücher es, diese Netzwerke als nicht
gegeben aufzufassen, sondern zumindest in einem bestimmten Zeitabschnitt den Prozess
des ‚Netzwerkens' – also die Praktiken, durch die fortlaufend die Struktur des Netzwerks
hervorgebracht wird – zu rekonstruieren. Ausgewertet werden die Daten mit Verfahren
einer Kommunikations- und Medienforschung, die sich an die Grounded Theory anlehnt
(Krotz 2005). Wir bekommen so einen tiefen Einblick in die gegenwärtige kommunikative
Konnektivität von Migrantinnen und Migranten als Basis ihres sozialen Netzwerks und
damit auch ihrer deterritorialen Vergemeinschaftung.

Wie gesagt handelt es sich bei diesem geschilderten Vorgehen nur um *eine* Möglichkeit, eine qualitative Netzwerkanalyse als Teil einer empirischen Medienkulturforschung zu
entwickeln. Sinnvoll wäre, diese in Konkurrenz zu verschiedenen anderen Erhebungsme-
thoden und Auswertungsverfahren treten zu lassen, um generell den Diskurs um eine ver-

---

[13] Meine folgenden Darlegungen beziehen sich dabei auf die Erfahrungen eines von der DFG geförderten Projekts
zum Thema „Integrations- und Segregationspotenziale digitaler Medien am Beispiel der kommunikativen Vernetzung von ethnischen Migrationsgemeinschaften", das wir derzeit am IMKI realisieren. Siehe dazu im Detail Hepp
et al. 2010a.

[14] Unser Hauptproblem sind gerade bei weniger Gebildeten insbesondere die Medientagebücher, bei denen die
Rücklaufquote nicht zufriedenstellend ist, was vor allem auf die Distanz dieses Erhebungsinstruments zur eigenen
Alltagswelt der Interviewten zurückgeführt werden kann.

stehende Netzwerkforschung (nicht nur) in der Medien- und Kommunikationswissenschaft voranzubringen.

Abbildung 2: Beispiel einer freien Netzwerkkarte

Diese methodischen Reflexionen sind aber im weiteren Zusammenhang des vorliegenden Beitrags zu sehen. So geht es *nicht* einfach darum, dem Instrumentarium der Kommunikations- und Medienwissenschaft bzw. Soziologie ein weiteres ‚Werkzeug' hinzuzufügen, nämlich das der qualitativen (Kommunikations-)Netzwerkanalyse als Teil einer kontextualisierten Netzkulturforschung. Vielmehr ist es mir wichtig deutlich zu machen, dass die aktuell notwendige Forschung zum Wechselverhältnis von ‚Kultur', ‚Medienkommunikation' und ‚Netzwerk' bzw. dem Wandel dieses Wechselverhältnisses sowie damit zusammenhängenden Einzelfragen wie die der Vergemeinschaftung eine doppelte Herausforderung darstellt: Eine begrifflich-konzeptionelle, wofür eine differenzierte Betrachtung dessen steht, wie ‚Kultur' und ‚Netzwerk' im Hinblick auf Medienkommunikation gefasst werden kann; und eine methodologisch-empirische Herausforderung, was auf die zum Schluss angestellten methodologischen Überlegungen verweist. Erst wenn man dieser doppelten Herausforderung gerecht wird, erscheint es mir möglich, die aktuellen, *auch* von Medienkommunikation getragenen Wandlungen von Kultur und Netzwerk angemessen zu fassen. Meine Hoffnung ist, dass der vorliegende Artikel eine Anregung dazu darstellt.

5   Literatur

Anderson, Benedict 1996: *Die Erfindung der Nation. Zur Karriere eines folgenreichen Konzepts.* Berlin: Ullstein.

Beck, Klaus 2006: *Computervermittelte Kommunikation im Internet.* München, Wien: Oldenbourg.

Castells, Manuel 2001: *Der Aufstieg der Netzwerkgesellschaft. Teil 1 der Trilogie. Das Informationszeitalter.* Opladen: Leske + Budrich.

Castells, Manuel 2005: *Die Internet-Galaxie. Internet, Wirtschaft und Gesellschaft.* Wiesbaden: VS.

Couldry, Nick 2003: *Media Rituals. A Critical Approach.* London u.a.: Routledge.

Couldry, Nick 2008: „The Media": A crisis of appearances. Inaugural lecture as Professor of Media and Communications, Goldsmiths, University of London, http://www.goldsmiths.ac.uk/media-communications/staff/couldry-inaugural-lecture.pdf (4.6.2008).

Diaz-Bone, Rainer 2007: „Gibt es eine qualitative Netzwerkanalyse? Review Essay: Betina Hollstein & Florian Straus (Hrsg.) (2006). Qualitative Netzwerkanalyse. Konzepte, Methoden, Anwendungen" *Forum Qualitative Sozialforschung / Forum: Qualitative Social Research*, 8(1), http://www.qualitative-research.net/fqs-texte/1-07/07-1-28-d.pdf (27.1.2009).

Flick, Uwe 2004: *Triangulation. Eine Einführung.* Wiesbaden: VS Verlag.

García Canclini, Néstor 1995: *Hybrid Cultures. Strategies for Entering and Leaving Modernity.* Minneapolis: University of Minnesota Press.

Giddens, Anthony 1996: *Konsequenzen der Moderne.* Frankfurt a. M.: Suhrkamp Verlag.

Hall, Stuart 2002: „Die Zentralität von Kultur: Anmerkungen zu den kulturellen Revolutionen unserer Zeit" in: Hepp, Andreas/Löffelholz, Martin (Hrsg.): *Grundlagentexte zur transkulturellen Kommunikation.* Konstanz: UVK (UTB), S. 95-117.

Hepp, Andreas 2004: *Netzwerke der Medien. Medienkulturen und Globalisierung.* Wiesbaden: VS.

Hepp, Andreas 2009: „Transkulturalität als Perspektive: Überlegungen zu einer vergleichenden empirischen Erforschung von Medienkulturen" *Forum Qualitative Sozialforschung / Forum: Qualitative Social Research* 10(1), Art. 26 (1), http://nbn-resolving.de/urn:nbn:de:0114-fqs0901267 (1.2.2009).

Hepp, Andreas 2010a: „Mediatisierung und Kulturwandel: Kulturelle Kontextfelder und die Prägkräfte der Medien" in: Hartmann, Maren/Hepp, Andreas (Hrsg.): *Die Mediatisierung der Alltagswelt. Festschrift zu Ehren von Friedrich Krotz.* Wiesbaden: VS, S. 65-84.

Hepp, Andreas 2010b: „Netzwerk und Kultur" in: Stegbauer, Christian/Häußling, Roger (Hrsg.): *Handbuch der Netzwerkforschung.* Wiesbaden: VS, S.227-234.

Hepp, Andreas/Bozdag, Cigdem/Suna, Laura 2010a: „Mediale Migranten: Medienkulturen und die kommunikative Vernetzung der Diaspora" in: Hepp, Andreas/Höhn, Marco/Wimmer, Jeffrey (Hrsg.): *Medienkultur im Wandel.* Konstanz: UVK, S. 263-276.

Hepp, Andreas/Höhne, Marco/Wimmer, Jeffrey 2010b: „Medienkultur im Wandel" in: Hepp, Andreas/Höhn, Marco/Wimmer, Jeffrey (Hrsg.): *Medienkultur im Wandel.* Konstanz: UVK, S. 7-37.

Hitzler, Ronald/Bucher, Thomas/Niederbacher, Arne 2001: *Leben in Szenen. Formen jugendlicher Vergemeinschaftung heute.* Opladen: Leske + Budrich.

Hollstein, Betina/Straus, Florian (Hrsg.) 2006: *Qualitative Netzwerkanalyse*, Wiesbaden: VS.

Holzer, Boris 2006: *Netzwerke.* Bielefeld: Transcript.

Kahn, Robert L./Antonucci, Toni C. 1980: „Convoys of life course: Attachment, roles, and social support" in: Baltes, Paul B./Brim, Orville G. (Hrsg.): *Life-span development and behavior.* New York: Academic Press, S. 383-405.

Knoblauch, Hubert 2008: „Kommunikationsgemeinschaften. Überlegungen zur kommunikativen Konstruktion einer Sozialform" in: Hitzler, Roland/Honer, Anne/Pfadenhauer, Michaela (Hrsg.): *Posttraditionale Gemeinschaften. Theoretische und ethnographische Erkundungen.* Wiesbaden: VS, S. 73-88.

Krotz, Friedrich 2005: *Neue Theorien entwickeln. Eine Einführung in die Grounded Theory, die Heuristische Sozialforschung und die Ethnographie anhand von Beispielen aus der Kommunikationsforschung.* Köln: Halem.

Krotz, Friedrich 2007: *Mediatisierung: Fallstudien zum Wandel von Kommunikation.* Wiesbaden: VS.

Kubicek, Herbert 1997: „Das Internet auf dem Weg zum Massenmedium? Ein Versuch, Lehren aus der Geschichte alter und neuer Medien zu ziehen" in: Werle, Raymund/Lang, Christa (Hrsg.): *Modell Internet? Entwicklungsperspektiven neuer Kommunikationsnetze.* Frankfurt a.M.: Campus, S. 213-239.

Löfgren, Orvar 2001: „The Nation as Home or Motel? Metaphors of Media and Belonging" *Sosiologisk Årbok* 14 (1), S. 1-34.

Lull, James 2000: *Media, Communication, Culture. A Global Approach.* Cambridge: Polity Press.

Meyrowitz, Joshua 1995: „Medium Theory" in: Crowley, David J./Mitchell, David (Hrsg.): *Communication Theory Today.* Cambridge: Polity Press, S. 50-77.

Moores, Shaun 2006: „Ortskonzepte in einer Welt der Ströme" in: Hepp, Andreas/Krotz, Friedrich/Moores, Shaun/Winter, Carsten (Hrsg.): *Netzwerk, Konnektivität und Fluss. Analysen gegenwärtiger Kommunikationsprozesse.* Wiesbaden: VS, S. 189-206.

Ong, Walter J. 1987: *Oralität und Literalität. Die Technologisierung des Wortes.* Opladen: Westdeutscher Verlag.

Pfadenhauer, Michaela 2008: „Markengemeinschaften. Das Brand als 'Totem' einer posttraditionalen Gemeinschaft" in: Hitzler, Roland/Honer, Anne/Pfadenhauer, Michaela (Hrsg.): *Posttraditionale Gemeinschaften. Theoretische und ethnographische Erkundungen.* Wiesbaden: VS, S. 214-227.

Reichertz, Jo 2008: *Die Macht der Worte und der Medien.* Zweite Auflage. Wiesbaden: VS.

Schütz, Alfred/Luckmann, Thomas 1979: *Strukturen der Lebenswelt.* Band 1. Frankfurt a.M.: Suhrkamp.

Simmel, Georg 1992: *Soziologie. Untersuchungen über die Formen der Vergesellschaftung.* Frankfurt a.M.: Suhrkamp.

Tenbruck, Friedrich H. 1972: „Gesellschaft und Gesellschaften: Gesellschaftstypen" in: Bellebaum, A. (Hrsg.): *Die moderne Gesellschaft.* Freiburg: Herder S. 54-71.

Thompson, John B. 1995: *The Media and Modernity. A Social Theory of the Media.* Cambridge: Cambridge University Press.

Tomlinson, John 1999: *Globalization and Culture.* Cambridge, Oxford: Polity Press.

Tönnies, Ferdinand 1979: *Gemeinschaft und Gesellschaft. Grundbegriffe der reinen Soziologie.* Darmstadt: Wissenschaftliche Buchgesellschaft. Neudruck der 8. Aufl. von 1935.

Weber, Max 1972: *Wirtschaft und Gesellschaft.* Tübingen: Mohr Verlag.

Weber, Max 1988: *Gesammelte Aufsätze zur Wissenschaftslehre.* Siebte Auflage. Tübingen: Mohr Verlag.

White, Harrison C. 1992: Identity and control: A structural theory of social action. Princeton: Princeton.

Welche kulturellen Formationen entstehen in mediatisierten Kommunikationsnetzwerken?

Jan A. Fuhse

1   Einleitung

Kommunikationstechnologien verändern das soziale Leben: Soziale Beziehungen können mit Telefon, Briefen und E-Mails über große Distanzen aufrechterhalten werden. Radio, Fernsehen und das Internet liefern einen gemeinsamen Informationsstand und sorgen für Gesprächsstoff in Alltagsgesprächen. Mit dem Buchdruck werden Zeitungen, Zeitschriften und Bücher in großer Menge verfügbar und versorgen Spezialpublika von Wissenschaftlern, Ärzten und Händlern bis hin zu Jugend- und Subkulturen mit auf sie zugeschnittenen medialen Angeboten. Alleine im Internet finden sich von Partnerbörsen, Internetforen, Mailing-Listen und den vielfältigen Social-Networking-Sites (Facebook, StudiVZ, MySpace etc.) bis zu Bloggern und Twitterern ganz neue Sozialformen. Angesichts der mit dem Web 2.0 verbundenen Vielfalt mag man sich fragen, warum Beobachter schon vor dem Internet von ‚neuer Unübersichtlichkeit' (Habermas 1985) und Postmoderne (Welsch 1994) gesprochen hatten.

Der vorliegende Beitrag entwickelt aus verschiedenen Theoriesträngen eine systematische Perspektive auf diese Phänomene, indem kulturelle Formationen auf die ihnen zugrunde liegenden Kommunikationsnetzwerke zurückgeführt werden. Der im Anschluss an diese Einleitung skizzierte Grundgedanke ist, dass kulturelle Formen für ihre Entstehung, Verbreitung und Reproduktion kommuniziert werden müssen – und dass entsprechend soziale Netzwerke als Kanäle dieser Kommunikation einen wesentlichen Einfluss auf die Bildung von kulturellen Einheiten und Differenzen haben (2). So lassen sich etwa Milieus oder Subkulturen als intern verdichtete Kommunikationsnetzwerke mit spezifischen kulturellen Formen charakterisieren. Aber welche kulturellen Formationen ergeben sich, wenn soziale Netzwerke der Face-to-face-Interaktion in nennenswertem Umfang durch mediatisierte Kommunikation ergänzt werden? Dieser Frage wird in den zwei anschließenden Abschnitten nachgegangen: Zunächst geht es darum, wie sich persönliche Kommunikationsnetzwerke durch die Hinzunahme von Kommunikationstechnologien verändern (3). Anschließend wird diskutiert, inwiefern verschiedene Verbreitungsmedien (Buchdruck, Fernsehen, Internet) zur Ausbildung von unterschiedlichen Publika führen (4). Dabei wird etwa die These formuliert, dass das Internet in sehr viel stärkerem Maße internationale Lifestyle-orientierte Subkulturen fördert als das Fernsehen und auf diese Weise zu einer kulturellen Transnationalisierung und Zersplitterung beiträgt. Insgesamt wird auf diese Weise für die Fruchtbarkeit der konzeptionellen Verbindung von Kultur, sozialen Netzwerken und Medienkommunikation argumentiert.

2   Kultur und Kommunikation in sozialen Netzwerken

Die in Anschlag gebrachte theoretische Perspektive zieht Argumente aus der Kommunikationstheorie von Niklas Luhmann und der Netzwerkforschung um Harrison White zusammen, verbindet diese aber auch mit Anleihen aus weiteren Forschungssträngen. Daraus ergibt sich eine allgemeine theoretische Perspektive, der zufolge Kultur in sozialen Kommunikationsnetzwerken entsteht und reproduziert wird. Die Brücke zur Anwendung auf Medienkommunikation erfolgt im Sinne der Mediumstheorie, die eine Veränderung von sozialen Kontexten und von Kultur durch unterschiedliche Verbreitungsmedien postuliert (Meyrowitz 1994). Im Zusammenhang der Netzwerktheorie ergibt sich die These, dass die zunehmende Durchdringung dieser sozialen Kommunikationsnetzwerken mit technisch basierten Verbreitungsmedien einen Einfluss nicht nur auf die Netzwerkkonstellationen, sondern auch auf die mit ihnen verknüpften kulturellen Formationen hat. In diesem Abschnitt sollen zunächst die theoretischen Grundlagen für diese These gelegt werden. Dazu müssen die zentralen Begriffe Kultur, Netzwerk und Kommunikation geklärt und in Beziehung zueinander gesetzt werden.

2.1 Begriffliche Klärungen: Kultur und Netzwerke

Ausgangspunkt der theoretischen Überlegungen ist zunächst die relationale Soziologie von Harrison White und anderen, die ein Wechselspiel von Kultur und Netzwerken postuliert (Fuhse / Mützel 2010). Unter ‚Kultur‘ lässt sich grob der verfügbare und gebräuchliche Haushalt von Symbolen und Deutungsmustern fassen, den wir in einem bestimmten sozialen Kontext finden (Archer 1988; Luhmann 1995a; Fuhse 2008: 54). So findet man von Land zu Land, von Dorf zu Dorf, von Freundesgruppe zu Freundesgruppe, aber auch von Internetforum zu Internetforum unterschiedliche Symbole und Deutungsmuster. Mit der Einführung von Kommunikationstechnologien wie dem Buchdruck oder dem Internet ändern sich auch die Bedingungen der Verbreitung und Veränderung von kulturellen Formen.

Der zweite Schlüsselbegriff ist der des *sozialen Netzwerks*. Mit ihm verbindet sich einerseits die Vorstellung, dass sich soziale Strukturen sinnvoll als Netzwerke von Sozialbeziehungen (des Kennens und Schätzens, aber auch der Beeinflussung oder der Ablehnung) beschreiben lassen. Andererseits sind mit dem Netzwerkbegriff auch bestimmte Methoden verknüpft, mit denen Netzwerke analysiert werden (Jansen 1999; Breiger 2004; Knox et al. 2006; Holzer 2006). Diese Methoden sind traditionell mathematisch-formal, indem die Struktur von Netzwerkbeziehungen etwa auf eine Differenzierung in Zentrum und Peripherie oder in bestimmte Kommunikationsrollen untersucht wird. Inzwischen werden aber zunehmend auch qualitativ-interpretative Methoden in der Netzwerkforschung benutzt (Hollstein / Straus 2006).

Wie passen nun Kultur, Kommunikationstechnologien und soziale Netzwerke zusammen? ‚Kultur‘ und ‚soziale Netzwerke‘ sind in erster Linie analytische Begriffe für die Beschreibung von sozialen Phänomenen, die einerseits auf der Sinnebene (Kultur) und andererseits bei der Struktur von Sozialbeziehungen (Netzwerk) ansetzen. Diese beiden Aspekte von sozialen Phänomenen wurden lange Zeit getrennt betrachtet. Erst in den letzten 20 Jahren setzt sich eine synthetitisierende Sichtweise durch, die Kultur und Netzwerke in einem Wechselspiel sieht. Beispielhaft dafür steht die Entwicklung in der Anthropologie:

Einerseits konzentrierte sich die Sozialanthropologie mit ihren Hauptvertretern J.A. Barnes, Elizabeth Bott, J. Clyde Mitchell und Jeremy Boissevain alleine auf die Untersuchung von Netzwerkstrukturen etwa in Verwandtschaftsgenealogien und Tauschbeziehungen. Auf der anderen Seite steht die Kulturanthropologie um Autoren wie Margaret Mead oder Clifford Geertz. Hier spielten Sozialbeziehungen keine Rolle – stattdessen bemühte man sich um ein interpretatives Verstehen von kulturellen Formen. Dass beide Ebenen – Struktur und Kultur – ineinander spielen und miteinander verwoben analysiert werden sollten, wird erst in den 90er Jahren mit den Arbeiten von Ulf Hannerz (1992) und Thomas Schweizer (1996) formuliert.

Eine ähnliche Entwicklung macht die soziologische Netzwerkforschung durch. Seit den Anfängen in den 50er und 60er Jahren ging die Netzwerkforschung rein strukturalistisch vor – die Struktur von Sozialbeziehungen wurde als wesentliche Ursache von sozialen Prozessen gesehen. Diese Sichtweise findet man etwa noch in den prominenten Arbeiten von Mark Granovetter, Ronald Burt, Barry Wellman und auch in den frühen Blockmodell-Studien um Harrison White. Inzwischen hat jedoch ein Teil der soziologischen Netzwerkforschung – wesentlich angetrieben von den theoretischen Weiterentwicklungen des früheren Strukturalisten Harrison White (1992) – einen ‚cultural turn' vollführt: Netzwerke werden nun als verwoben mit kulturellen Formen wie Symbolen, Narrativen, Kategorien und Identitäten gedacht (Emirbayer / Goodwin 1994; Mische 2003; Tilly 2005; Yeung 2005; Fuhse 2009a). Nicht nur entstehen und diffundieren kulturelle Formen in Netzwerken. Sondern Netzwerke sind selbst als Strukturen von Erwartungen, Identitäten und Narrativen zu sehen – Beziehungsstruktur und Kultur sind in Netzwerken nur analytisch unterschieden, aber nicht als Phänomene getrennt.

Diese theoretische Sichtweise lässt sich als „relationale Soziologie" zusammenfassen (Emirbayer 1997; Fuhse / Mützel 2010) und behandelt Netzwerke und Kultur als auf der Phänomenebene untrennbar miteinander verwoben: Netzwerke bestehen selbst aus Sinnstrukturen, die die Beziehungen zwischen Akteuren definieren und damit nicht nur die Kommunikation im Netzwerk kanalisieren, sondern auch die Identitäten der beteiligten Akteure festlegen. Nur analytisch lässt sich diese Bedeutungsebene auf eine Struktur von Sozialbeziehungen reduzieren und auf diese Weise eine – von der Kultur analytisch abgetrennte – Netzwerkstruktur identifizieren. Dabei muss man in Kauf nehmen, dass etwa die Bedeutung von Beziehungskategorien wie ‚Liebe' oder ‚Freundschaft' von Netzwerkkontext zu Netzwerkkontext unterschiedlich aussehen kann – dass also die identifizierten Netzwerkstrukturen auf jeweils kulturspezifischen Deutungsmustern beruhen und sich insofern schlecht miteinander vergleichen lassen (Yeung 2005).

Eine Forschungsrichtung, die schon früh einen Zusammenhang zwischen Kultur und Kommunikationsstrukturen postulierte, ist der Symbolische Interaktionismus. So argumentierte Tamotsu Shibutani:

> „common perspectives – common cultures – emerge through participation in common communication channels. ... Variations in outlook arise through differential contact and association; the maintenance of social distance – through segregation, conflict or simply reading different literature – leads to the formation of distinct cultures." (1955: 565)

Kultur basiert also auf Kommunikationskanälen – und bei einer Trennung von Kommunikationskanälen (zwischen Stämmen, sozialen Schichten, Milieus oder auch Subkulturen) entwickeln sich je eigene Kulturen. Zu solchen Kulturen gehört Shibutani zufolge ein eigenes Diskurs-Universum mit spezifischen Werten und Normen, mit Gruppensymbolen und Prestigehierarchien (1955: 567). Dabei hatte der Symbolische Interaktionismus in erster Linie die ‚Primärgruppen' von Familie, Freunden, Nachbarn und Kollegen im Blick (Cooley 1909: 23ff; Mead 1934). Diese ‚versorgen' die Individuen einerseits mit symbolischen Mustern für die Interaktion und für die Deutung ihres Welterlebens. Andererseits üben sie auch sozialen Druck aus und sorgen somit für eine gewisse Homogenität von kulturellen Mustern und Weltdeutungen in der Gruppe.

Diese Formulierungen des Symbolischen Interaktionismus sind grundlegend für das Verständnis von Kultur in sozialen Strukturen. Sie greifen jedoch angesichts der komplexen sozialen Strukturen der Gegenwart in zweierlei Hinsicht zu kurz: Erstens lassen sich persönliche Beziehungsnetze heute nicht mehr sinnvoll mit dem Gruppenbegriff beschreiben – er suggeriert eine Abgeschlossenheit und Homogenität von Gruppen, die wir empirisch nicht finden. In der spätmodernen Gesellschaft sind Individuen immer in eine Fülle von Kontexten eingebunden, haben ganz unterschiedliche Freunde und Bekannte. Die prägenden sozialen Umwelten von Individuen sind somit eher als ‚Netzwerke' (mit mehr oder weniger Heterogenität und unterschiedlicher Struktur) zu fassen denn als ‚Gruppen' (Fuhse 2006). Entsprechend haben Gary Alan Fine und Sherryl Kleinman (1983) vorgeschlagen, den Gruppenbegriff des Symbolischen Interaktionismus durch den Netzwerkbegriff zu ersetzen – und damit auch ein methodisches Instrumentarium für die Analyse von sozialen Strukturen zu gewinnen. Kultur wäre dementsprechend an Netzwerke, nicht an Gruppen gebunden, und würde über ‚weak ties' zwischen Bekannten genauso übertragen und reproduziert wie in den dichten Netzwerken von Cliquenstrukturen (die am ehesten dem Gruppenbegriff entsprechen).

Zweitens sind persönliche Netzwerke (oder Gruppen) nicht die einzigen Träger von kultureller Diffusion und Reproduktion. Vielmehr werden kulturelle Muster in der Moderne auch durch Massenmedien verbreitet und lösen sich damit teilweise von den Beziehungsnetzen des gegenseitigen Kennens ab.[1] Dies deutet schon George Herbert Mead an, wenn er auch von ‚Gruppen' der gemeinsamen Rezeption von Büchern spricht (1934: 200f). Auch im obigen Zitat von Shibutani taucht ja das ‚Lesen von unterschiedlicher Literatur' als eine Grundlage von separaten Kulturen auf. Wir müssen also zu den persönlichen Beziehungsnetzwerken die Massenmedien wie Bücher, Zeitungen und Zeitschriften, Funk, Fernsehen und inzwischen das Internet als zweite Ebene für die Entstehung, Verbreitung und Reproduktion von Kultur hinzufügen. Allerdings sind hier wohl andere Mechanismen am Werk, da sich Face-to-Face-Interaktionen durch ganz andere Kommunikationsprozesse auszeichnen als massenmediale Kommunikation (Turner 2002).

Im Ergebnis spielen persönliche Netzwerke und Verbreitungsmedien also ineinander, wenn es um die Entstehung und Verbreitung von kulturellen Mustern geht. Es ergibt sich eine komplexe soziale Topologie von kultureller Produktion und Reproduktion, in der unterschiedliche Ebenen zusammen wirken (Hannerz 1992). Ein Beispiel dafür sind die von Gary Alan Fine und Sherryl Kleinman (1979) betrachteten Subkulturen. In diesen lassen sich einerseits einzelne Gruppen (mit starker interner Vernetzung) finden, die lokal den Lebensstil und die Identität der Subkultur ‚leben'. Andererseits müssen diese lokalen Gruppenkulturen über ‚weak ties' und über Verbreitungsmedien miteinander kulturell vernetzt

---

[1] Hinzu kommen noch staatliche Institutionen wie das Bildungs- oder das Rechtssystem, die ebenfalls kulturelle Muster in einer Gesellschaft setzen oder zumindest beeinflussen. Diese dritte Komponente wird aber hier nicht gesondert betrachtet.

sein – ansonsten gäbe es keine gruppenübergreifende Subkultur. Als Beispiel für solche subkulturellen Massenmedien lässt sich an die Zeitschriften für Spezialinteressen wie Tätowierungen denken, die sich an jedem Kiosk kaufen lassen. Diese bestärken ihre Leser nicht nur in ihrem Faible für Tätowierungen für die Konstruktion von individueller Identität. Sie liefern zugleich Vorlagen oder zumindest Anregungen für Motive, mit denen sich die Mitglieder der Subkultur (nur scheinbar individuell) von der Mehrheitskultur abgrenzen können. Fine selbst hat in seiner Dissertation die sich Ende der 70er entwickelnde Rollenspiel-Subkultur untersucht, die ebenfalls durch ‚weak ties' zwischen einzelnen Gruppen und durch Bücher und Zeitschriften zusammen gehalten wurde (1983). Inzwischen sind viele dieser subkulturellen Verbreitungsmedien wohl im Internet zu finden.

2.2 ... und Kommunikation

Die bisher vorgestellten Überlegungen bleiben erstens bei einem weitgehend statischen Verständnis von Netzwerken und Kultur. Beide werden als relativ stabile Strukturen behandelt, die miteinander verwoben sind und entsprechend wenig Spielraum für Abweichung und Entwicklung bereithalten. Zweitens fehlt noch ein Begriffsapparat, mit dem die Auswirkungen von Verbreitungsmedien auf Netzwerkkonstellationen und kulturelle Formationen modelliert werden können. Was für einen Unterschied macht es, ob in einem Netzwerk face-to-face, fernmündlich oder per Web 2.0 kommuniziert wird? Beide Aufgabenstellungen können bearbeitet werden, indem Kultur und Netzwerke systematisch mit einer Kommunikationstheorie unterfüttert werden (Fuhse 2009b).

In dieser Sichtweise erscheinen Kultur und Netzwerke als relativ stabile Erwartungsstrukturen, die sich im Kommunikationsprozess bilden, reproduzieren und verändern, und die die Möglichkeiten für Folgekommunikation festlegen. Dies bedeutet nicht, dass jede Kommunikation immer vollkommen determiniert ist. Aber sie ist doch darauf angewiesen, auf vorhergehende Kommunikation in irgendeiner Weise zu reagieren, und muss damit rechnen, im Lichte der sich in der bisherigen Kommunikation gebildeten Strukturen auf eine bestimmte Weise behandelt zu werden. Diese Konditionierung von Kommunikationsanschlüssen lässt sich mit den beiden Begriffen soziales Netzwerk und Kultur beschreiben. Das Netzwerk umfasst in Anlehnung an Niklas Luhmann die Sozialdimension des Sinns, in der die Identitäten der Beteiligten an Kommunikation relationiert werden. Kultur hingegen steht für die von konkreten Beteiligten und einzelnen Sozialbeziehungen relativ abgelöste Deutungsmuster in der Sachdimension des Sinns. Aber diese allgemeinen Deutungsmuster unterscheiden sich eben von Netzwerkkontext zu Netzwerkkontext, weil sie auf die Verbreitung und Reproduktion in konkreten Kommunikationskanälen angewiesen sind.

An dieser Stelle ergibt sich eine *doppelte Verwendung des Netzwerkbegriffs*: Einerseits besteht ein soziales Netzwerk aus den *Kommunikationskanälen*, über die auf der operativen Ebene Kommunikation läuft (was objektiv beobachtbar ist, wie etwa bei Handy-Telefonaten oder Handelsnetzwerken). Andererseits stehen soziale Netzwerke für die in der Sozialdimension geronnenen, relativ stabilen Erwartungsstrukturen des Kommunikationsprozesses – sie bilden insofern gemeinsam mit der Kultur das „Gedächtnis" von Kommunikation (Schmitt 2009). Auf der Beobachtungsebene entstehen Netzwerke damit als *Sinnstrukturen* durch die Zurechnung und Adressierung von Kommunikation auf einzelne Identitäten und deren sinnhafte Relationierung in Bezug aufeinander. Diese beiden Ebenen des

Netzwerkbegriffs (die operative und die Beobachtungsebene) sind aber insofern verkoppelt, als Kommunikation weitgehend in den durch die Sinnstruktur vorgegebenen Bahnen verläuft, und umgekehrt der Verlauf dieser Kommunikation eben zum Aufbau von entsprechenden Erwartungen führt (Fuhse 2009a: 52f). Eine Sozialbeziehung besteht – in Anlehnung an Max Weber – in der Wahrscheinlichkeit, dass zwischen zwei Identitäten auf eine bestimmte Art und Weise kommuniziert wird. Und diese Wahrscheinlichkeit beruht eben darauf, dass sich zwischen beiden bestimmte Erwartungen eingespielt haben, die dann etwa mit Selbstbeschreibungsformeln wie ‚Freundschaft', ‚Liebe' oder auch ‚Feindschaft' oder ‚Konkurrenz' belegt werden.[2] Soziale Netzwerke bestehen dann einerseits aus wiederholten Kommunikationsprozessen in solchen Sozialbeziehungen und andererseits aus der sinnhaften Verknüpfung von Sozialbeziehungen über die Konstruktion von Identitäten mit vielfältigen Eingebundenheiten.

Doch wie genau gestaltet sich das Verhältnis zwischen Kommunikation einerseits und Kultur und Netzwerken andererseits? Niklas Luhmann zufolge lässt sich Kommunikation als ein selbstreferentieller Prozess beschreiben, in dem gegenwärtige Kommunikation immer sinnhaft an vorangegangene Kommunikation anschließt (Luhmann 1995b: 113ff). Im Sinne des hier skizzierten theoretischen Rahmen lässt sich sagen, dass sich Kommunikation an den in der vergangenen Kommunikation entwickelten Erwartungen auf der Sozialdimension (Netzwerke) und der Sachdimension (Kultur) orientieren muss. Dies geschieht, um trotz der allgemeinen Unsicherheit in der Kommunikation, die Luhmann als „doppelte Kontingenz" kennzeichnet (1984: 148ff), gelingende Kommunikation zu ermöglichen. Doppelte Kontingenz steht dafür, dass die Beteiligten an Kommunikation ihr Handeln wechselseitig aneinander ausrichten wollen, und dass kein Handeln zustande kommt, wenn beide ihr Handeln vom Handeln des anderen abhängig machen. Diese unmittelbare Aufeinander-Bezogenheit von Kommunikation wird offensichtlich bei medienvermittelter Kommunikation auseinander gezogen: Ein Nachrichtensprecher etwa liest einfach seinen Text ab, orientiert sich dabei aber mehr an Redakteuren und Produktionsleitern als an seinen Zuschauern. Denn deren Aufmerksamkeit, Reaktionen und darin ablesbare Erwartungen bleiben für ihn unsichtbar, es sei denn in der Form von Einschaltquoten oder wütenden Zuschaueranrufen, von denen er am nächsten Tag erfährt. Die Zuschauer hingegen regen sich möglicherweise untereinander über den Nachrichtensprecher auf, können ihm aber direkt keine Rückmeldung z.B. für unpassende Bemerkungen geben. Das Aushandeln von Erwartungen verändert sich durch die Medienvermittlung von Kommunikation, weil sich der Modus der Kommunikation ändert.

Kommunikation kann dabei als Einheit aus drei Komponenten konzipiert werden (Luhmann 1995b: 115ff): In der *Information* geht es um den reinen Inhalt von Kommunikation, etwa die Nachrichten, die ein Sprecher vorliest. Die *Mitteilung* steht dafür, dass in der Kommunikation ein bestimmter Akteur als Urheber der Kommunikation gesehen wird. Das *Verstehen* schließlich markiert die Festlegung der Sinngehalte im Fortgang der Kommunikation (Fuchs 1993: 30ff; Schneider 2000: 129ff). Es geht dabei also nicht um ein psychisches Verstehen, sondern darum, was die Folgekommunikation aus vorangegangener Kommunikation macht. Dazu gehören Missverständnisse genauso wie das Infragestellen von vorangegangenen Äußerungen. Wenn dieses Verstehen in erster Linie an der Informationskomponente ansetzt, bewegen wir uns auf der Ebene von Kultur. Die Mitteilungskom-

---

[2] Diese Sichtweise auf soziale Beziehungen kann hier nur kurz skizziert werden, ohne sie weiter aus ihren zahlreichen Quellen zu entwickeln (Wood 1982; Leifer 1991; Schmidt 2007; Fuhse 2009b: 302ff; Holzer 2010).

ponente dagegen steht für das Verhalten von bestimmten Identitäten gegenüber anderen Identitäten. Das „Verstehen" der Mitteilung sorgt für den Aufbau von Erwartungen in der Sozialdimension, also für den Aufbau von sozialen Netzwerken als Sinnstrukturen (Fuhse 2009b: 295ff). In dieser Interpretation deckt sich die Information weitgehend mit dem „Inhaltsaspekt" von Kommunikation nach Paul Watzlawick, während die Mitteilung auf den „Beziehungsaspekt" verweist (Watzlawick et al. 1967: 51f).

2.3 Implikationen für Medienkommunikation

Genau dem Beziehungsaspekt, der mit dem Aufbau von Erwartungen in der Sozialdimension verknüpft ist, kommt aber in medienvermittelter Kommunikation eine schwierige, oft untergeordnete Rolle zu. Dazu gehört zweierlei: Erstens sind etwa Fernsehsendungen, Kinosendungen oder Printmedien (Bücher, Zeitschriften, Broschüren etc.) an ein großes und weitgehend anonymes Publikum gerichtet. Insofern ‚macht' es wenig Sinn, z.B. die Mitteilung eines Nachrichtensprechers mit Hinblick auf mögliche Implikationen für die Beziehung zwischen dem Nachrichtensprecher und einzelnen Zuschauern zu beobachten. Denn nur in der Folgekommunikation könnten solche Sinngehalte ausgehandelt werden – und auch die Folgekommunikation wird hier erwartbar nur in eine Richtung ablaufen.[3] Dies kennzeichnet Luhmann als das Auseinanderziehen von Information, Mitteilung und Verstehen in medienvermittelter (hier zunächst: schriftlicher) Kommunikation:

> „Die Abfassung eines Textes liegt oft in weiter räumlicher und zeitlicher Ferne. Damit verlieren die konkreten Mitteilungsmotive an Interesse (wer würde fragen, warum Thomas von Aquino seine Summen geschrieben hat, und was würde es nutzen, wenn man es wüßte?) … Im Gebrauch von Schrift *verzichtet* die Gesellschaft mithin auf die *zeitliche und interaktionelle Garantie der Einheit der kommunikativen Operation*" (Luhmann 1997: 257f; Hervorhebung im Original).

In solcher auf Verbreitungsmedien beruhender, an ein großes Publikum gerichteter Kommunikation verliert die Mitteilung also zugunsten der Information an Bedeutung. Entsprechend erfolgt der Aufbau von Erwartungsstrukturen eher als „Kultur" in der Sachdimension und kaum als „Netzwerk" in der Sozialdimension. Wie Tilmann Sutter hervorhebt, ermöglicht gerade diese „Ablösung von den Beschränkungen sozialer Interaktion" die Verbreitung von kulturellen Mustern in den Massenmedien unabhängig von der Beteiligung einzelner Personen (2010a: 47).

Zweitens geht mit der Medienvermittlung immer ein Verlust an wechselseitiger Wahrnehmbarkeit einher. So muss man etwa in einer E-Mail auf non-verbale Ausdrucksformen wie eine Änderung im Tonfall oder ein ironisierendes Lächeln verzichten. Dies wird dann teilweise mit sogenannten „emoticons" versucht aufzufangen, aber auch diese liefern nur einen etwas unbeholfenen Ersatz für den Reichtum an möglicher non-verbaler Kommunikation. Nach Gregory Bateson vollziehen solche Gesten oder andere non-verbale Zeichen ein „Framing" der Kommunikation, eine Meta-Kommunikation, mit der das Gesagte in einen bestimmten Rahmen (wie z.B. ‚Spiel' oder ‚Ironie') eingeordnet wird (1972: 178, 186ff, 215f). Solche non-verbale Meta-Kommunikation betrifft insbesondere den Beziehungsas-

---

[3] Hierzu gibt es natürlich Ausnahmen, etwa wenn eine Autorin ihr Buch einer ihr bekannten Person widmet oder wenn ein Fußballspieler im Fernsehinterview seine Großmutter grüßt.

pekt bzw. die Mitteilungskomponente von Kommunikation, insofern als sie eine Verortung einer Kommunikation in einem bestimmten Beziehungsrahmen erlauben.[4]

Genau diese, meist relational ansetzende Metakommunikation bleibt also in medien-vermittelter Kommunikation erheblich eingeschränkt – wobei die Einschränkung von Verbreitungsmedium zu Verbreitungsmedium unterschiedlich ist. Dies sorgt genauso wie die Adressierung an ein großes, meist anonymes Publikum für ein Zurücktreten der Mittei-lungskomponente hinter die Informationskomponente. Entsprechend ist vor allem der Auf-bau von sozialen Beziehungsstrukturen je nach Medium mehr oder weniger stark einge-schränkt, während technisch basierte Massenmedien von der Schrift bis zum Internet um-gekehrt der Informationskomponente unverhältnismäßig größere Entfaltungsmöglichkeiten einräumen. Auf diese Weise werden der Aufbau und die Verbreitung von kulturellen Deu-tungsmustern erheblich erweitert – Kultur löst sich damit zumindest teilweise aus den Netzwerken des persönlichen Kennens und erlaubt den Aufbau von Kontakten und Sozial-beziehungen auch über weit entfernte Netzwerkkontexte hinweg. Und nicht zuletzt wird nun in den Massenmedien eine eigene Realität konstruiert, die sich einerseits von der restli-chen Gesellschaft ablöst und andererseits für eben diese wichtigen Funktionen der Selbst-beschreibung und Selbstbeobachtung erfüllt (Luhmann 1996). Das bedeutet aber nicht, dass Kultur dadurch innerhalb einer (nationalstaatlichen?) Gesellschaft vollkommen homogen und von sozialen Netzwerken unabhängig würde. Vielmehr besteht jetzt die Notwendigkeit, verschiedene Kommunikationsstrukturen zu identifizieren, die innerhalb der Weltgesell-schaft jeweils als Träger eigener kultureller Formen fungieren und auf diese Weise etwa National- und Regionalkulturen, aber auch Milieus, transnationale Lebensstil-Gruppen oder Diaspora-Kulturen von Migranten ermöglichen (Hannerz 1992). Massenmedien stehen nun in der kulturellen Produktion und Verbreitung neben staatlichen Strukturen, Konsummärk-ten und lokalen Interaktionszusammenhängen und tragen so zur „Neuen Unübersichtlich-keit" der Postmoderne bei.

3   Medien in persönlicher Kommunikation

Da sich die Kommunikationsprozesse mit der Beteiligung von Verbreitungsmedien ändern, wirken die verschiedenen Ebenen von persönlichen Netzwerken und medienvermittelter Kommunikation auch unterschiedlich in der Produktion, Reproduktion und Verbreitung von Kultur. In diesem Abschnitt werden zunächst die Bedingungen und Folgen der Einfüh-rung von technischen Verbreitungsmedien in der Kommunikation zwischen Sendern und Empfängern diskutiert. Der folgende Abschnitt beschäftigt sich dann damit, welche Folgen verschiedene Verbreitungsmedien für die kulturellen Formationen und sozialen Bezie-hungsnetze zwischen den Empfängern – also innerhalb des Publikums – haben. Für beide Abschnitte gilt einschränkend, dass Medieneigenschaften die Entwicklung sozialer Struktu-ren und kultureller Formen nicht determinieren, sondern lediglich bestimmte Entwicklun-gen wahrscheinlicher machen.[5]

---

[4] Siehe hierzu auch die knappen Ausführungen von Luhmann, denen zufolge Metakommunikation in mündlicher Kommunikation immer mitläuft, aber bei schriftlicher Kommunikation optional wird (1997: 250f, 257f). Ob er sich dabei auf die Begriffsfassung von Bateson bezieht, bleibt m.E. offen.
[5] Hinweise auf den beschränkten Einfluss von Medieneigenschaften auf die Bildung sozialer Strukturen finden sich etwa bei Höflich (1996).

Wie bereits im letzten Abschnitt argumentiert, verändern Verbreitungsmedien das Verhältnis von Information, Mitteilung und Verstehen in Kommunikationsprozessen. Tendenziell, so die Argumentation, werden diese drei Komponenten auseinander gezogen, und insbesondere die Mitteilungskomponente verliert oft an Bedeutung gegenüber der reinen Information. Dabei muss genauer unterschieden werden: Bei medienvermittelter persönlicher Kommunikation über Briefe, Telefon, E-Mails oder Internet-Foren vermindert sich die gegenseitige Wahrnehmbarkeit der Beteiligten. Trotzdem kommt es dabei zu einer „mediatisierten Verständigung", indem mehrere Beteiligte in die gemeinsame Sinnproduktion einbezogen werden (Schultz 2001). In Massenmedien wie Büchern, Radio, Fernsehen und html-Seiten im Internet (Web 1.0) wird dagegen eine Einwegkommunikation realisiert, in der die Beteiligung an Kommunikation auseinander gezogen wird (gleiches gilt aber auch für manche Face-to-face-Situationen wie z.B. Vorlesungen oder Reden). Hier gibt es in nur sehr geringem Maße eine Rückmeldung von Kommunikationsempfängern auf Sinnangebote, sodass es nicht zu einer gemeinsamen Sinnkonstruktion wie in interpersonaler Kommunikation kommt (Esposito 1995: 226f).

Zunächst einmal unterscheidet sich medienvermittelte Kommunikation grundlegend von direkten Face-to-Face-Interaktionen.[6] Wie bereits angeführt, fehlt es in der Medienkommunikation insbesondere an der umfassenden gegenseitigen Wahrnehmung. So gehen Stimmlagen, Betonungen und begleitende Gesten in der Verschriftlichung von Kommunikation (in Briefen, E-Mails, aber auch Büchern und Zeitschriften) verloren. Telefon und Radio erlauben demgegenüber die Übertragung von akustischen Zusatzsignalen, aber nicht von visuellen Eindrücken. Dabei sind Gregory Bateson folgend gerade die optischen Signale von Gestik und Mimik in der Kommunikation entscheidend für den Aufbau von persönlichen Beziehungen wie Freundschaft, Liebe oder auch Konkurrenz und Ablehnung, wie bereits oben erwähnt.

Darüber hinaus fehlt in vieler medienvermittelter Kommunikation (etwa bei Briefen, beim Fernsehen oder beim Radio) das charakteristische Turn-Taking von direkter Kommunikation (Sacks et al. 1974). In Face-to-Face-Kommunikation wird durch das abwechselnde Turn-Taking eine enge Abstimmung zwischen Alter und Ego erreicht. Schon mit Gesten wie Kopfnicken oder dem Hochziehen von Augenbrauen werden dem Sprecher unmittelbare Rückmeldungen über das Verständnis und die Zustimmung oder Ablehnung von Sinngehalten gegeben, worauf dieser mit Erklärungen, Abschwächungen oder Verstärkungen reagieren kann. Im Ergebnis kann von einer gemeinsamen kommunikativen Produktion von Sinn in direkter Interaktion gesprochen werden – es entsteht zwischen Alter und Ego eine ‚Beziehungskultur' (Wood 1982).

Kommunikationstechnologien verändern also den Kommunikationsprozess hin zu einer stärkeren Mittelbarkeit und zu einem größeren Abstand zwischen den Beteiligten an der Kommunikation. Insofern kann man davon ausgehen, dass einerseits direkte, auf Face-to-Face beruhende Kommunikation durch Verbreitungsmedien wie die Schrift, das Fernsehen oder das Internet nicht verdrängt wird, sondern vielmehr als Gegengewicht zur zunehmenden Unpersönlichkeit in der gesellschaftlichen Kommunikation wichtig bleibt. Intimbeziehungen können nicht durch Kommunikationstechnologien ersetzt werden, sondern höchstens ergänzt.

---

[6] Diese Kontrastierung von mediatisierter Kommunikation mit dem Idealtypus der Face-to-face-Interaktion entspricht in der Vorgehensweise und auch in einigen Ergebnissen dem Ansatz von Friedrich Krotz (2007), ohne dass hier die Gemeinsamkeiten und die Unterschiede genauer diskutiert werden sollen.

Wie die bisherigen Ausführungen gezeigt haben, ist es nötig, zwischen verschiedenen Kommunikationstechnologien zu differenzieren. Diese sind unterschiedlich geeignet für den Aufbau von persönlichen Beziehungen und von überpersönlichen sozialen Strukturen wie Nationen, Märkten oder Subkulturen. Als wesentliche Merkmale von Kommunikationstechnologien für den Aufbau von persönlichen Beziehungen sind zunächst festzuhalten:

1. Erlauben sie das Turn-Taking? Und wenn ja, in welchem Rhythmus kommt es zu einem Wechselspiel zwischen Alter und Ego? Das Telefon hat hier einen Rhythmus ähnlich der Face-to-Face-Interaktion. E-Mails, Internet-Foren und Briefen (in geringerem Maße auch in Chats) sind zwar im Turn-Taking organisiert, das aber gegenüber der direkten Kommunikation stark raumzeitlich auseinander gezogen ist. Bei Fernsehen, Radio, Kino und nicht-interaktiven Internet-Angeboten (Web 1.0) spielen die Reaktionen der Zuschauer, Zuhörer oder Webseitenbesucher für die Gestaltung von Medieninhalten eine sehr geringe bzw. stark vermittelte Rolle (auch hier kommt es natürlich zur Anpassung an den Kundengeschmack, aber lediglich auf der Basis von Einschaltquoten und vereinzelten Leserbriefen oder Kundenbefragungen).

2. Welche Signale werden übertragen – alleine die verschriftlichte Kommunikation, auch Betonungen und Stimmlagen (Telefon und Radio) oder sogar visuelle Signale wie Gestik und Mimik (Fernsehen, Film, Bildtelefonie, auch per Internet)? Gerade Gestik und Mimik, aber auch zusätzliche akustische Signale sind extrem wichtig für den Aufbau und die Pflege von persönlichen Beziehungen.

3. Ein für die Netzwerk*struktur* von persönlichen Beziehungen wichtiger Punkt ist die Frage, inwiefern Kommunikation zwischen lediglich zwei Teilnehmern oder auch mehreren Beteiligten medienvermittelt werden kann. So gehen Briefe, SMS oder Telefongespräche typischerweise zwischen zwei Beteiligten. E-Mails oder Telefonkonferenzen erlauben aber auch den Einbezug von Dritten in die Kommunikation – es wird nun nicht mehr alleine zwischen Alter und Ego, sondern eventuell in Gruppen kommuniziert. Dies ist in direkter Kommunikation etwa in Kneipen oder Diskussionsrunden meist gegeben, in medienvermittelter Kommunikation aber oft nicht möglich. Telefonie und Briefe unterstützen damit die Kommunikation vor allem in einzelnen (oft vollkommen unabhängigen) dyadischen Beziehungen und die Formation von ‚weak ties' (Granovetter 1973). Face-to-Face-Kommunikation findet dagegen wesentlich häufiger in Gruppen statt. Schon E-Mails ermöglichen durch das problemlose Einfügen von zusätzlichen Empfängern gegenüber Telefon und Briefen stärker eine Gruppenkommunikation. Plattformen des Web 2.0 wie Facebook fördern sogar explizit die Einbettung von Kommunikationsdyaden in größere Netzwerke (die allerdings weniger abgeschlossene Gruppen bilden als die Face-to-Face-Kommunikation dies durch sozialräumliche Beschränkungen oft tut). Diese Eingebettetheit von Dyaden in größere Kontexte wird in der Netzwerkforschung als ‚closure' (Coleman 1988) oder ‚Transitivität' (Cartwright / Harary 1956) bezeichnet – also die Tendenz, dass sich zwei Bekannte von Ego auch gegenseitig kennen. Bestimmte Medien fördern also ‚weak ties', andere eher Transitivität, die auch für Face-to-Face-Kommunikation typisch ist.

Transnationale Migrantennetzwerke und Social Networking-Praktiken sind zwei empirische Beispiele, in denen Kommunikationstechnologien für die Bildung und Reproduktion von persönlichen Beziehungen wichtig sind. So können Migranten mit Hilfe von Kommunikationstechnologien Kontakte zu Freunden und Familienmitgliedern (Eltern, Geschwistern) in der alten Heimat aufrecht erhalten. Schon in einer der ersten Studien der Migrationssoziologie zeigte sich, dass polnische Migranten in die USA zu Beginn des 20. Jahrhunderts mit Briefen vor allem Verwandtschaftsbande weiterführten und den Migrationsprozess reflektierten (Thomas / Znaniecki 1920). Allerdings ist der Kontakt über Briefe mühsam (vor allem für die wenig schreibkundigen Migranten aus dem ländlichen Polen), langwierig und nicht in der Lage, die Fülle an Beziehungsbotschaften aus der Face-to-Face-Kommunikation angemessen zu repräsentieren. Deswegen (und wegen der zunehmenden Entfremdung der Migranten vom Herkunftskontext) sind die meisten Briefkontakte der polnischen Migranten auch bald zum Erliegen gekommen. Inzwischen nutzen Migranten Kommunikationsmedien wie das Telefon, Satellitenfernsehen und das Internet, aber auch Zeitungen und Zeitschriften in sehr viel größerem Umfang, um ihren Kontakt mit der alten Heimat aufrecht zu erhalten. Dabei erlauben das Telefon und internetbasierte Telefonie (teilweise mit Video-Übertragung) sehr viel einfachere und facettenreichere Kommunikation über weite Distanzen als die früher allein verfügbare Briefkorrespondenz. Insofern ist es nicht nur auf Verbesserungen im Transport mit Schnellzügen und Billigfliegern zurückzuführen – sondern auch auf die neuen Kommunikationsmedien – dass Migranten nun oft zu ‚Transmigranten' werden, die einen dauerhaften Bezug zum Herkunftskontext aufrecht erhalten (Hepp 2006).[7]

Auch beim ‚Social Networking' lässt sich der Einfluss und die Bedeutung von Verbreitungsmedien auf die interpersonale Kommunikation nachweisen. Mit ‚Social Networking' werden hier Praktiken des strategischen Aufbaus und Einsatzes von Sozialbeziehungen verstanden. Diese zielen oft auf geschäftliche Vorteile für Einzelpersonen oder auch für Unternehmen. Prinzipiell sind Techniken des Networking auch im politischen Bereich genau so wie in der Wissenschaft und nicht zuletzt an den Schnittstellen zwischen verschiedenen gesellschaftlichen Bereichen zu beobachten. Dabei stellt Social Networking durchaus kein exklusiv modernes Phänomen dar – in gewisser Weise ist etwa schon die strategische Planung von Heiratsallianzen zwischen europäischen Fürstenhäusern im Mittelalter als Networking zu sehen.

Paul McLean weist in seiner Studie von Bittstellbriefen im Florenz der Renaissance eine ausgeprägte Social Networking-Kultur nach (2007). Das heißt, in diesen Briefen findet sich eine ausgefeilte Rhetorik, mit der sich etwa ein Bittsteller über Anreden und Vorgeplänkel symbolisch als gleichgestellt oder als Diener des Adressaten geriert. Dabei werden bestimmte Techniken der Bittstellung verwandt, die etwa auf Gewährsmänner, auf langjährige Loyalitätsbeziehungen oder auch auf die Vorteile der Bittgewährung hinweisen. In unserem Zusammenhang ist interessant, dass diese Form der brieflichen Bittstellung erstens eine eigene Kultur im Sinne von spezifischen Symbolen, Rahmungen und Skripten für deren Verwendung entwickelt. Zweitens liegt der Kontext ihrer Verwendung zunächst allein dyadisch zwischen Bittsteller und Adressat. Dennoch werden hier oft weitere Akteure mit einbezogen, etwa wenn der Bittsteller für einen Dritten (oder sogar für ein Familienmitglied eines Dritten) eintritt oder auf andere Gewährsmänner verweist (McLean 2007: 150ff). Drittens ist der soziale Kontext dieser Networking-Praxis zugleich relativ überschaubar und stark durch Statusunterschiede und Patron-Klient-Beziehungen aufgrund von politischen Ämtern oder wirtschaftlichem Einfluss geprägt. Diese Statusunterschiede dürften den Beteiligten zumindest teilweise bekannt und bewusst sein und prägen denn auch die Art der Kontaktaufnahme.

---

[7] So war ich 2008 Gast einer Hochzeit in Deutschland, die per Internet-Telefonie akustisch und visuell zu Verwandten in die Türkei übertragen wurde.

Dies steht im Gegensatz zu aktuellen „Social Networking"-Internetplattformen wie Xing. Hier geht es vor allem darum, in einem relativ unübersichtlichen Arbeits- und Geschäftsuniversum Ansprechpartner in ähnlichen Arbeitsbereichen zu finden und mit diesen Kontakt zu halten. Während in McLeans Studie also der Vertrauensaufbau durch symbolische Verortung (etwa durch Loyalitätsbekundungen) im Vordergrund steht, geht es bei Xing in erster Linie um die Herstellung von persönlichen Kontakten in einem durch unpersönliche Arbeitgeber geprägten sozialen Universum. Auch hier stellt sich aber heraus, dass der dyadische Kontakt oft in größere Netzwerkstrukturen eingebettet ist: Man kommt über Empfehlungen zu neuen Ansprechpartnern, oder stößt in der Kontaktliste eines Freundes auf eine Bekannte. In beiden Fällen resultieren triadische, transitive Netzwerkstrukturen.

4   Die sozio-kulturellen Strukturen massenmedialer Publika

Medientechnologien spielen natürlich nicht nur in persönlicher Kommunikation eine Rolle. Vielmehr konzentriert sich viel Aufmerksamkeit der Kommunikationswissenschaft und der Mediensoziologie auf den Bereich der Massenmedien, also auf technisch produzierte und verbreitete Kommunikation, die von einzelnen (meist professionellen) Produzenten an eine große Menge an Rezipienten gerichtet ist. So haben Horkheimer und Adorno unter dem Eindruck der Propaganda über gleichgeschaltete Presse, dem „Volksempfänger" und ideologisch klar positionierter Filme der NS-Zeit die These einer Manipulation und ‚Verdummung' der Massen durch Unterhaltungsmedien aufgestellt (Horkheimer / Adorno 1944: 128ff). David Riesman schreibt entsprechend von der vermassten Gesellschaft als einer „lonely crowd" (1950). Inzwischen werden diese Zusammenhänge sehr viel differenzierter gesehen. Die damit verknüpfte Fragestellung bleibt aber: In welcher Weise gehen die Rezipienten mit massenmedialen Angeboten um, und wie werden dadurch ihre sozialen Beziehungsmuster und kulturellen Deutungsmuster geprägt? Es geht also um die Strukturen des *Publikums* von massenmedialer Kommunikation, die eben von dieser wesentlich beeinflusst werden sollen (McQuail 1997; Neumann-Braun 2000). In diesem Abschnitt sollen nun die Publikumsstrukturen verschiedener Verbreitungsmedien miteinander verglichen werden. Grob ist die These, dass Schrift und Printmedien die Bildung anderer Netzwerkstrukturen und kultureller Formationen begünstigen als Radio und Fernsehen, und dass sich mit dem Aufkommen von Internet und Web 2.0 wiederum ganz neue Konstellationen ergeben.

4.1 Schrift

Mit der Einführung der Schrift in gesellschaftliche Kommunikationsprozesse ändert sich deren Natur grundlegend (Ong 1986; Luhmann 1997: 229ff). Kulturelle Sinnangebote können nun schriftlich festgehalten werden, ohne zugleich dem Selektionsdruck der Interaktion ausgesetzt zu werden. Mit anderen Worten: Kommunikation lässt sich fixieren, auch wenn Gesprächspartner ihr nicht unmittelbar zustimmen. Die Chancen für divergierende Sinnangebote steigen damit immens. Diese können als „Texte" nebeneinander gestellt werden, ohne dass Widersprüche aufgelöst werden müssten. Zugleich wird mündliche Kommunikation von dem Erfordernis befreit, Sinnangebote beständig reproduzieren zu müssen. Deutungsmuster – wie etwa die Schriften von Platon – stehen nun zur Diskussion und zur Reflexion zur Verfügung, ohne dass sie wie frühe Sagen und Legenden mündlich verbreitet und aktualisiert werden müssen.

Schriftlichkeit ermöglicht damit die Ausbildung eines autonomen gesellschaftlichen Gedächtnisses, das nicht mehr über beständige Repetition in Face-to-face-Interaktion reproduziert werden muss. Margaret Archer fasst Kultur als den ‚Inhalt von Bibliotheken' (1988: xvii), womit einerseits das ‚Speichern' von Deutungsmustern in schriftlichen Dokumenten (und deren Zugänglichkeit in Bibliotheken) betont wird. Andererseits bedeutet dies im Umkehrschluss, dass es in Gesellschaften ohne Schriftlichkeit (und ohne Bibliotheken) keine Kultur gäbe. Eine solche Festlegung und Einengung des Kulturbegriffs erscheint zumindest schwierig: Natürlich können kulturelle Deutungsmuster auch in mündlicher Kommunikation verbreitet und verfügbar gehalten werden. Dennoch verweist Archers griffige Formulierung darauf, dass sich mit der Einführung von schriftlichen Dokumenten und mit deren weiterer Verfügbarkeit der Charakter kultureller Reproduktion ändert. Deutungsmuster werden dadurch vom unmittelbaren Selektionsdruck in Face-to-face-Interaktion befreit und können sehr viel differenzierter, vielschichtiger und heterogener in einer Gesellschaft verfügbar gehalten werden.

Auf diese Weise entfalten sich zwei Ebenen kultureller Deutungsmuster, die nicht mehr direkt aneinander gekoppelt sind: (1) Die in schriftlicher (und anderer massenmedialer) Kommunikation festgehaltenen Deutungsmuster, die eigene Selektionsprozesse durchlaufen und sich damit von (2) den Deutungsmustern der alltäglichen Face-to-face-Interaktion unterscheiden können. Vorschriftliche Gesellschaften verfügen alleine über solche lebensweltlichen Interaktionskulturen, die in der Kulturanthropologie untersucht werden und die Ulf Hannerz „way of life" genannt hat (1992: 47f). Beide Ebenen sind natürlich nicht vollkommen unabhängig voneinander. Einerseits entspringt schriftliche (wie andere massenmediale) Kommunikation eigenen Interaktionsnetzwerken (etwa von Feuilleton-Journalisten, die die Kulturschaffenden nicht nur in ihren Artikeln beobachten, sondern mit ihnen auf Vernissagen, Medienterminen oder in informellem Rahmen auch face-to-face interagieren), genauso wie der Konsum und die inhaltliche Rezeption von Büchern, Zeitungen und Zeitschriften in Interaktionsnetzwerken mit entschieden wird. Andererseits greift Alltagskommunikation immer wieder auf massenmedial fixierte und verbreitete Deutungsmuster zurück.

Wenn nun Schriftkommunikation wesentlich differenziertere und heterogenere Deutungsmuster zulässt und verbreitet, dann können diese kulturellen Differenzen auch in den Interaktionsnetzwerken aufgenommen und reproduziert werden. In diesem Sinne beschreibt etwa Michael Mann, wie sich das frühe Christentum durch Schrift- und Handelskommunikation in „interstitial networks" abseits der offiziellen, staatlich regulierten Kommunikationsnetzwerke verbreiten und stabilisieren konnte (1986: 312ff). Im römischen Reich standen damit die militärisch und politisch geprägten Netzwerke der etablierten Oberschichten neben den Netzwerken von Handwerkern und Handelsbürgertum mit einem hohen Grad an Alphabetisierung. Für letztere waren die auf individuelle Erlösung zielenden Sinnangebote des Christentums attraktiver als das traditionelle Götterpantheon. Die tendenzielle Separierung dieser Kommunikationsnetzwerke und damit die Bedingung der Möglichkeit ihrer kulturellen Differenz wurden wesentlich durch Schriftkommunikation realisiert, mit der die Händler und die frühen Gemeinden des Christentums Austausch untereinander pflegten (siehe etwa die Briefe des Paulus). Ein anderes Beispiel sind die Netzwerke der Brahmanen in Indien etwa zur gleichen Zeit, die in schriftlichem Kontakt miteinander standen und auf diese Weise eine kulturelle Homogenisierung und Einheit über disparate Staatswesen und weitgehend lokale Netzwerke der Face-to-face-Interaktion hinweg realisierten (Mann 1986: 351ff).

Zwar emergieren in diesen Beispielen partikulare und translokale Kulturen mit Hilfe der Schriftkommunikation. An anderen Beispielen weist Mann aber nach, dass Schriftkommunikation in frühen Staatswesen vor allem für eine homogene Oberschichtenkultur sorgt (1986: 125, 159ff, 206, 236). Denn nur die Oberschicht kam mit Schriftstücken im Handel, im Staats- und Militärwesen in Kontakt, hatte deswegen überhaupt einen Anreiz, lesen und schreiben zu lernen – nur sie kam damit als Publikum für die wenigen Schriftstücke in Betracht. Auf diese Weise wurden auf der Basis von Handels- und politisch-administrativen Netzwerken so etwas wie frühe Nationalkulturen geschaffen, die aber eben auf Oberschichten beschränkt waren. Dabei bestand aber immer die Möglichkeit, dass bestimmte Netzwerke – z.B. die religiösen Netzwerke der Brahmanen oder auch der katholischen Kirche – für nicht nur translokale, sondern auch transstaatliche Verbreitung und Stabilisierung kultureller Deutungsmuster sorgten. Aber auch hier ist festzustellen, dass Schriftkommunikation und die in ihr verankerten Kulturen Oberschichtenphänomene waren, von denen die lokalen Interaktionsnetzwerke weitgehend abgekoppelt waren.

4.2 Buchdruck

Diese Tendenzen – Verbreitung fast ausschließlich in Oberschichten und möglicher Aufbau und Stabilisierung von kulturellen Differenzen über unterschiedliche Ebenen – ziehen sich bis in die Neuzeit. Allerdings wird die Schriftkommunikation mit der Einführung und schnellen Durchsetzung des Buchdrucks mit beweglichen Lettern in der zweiten Hälfte des 15. Jahrhunderts schnell zum Massenphänomen. Dadurch erweitert sich die Zugänglichkeit von Schriftkommunikation erheblich: Nicht nur erreicht Medienkommunikation nun weitere Schichten in der Gesellschaft, sondern auch die in der Medienkommunikation transportierten kulturellen Differenzen können einen erheblich größeren Einfluss auf die Gesellschaft ausüben.

Dies wird etwa sichtbar am Widerstreit zwischen katholischen und protestantischen Sinnangeboten, der nach 1517 die gedruckten Erzeugnisse prägt. Rudolf Hirsch zufolge drehten sich schon bis 1500 fast die Hälfte der gedruckten Publikationen um theologische Fragen (ohne Berücksichtigung von Bibeln, die damals einen Großteil der Druckerzeugnisse ausmachten; 1967: 129). Dies verweist bereits vor der Rerformation auf einen großen Bedarf an Auseinandersetzung über religiöse Fragen. Diese Auseinandersetzung wird nach dem Thesenanschlag Martin Luthers wesentlich über gedruckte Broschüren und Bücher geführt – insofern zählt der Buchdruck zu den Voraussetzungen für den Erfolg der Reformation (Gilmont 1990).[8] Schon das Spätmittelalter war durch millenaristische Bewegungen (wie die Waldenser und die Hussiten), aber auch durch die Diskussionen zwischen Franziskanern und Dominikanern in der Scholastik geprägt (Collins 1998: 472ff). Aber zu einer gesellschaftlichen Verbreitung und damit auch zu politischem Erfolg konnten religiöse Abweichler erst mit dem Buchdruck kommen. Dabei sollte man nicht den Fehler machen, das Publikum der Printmedien vor dem 19. Jahrhundert als Massenphänomen zu sehen. Nach wie vor waren Alphabetisierung und Schriftlichkeit auf städtische Eliten beschränkt.

---

[8] Allgemein zur Frühzeit des Buchdrucks und seinen gesellschaftlichen Implikationen siehe Eisenstein (1983).

Deren über neue Wirtschafts- und politische Journale laufender Diskurs war es, den Jürgen Habermas als Glanzzeit der politischen Öffentlichkeit gefeiert hat (1963).

Neben der religiösen Diskussion und der zunehmenden Thematisierung der Strukturen des politischen Gemeinwesens war die zunehmende Durchsetzung von Hochsprachen eine kulturelle Folge des Buchdrucks. Diese entstanden – wie Benedict Anderson argumentiert hat – wesentlich aus dem Erfordernis, Printmedien für einen entsprechend großen Konsumentenmarkt zu produzieren (1983: 33ff, 37ff). Lokale Dialekte wurden damit durch Hochsprachen überformt, die damit die Grundlage für die modernen Nationalismen bildeten. Auf diese Weise konnten etwa Italien und Deutschland als ‚Kulturnationen' auch ohne staatliche Einheit entstehen. Und etwa Holland konnte sich langfristig als eigene Nation etablieren, weil dieses verhältnismäßig kleine Land mit einem gut entwickelten Handelsbürgertum über ein großes Publikum für Printmedien verfügte. Dabei durchzogen die Hochsprachen zunächst die Netzwerke der Oberschichten, während insbesondere die ländlichen Interaktionsnetzwerke weiter durch lokale Idiome geprägt blieben. Diese Fixierung auf Oberschichten ließ erst nach, als um 1800 herum in vielen Ländern Europas die allgemeine Schulpflicht eingeführt wurde, die wiederum homogenisierend auf Kultur und Sprache der entsprechenden Staatswesen wirkte.

Insgesamt wurde auf diese Weise das erste Mal eine über das Lokale hinausweisende ‚large-scale social integration' (Calhoun 1991) realisiert. Die Entwicklung von standardisierten Hochsprachen und die frühe Bildungsexpansion kreierten ein nationales Publikum für Printmedien. Und durch die breite Nutzung von Zeitschriften und Büchern wurden Wissensbestände innerhalb eines so integrierten Kulturraums wenn nicht universal verbreitet, so doch zumindest überall zugänglich. Aus den fragmentierten Netzwerken direkter Sozialbeziehungen wurden ‚Gesellschaften', in denen bestimmte Wissensbestände und kulturelle Muster als gegeben galten. Die dabei entstandenen „imagined communities" (Anderson 1983: 6, 204ff) bestehen aber nicht auf der Ebene der Interaktionsnetzwerke – diese bleiben meist lokal und schichtgebunden. Die Einheit dieser Gemeinschaften besteht nur in der Verfügbarkeit von kulturellen Wissensbeständen und in der imaginierten (und in Publikationen proklamierten) Einheit der Nation.

Auf einer recht basalen Ebene fand mit der Alphabetisierung von Massenpublika also eine Homogenisierung von „Nationen" innerhalb von Staatswesen und sprachlich vereinten Printmärkten statt. Auf dieser Grundlage verstärkten sich dann aber die subkulturellen Tendenzen, die sich schon bei den Aufstiegen des Christentums und des Protestantismus angedeutet haben: Bücher und Zeitschriften konnten nun günstiger und für größere Publika produziert werden. Da jedoch die Produktion (außer von staatlichen Mitteilungen und Werbematerialien) meist mit dem Kauf finanziert wurde, mussten Printmedien direkt die Interessen von Käufern ansprechen. Auf diese Weise entstand ein relativ direkter Bezug zwischen den kulturellen Orientierungen der einzelnen Konsumenten und den Büchern und Zeitschriften. Diese wurden nun oft für unterschiedliche Gruppen innerhalb einer Gesellschaft produziert. Somit vervielfältigten sich innerhalb der „nationalisierten" Kulturräume kulturelle Symboluniversen und Differenzen.

Während die ersten Zeitschriften und Journale den Bedarf des Handelsbürgertums an Informationen über Produktions- und Absatzmärkte erfüllten (Habermas 1963: 77ff), zielten Romane und die philosophischen Schriften der Aufklärung, des Idealismus und der Romantik auf das Bildungsbürgertum. Später kamen spezielle Publikationen für die entstehende Arbeiterklasse hinzu (Thompson 1966). Auch Migranten produzierten ihre eigenen

Printmedien und schufen damit die Voraussetzung für die Reproduktion ihrer eigenen Kultur in der Aufnahmegesellschaft (Park 1922). Entscheidend ist hier, dass Printmedien die Vielfalt gesellschaftlicher Gruppen nicht nur repräsentieren, sondern auch fördern. So entstand etwa ein „Rassenbewusstsein" der Afroamerikaner im Wesentlichen erst in einer speziellen Literatur von und für Afroamerikaner (Park 1950: 284ff). Noch eindeutiger lässt sich dieser Zusammenhang im System der wissenschaftlichen Disziplinen nachweisen: Diese bilden jeweils selbstbezügliche Publika auf der Grundlage eines ausdifferenzierten Diskurses in spezialisierten Zeitschriften und Büchern (auch wenn hier natürlich die Bedeutung der Institutionalisierung von Disziplinen in Form von eigenen Lehrstühlen und Studiengängen nicht unterschätzt werden soll).

Allgemein lässt sich dieser Zusammenhang so modellieren, dass Subkulturen mit eigenen Symboluniversen einerseits auf der Ebene von kleinteiligen, meist lokal oder institutionell verankerten Interaktionsnetzwerken bestehen. Die Verbindung solcher lokaler Gruppen realisiert sich dann andererseits durch ‚weak ties' zwischen den Gruppen und durch spezielle Medienkommunikation (Fine / Kleinman 1979: 10ff). Diese Medienkommunikation stellt die kulturellen Formen zur Verfügung, die in den Interaktionsnetzwerken aufgenommen werden und deren Bedeutung hier ausgehandelt und teilweise abgewandelt wird. Medienproduzenten haben ein besonderes Interesse an solchen Subkulturen als Absatzmärkten. Denn dort finden sie am ehesten die aktiven Konsumenten von Medienangeboten, die gezielt nach ‚ihren' kulturellen Angeboten suchen und auch bereit sind, dafür Geld auszugeben. Deswegen eignen sich Printmedien besonders für die Bedienung und die Verstärkung von subkulturellen Differenzen, denn sie werden im Gegensatz etwa zum Fernsehen meist als bezahlte Produkte erworben. In diesem Sinne findet man an Kiosken und im Internet etwa Spezialzeitschriften für Börsenfragen, für Frauen und Männer, für Hochzeitsmoden und Tätowierungen genauso wie für Archäologie, Esoterik, Hardrock und RollenspielerInnen.

4.3 Fernsehen und Rundfunk

Eine solche Vielfalt von subkulturellen Angeboten ist in Rundfunk und Fernsehen (zunächst) nicht zu beobachten. Zwar finden wir im Rundfunk die Auffächerung nach verschiedenen Spartensendern, die jeweils klassische Musik, Schlager, Rock oder Nachrichten übertragen. Lange jedoch waren die Radiosender auf eine relativ kleine regional verfügbare Anzahl beschränkt, mit der eine möglichst große Reichweite erzielt werden sollte. Mit der zunehmenden Übertragung von Internetradio vervielfacht sich in den letzten Jahren allerdings die Zahl der verfügbaren Radiosender, die naturgemäß auch kaum noch regional beschränkt sind (allerdings meist noch einen regionalen Bezug haben, weil dort immer noch der Großteil der Hörer sitzt). Diese Betrachtungen verweisen schon darauf, dass die Aufwändigkeit der Produktion und der technischen Übertragung sowie die Frage des Absatzmarktes wesentliche Einflüsse auf die inhaltliche Ausrichtung von Medienkommunikation haben, und dass bei größerem finanziellen und technischen Aufwand und kleinerem möglichen Absatzmarkt eine geringere kulturelle Spezialisierung zu erwarten ist.

Entsprechend bieten Fernsehsender das am meisten auf Breitenwirkung ausgerichtete Programm. Dies hat einerseits mit dem Aufwand für Fernsehproduktionen und -übertragung zu tun. So gibt es im Vergleich etwa zu Zeitschriftentiteln (und Webseiten) noch eine recht überschaubare Anzahl von Fernsehkanälen, die entsprechend um deutlich größere Marktsegmente konkurrieren und sich weniger auf Spezialpublika konzentrieren können. Allerdings nimmt die Anzahl der Fernsehkanäle und entsprechend auch deren Spezialisierung kontinuierlich zu: So wurden in Deutschland 1954 das Erste Programm der ARD, 1963 das ZDF und ab Ende der 60er die regionalen „Dritten" Programme eingeführt. Erst ab 1981 nahm mit der Zulassung von privaten Fernsehsendern eine zahlenmäßige und schließlich auch inhaltliche Auffächerung von Fernsehsendern ihren Lauf. Inzwischen gibt es nicht nur auf Breitenwirkung ausgerichtete Vollfernsehsender (mit leicht unterschiedlichen inhaltlichen Ausrichtungen), sondern auch den Theater- und den Kinderkanal, Sport- und Nachrichtensender, das deutsch-französische Kulturprogramm arte, Fashion- und Bahn-TV, sowie jeweils auf unterschiedliche Publika ausgerichtete Musiksender und zahlreiche andere Programme.

Insofern wäre rein zahlenmäßig inzwischen eine stärkere Spezialisierung und damit auch kulturelle Fragmentierung zu erwarten. Dem entgegen steht aber der charakteristische Modus der Auswahl von Fernsehprogrammen: Anders als bei Printmedien oder auch beim meist relativ kontinuierlichen und gezielten Hören von Radiosendern landet man bei Fernsehsendungen meist über das ‚Zapping'. Wie Joshua Meyrowitz formuliert: „People tend to choose a *block of time* to watch television rather than choose specific programs." (1985: 82; Hervorhebung im Original) Während Bücher und Zeitschriften gezielt vom Leser erworben werden (außer z.B. bei ausliegenden Zeitschriften in Cafés oder im Wartezimmer von Ärzten), landet man bei Fernsehprogrammen eher zufällig. Und diese müssen dann darauf zielen, einen möglichst großen Anteil der zufälligen und kurzfristigen ‚Zapper' zu halten, um auf diese Weise hohe Einschaltquoten und damit möglichst hohe Werbeeinnahmen (oder Argumente für hohe Rundfunkgebühren) zu erhalten. Natürlich werden einige Sendungen auch gezielt gewählt – in Deutschland möglicherweise mehr als in den USA. Aber dies sind meist sehr auf ein Massenpublikum ausgerichtete Angebote wie Fußballsendungen, die *Tagesschau*, der *Tatort* oder Unterhaltungsshows. Während Printmedien oft auf ein sehr spezielles Publikum zielen, richtet sich die große Zahl der Fernsehprogramme an die ‚breite Masse', und entsprechend weniger spezialisiert sind die dort transportierten kulturellen Deutungsmuster.

Meyrowitz zufolge sorgt diese Massenorientierung zu einer sehr viel stärkeren kulturellen Homogenisierung oder zumindest zu einer viel besseren Kenntnis der Deutungsmuster aus unterschiedlichen Gruppen (1985: 127ff):

> „In general, print media tend segregate what people of different ages, sexes, and statuses know relative to each other and about each other, while electronic media, particularly television, tend to integrate the experience and knowledge of different people." (Meyrowitz 1994: 62)

Erstens wird mit dem Fernsehen eine gewisse Synchronisierung von Informationen (z.B. in der *Tagesschau*) oder von Unterhaltungsangeboten realisiert. So kann man auf einer Party oder beim Mittagessen unter Kollegen über Fußballspiele, den letzten *Tatort* oder über den *Eurovision Song Contest* reden, aber sehr viel unwahrscheinlicher über gelesene Romane oder über Zeitungskommentare. Zweitens erfährt man auf diese Weise über andere Milieus und Lebenswelten innerhalb der Gesellschaft. So liefern Fernsehfilme oder -serien (z.B. *Türkisch für Anfänger*) oft Schilderungen von Migrantenkulturen (und den Konflikten an ihren Rändern und in ihrem Inneren); der *Tatort* bemüht sich um regionalen Bezug; die Älteren erfahren über das Fernsehen etwas über Jugendkulturen genauso wie Kinder etwas über die Welt der Erwachsenen. Und nicht zuletzt schauen Männer und Frauen die gleichen Fernsehprogramme, in denen sie über das Erleben und die Lebenswelt des jeweils anderen Geschlechts erfahren – während z.B. Printmedien oft geschlechtsspezifische Publika haben, auf entsprechend spezialisierte Deutungsmuster zurückgreifen und diese auch transportieren (*Emma, Brigitte, Autobild, kicker, Playboy* etc.; Meyrowitz 1985: 187ff).

Eine völlige kulturelle „Gleichschaltung", wie etwa von Horkheimer und Adorno befürchtet, ist durch das Fernsehen aber nicht zu erwarten. Einerseits bestehen (anders als in Ray Bradburys Roman *Fahrenheit 451*) die stärker diversifizierenden Printmedien neben Funk und Fernsehen weiter und bedienen nun verstärkt Spezialinteressen. Andererseits zeigt eine Reihe von Studien aus der Publikumsforschung, dass die Inhalte der Massenmedien eben nicht unkritisch übernommen werden. Vielmehr liefern die Massenmedien in erster Linie Informationen, deren Diskussion und Bewertung dann in den lebensweltlichen Interaktionsnetzwerken erfolgt (Lazarsfeld et al. 1944; Schenk 1995). Auf diese Weise erfahren die verschiedenen Gruppen und Milieus in einer Gesellschaft im Fernsehen etwas übereinander, ohne dabei ihre kulturelle Eigenständigkeit zu verlieren. Im Gegenteil ziehen sehr erfolgreiche Programmformate wie etwa *Big Brother* oder die Nachmittags-Talkshows der 90er wohl einen Teil ihrer Attraktivität daraus, die kulturelle Vielfalt und die sich aus ihr ergebenden Konflikte zwischen Mitgliedern unterschiedlicher Milieus zu präsentieren.[9]

4.4   Internet und Web 2.0

Ganz anders als beim Fernsehen sehen die kulturellen Formationen aus, die von Internet und insbesondere dem Web 2.0 bedient und unterstützt werden. Zwar ähnelt die dominante Angebotsauswahl im Internet, das „Browsen", dem „Zappen" beim Fernsehen, indem von Seite zu Seite gesprungen wird. Allerdings bietet das Internet dem Nutzer eine sehr viel größere Angebotsvielfalt. Und der Sprung von einer Seite zur nächsten erfolgt über eine sehr viel komplexere Verweisungsstruktur als die einfache und gleich bleibende numerische Reihenfolge von Sendern in Fernseher oder Receiver. Innerhalb dieser Verweisungsstruktur geht der Nutzer (meist) gezielt zu ihn interessierenden Angeboten, anstatt einfach zu einem komplett neuen Fernsehsender zu wechseln, über dessen Inhalt er oft wenig weiß (es sei denn: aus der letzten Zapp-Runde).

Insofern erfolgt die Inhaltsauswahl im Internet sehr viel gezielter und interessengeleiteter als beim Fernsehen und ähnelt damit stärker dem Kauf von Printmedien. Der Moment des Kaufens und damit der finanzielle Aufwand fallen zwar weg – damit erleichtert das Internet dem Nutzer das Ausprobieren von Medieninhalten, das nicht nur (meist) kostenfrei sondern auch noch anonym ist. Aber bei diesem eher spielerischen Durchforsten der vielfältigen Verweisungsstruktur folgt der Nutzer doch Interessen oder zumindest Neigungen, die sich dabei möglicherweise auch verfestigen oder neu bilden. Mit anderen Worten: Der Nutzer erfährt im Internet nicht nur, was es alles gibt, sondern auch: was ihn alles interessiert – aber nur, wenn er zu einem Mindestmaß danach sucht.

---

[9] Insgesamt ist seit der Einführung des Fernsehens eher eine soziokulturelle Fragmentierung in Milieus mit je unterschiedlichen Lebensstilen als eine Homogenisierung in der Bundesrepublik zu beobachten (Müller-Schneider 2000). Dies weist darauf hin, dass die Wirkung dieses neuen Kommunikationsmediums – so wichtig es für die kulturelle Entwicklung ist – von anderen, gegenläufigen Tendenzen aufgehoben wurde.

Auf diese Weise verstärkt das Internet den ohnehin schon beobachtbaren Trend der zunehmenden kulturellen Fragmentierung von massenmedialen Publika (McQuail 1997: 132f, 143ff). Dies wird auch dadurch erleichtert, dass die Produktion von Webseiten wenig aufwändig ist. Häufig erfolgt diese durch die Mitglieder von Lebensstilsubkulturen und muss eben nicht über einen kostenintensiven Produktionsapparat (von häufig hauptamtlichen Medienschaffenden) wie bei Fernsehen, Rundfunk und Printmedien laufen. Webseiten kommen damit in stärkerem Maße aus den Subkulturen oder Lebensstilgruppierungen, in denen sie dann auch genutzt werden.

Internetforen oder Social Network-Portale – das Web 2.0 – erlauben ihren Nutzern sogar die interaktive Kreation von Medieninhalten. Die Grenze zwischen Produzent und Nutzer des Internet verschwimmt.[10] Diese massenmedialen Angebote liefern hier nicht nur die kulturellen Deutungsmuster für die Ausbildung von Subkulturen, wie bei Printmedien, sondern bilden teilweise sogar das Medium für die Aushandlung von deren Bedeutung. Alle Ebenen der Kommunikation können damit im Internet stattfinden. Es bildet sich ein paralleler Sozialraum aus, der sich anders als das Fernsehen durch Beteiligung der Konsumenten und durch ein hohes Maß an kultureller Spezialisierung auszeichnet.

Auf diese Weise stabilisiert das Internet einerseits subkulturelle Strukturen auf der Ebene von alltagsweltlichen Interaktionsnetzwerken, andererseits ermöglicht es sogar die Bildung von eigenen „virtuellen Gruppen" oder „Gemeinschaften" (Thiedeke 2000; Knoblauch 2008). So kann etwa ein Fan eines Fußballclubs in einem Internetforum auch dann seine Begeisterung und seinen Ärger teilen, wenn er weit weg von anderen Fans wohnt. Mit der ortsungebundenen Zugänglichkeit können gerade auch Migranten über das Internet den Kontakt in die alte Heimat und den Austausch etwa über politische Themen pflegen. Internetbasierte Subkulturen können sich also transnational oder sogar global bilden (Wellman 2001). Im Gegensatz zu den printbasierten „imagined communities" bei Benedict Anderson sind diese internetbasierten Subkulturen aber nicht nur „imaginiert" oder „virtuell". Vielmehr findet sich ihre Grundlage im online-basierten aktiven Austausch über kulturelle Deutungsmuster, die sich im Cyberspace und nicht mehr primär in den alltagsweltlichen Interaktionsnetzwerken durchsetzen müssen.

Eine weitere wesentliche Änderung des Web 2.0 gegenüber früheren Verbreitungsmedien ergibt sich aus dem direkten Austausch zwischen Medien-Nutzern und -Anbietern. Anders als bei Fernsehen und Printmedien (und den konventionellen Internetangeboten) gibt es hier keine „Einseitigkeit der Kommunikation" (Luhmann 1997: 308f) und entsprechend auch kein Auseinanderziehen von Information und Mitteilung. Die Nutzer werden hier als Teilnehmer wieder sichtbar und entsprechend wird Kommunikation wie in der Alltagskommunikation stärker auf die Mitteilungskomponente und damit auf die möglichen Implikationen für das Verhältnis zwischen Alter und Ego beobachtet. Erst dadurch wird es möglich, dass etwa in den Diskussionen eines Online-Forums, in den Beiträgen einer Mailingliste, zu einem Blog oder auf einer Social Networking-Site soziale Identitäten entstehen, die in Relation zueinander ausgehandelt werden (White 2008: 2f).

Dazu gehört natürlich, dass man in solchen Foren nicht als Vollperson auftaucht, sondern nur als User mit einem meist gewählten Nickname, möglicherweise einem (mehr oder weniger aussagekräftigen) Profilbild, von dem eben nur die kommunikative Partizipation im Online-Forum sichtbar ist. Dank dieser beiden Eigenheit des Web 2.0 – der partiellen, durch das Medium konditionierten Sichtbarkeit von Identitäten und der kommunikativen

---

[10] Zum etwas schwierigen Begriff der Interaktivität siehe die Überlegungen von Sutter (2010b: 89ff).

Aushandlung ihrer Relationen zueinander – können sich im Netz eigene soziale Strukturen entwickeln, die dann etwa mit den Methoden der Netzwerkanalyse untersucht werden können (Stegbauer / Rausch 2006). Entscheidend ist im Kontext der hier diskutierten Fragestellung aber, dass solche soziale Strukturen eigene Kulturen ausbilden, etwa mit spezifischen Regeln und Umgangsweisen und mit bestimmten Eigenwerten der Kommunikation – z.B. Erinnerungen an bedeutsame Kommunikationsepisoden, eigenen Symbolen oder spezifischen Deutungen von Ereignissen.

5   Schluss

Insgesamt zeigt sich damit, dass mit den verschiedenen Verbreitungsmedien ganz unterschiedliche soziokulturelle Formationen entstehen bzw. verstärkt werden (Abschnitt 4). *Schriftlichkeit* und *Printmedien* sorgen zunächst für die Entstehung von Oberschichtenkulturen und für eine gewisse Standardisierung von Sprachformen innerhalb von Staatswesen oder von Absatzmärkten. Auf diese Weise entstehen zum einen eine Hochsprache und zum anderen eine massenmediale Öffentlichkeit, die vor allem von Handels- und Bildungsbürgertum geprägt ist und politische Entwicklungen kommentiert, diskutiert und zunehmend mitgestaltet. Wie schon die Beispiele des Aufstiegs des Christentums und der Reformation (nahezu unmittelbar nach Einführung des Buchdrucks) zeigen, werden dabei aber nicht nur dominante kulturelle Deutungsmuster verbreitet und reproduziert. Vielmehr erlauben Buchdruck Schriftlichkeit und die Entwicklung und Stabilisierung von kulturellen Differenzen in einer Gesellschaft. Dies führt sich seit der Bildungsrevolution um 1800 fort in eine große Angebotsvielfalt auf dem Printmarkt, die jeweils unterschiedliche kulturelle Interessen bedient und damit die Ausbildung von Subkulturen mit eigenen Lebensstilen fördert.

Fernsehen und Rundfunk sorgen dagegen für eine gewisse Standardisierung von kulturellen Formen, auch für eine stärkere Synchronisierung von gesellschaftlichem Erleben und nicht zuletzt für Wissen der verschiedenen gesellschaftlichen Gruppen über einander. Wie die Printmärkte bleiben aber die massenmedialen Publika meist auf der nationalen Ebene – Fernsehen wird im nationalen Rahmen produziert (oft auch noch staatlich) und konsumiert. Nur wenige Fernsehsendungen werden in andere Sprachen synchronisiert oder mit Untertiteln ausgestrahlt, und nur wenige Fernsehangebote werden transnational oder sogar global genutzt (z.B. MTV oder Al Jazeera). Dies ändert sich mit dem Aufkommen des *Internets*. Hier werden einerseits verstärkt subkulturelle Inhalte produziert und gezielt genutzt. Mehr noch: Mit dem *Web 2.0* wird die klare Trennung zwischen Medienproduzenten und -nutzern aufgelöst. Webseiten, Forenbeiträge und viele weitere Inhalte werden von Subkulturen gleichermaßen produziert und genutzt, wobei wieder eine stärkere Wechselwirkung zwischen Alter und Ego vorherrscht. Dadurch können an dieser Stelle medienbasierte soziale Netzwerke entstehen, die dann sowohl eigene kulturelle Formen als auch eigenständige soziale Strukturen beheimaten. Die empirische Untersuchung dieser internetbasierten soziokulturellen Formationen sowohl auf der Sinnebene (Kultur) als auch der Strukturebene (Netzwerk) liefert eins der wohl vielversprechendsten und dringendsten Forschungsfelder in der Medien- und Kommunikationssoziologie.

Bei der Mediatisierung von persönlicher Kommunikation (Abschnitt 3) müssen verschiedene Aspekte der jeweiligen Verbreitungsmedien genauer im Blick gehalten werden:

Dazu gehören die Fragen des Turn-Taking und allgemein die Modalitäten der Rückmeldung zwischen Alter und Ego, aber auch die übertragenen Signale (vor allem: Gestik und Mimik, auch der Tonfall) und die Netzwerkstrukturen, die sich dabei ausbilden. Einige Medien wie das Telefon, Briefe oder E-Mail prozessieren Kommunikation vor allem dyadisch. Andere Medien (z.B. Social Networking-Websites) fördern dagegen Transitivität und damit die Einbindung von Sozialbeziehungen in größere Cliquenstrukturen. Entsprechend unterschiedlich läuft dann auch die Verbreitung, Reproduktion und Modifikation von kulturellen Formen in solchen Medien: Briefe, E-Mails und Telefon erlauben den Aufbau und die Pflege von ,weak ties' über strukturelle Löcher und damit eine stärkere Heterogenität in den persönlichen Netzwerken. Social Networking-Websites wie Facebook fördern dagegen subkulturelle Formationen mit relativ hoher interner Dichte und kultureller Homogenität.

Den Schlüssel für diese Argumentation liefert eine theoretische Perspektive, in der die Kommunikationstheorie von Niklas Luhmann mit dem Kulturbegriff und mit dem Netzwerkkonzept (in der Fassung von Harrison White) verknüpft wurde (Abschnitt 2). Kultur und Netzwerke legen in dieser Perspektive einerseits Anschlussfähigkeiten für Kommunikationsprozesse fest. Andererseits entstehen sie erst in der Kommunikation und können sich in ihr auch verändern. Entscheidend für den Aufbau von Erwartungsstrukturen in der Sozialdimension und damit für soziale Netzwerke ist der Mitteilungsaspekt der Kommunikation. Da die Zurechnung von Kommunikation auf Mitteilende und die damit verbundene Frage nach deren Motiven in der Medienkommunikation teilweise erschwert wird oder sogar verschwindet, bilden sich hier – etwa in der Kommunikation zwischen Nachrichtensprechern und Zuschauern – im Regelfall keine sozialen Netzwerke. Dies ändert sich aber, wenn Medienkommunikation stärker personalisiert wird wie im Web 2.0.

Insgesamt zeigt sich m.E. die Fruchtbarkeit einer Perspektive, die die drei Schlüsselbegriffe Kultur, Netzwerk und Kommunikation miteinander verknüpft und in diesem Fall auf den Bereich Medienkommunikation angewandt wird. Damit werte ich den Mehrwert des Netzwerkbegriffs für die Medien- und Kommunikationssoziologie entschieden anders als Friedrich Krotz, der in diesem Punkt skeptisch bleibt (2006: 23). Krotz bezieht sich allerdings auf eine „funktionale" Begriffsfassung von Netzwerken, von der sich der Großteil der Netzwerkforschung und auch der hier eingeschlagene Ansatz deutlich unterscheiden.

Dabei erweisen sich die beiden vorgenommenen theoretischen Verknüpfungen als entscheidend für die Fruchtbarkeit des Konzepts bei der Beschreibung von sozialen Strukturen, die sich in Medienkommunikation bilden oder durch diese gefördert werden: Erstens werden Netzwerke nicht ,kulturlos' gedacht, sondern immer schon mit Sinn verwoben. Der Kulturbegriff rückt damit die Verfügbarkeit und die Praxis von kulturellen Formen in Netzwerkkonstellationen in den Blick. Zweitens bleiben Netzwerke und Kultur nicht statisch, sondern verändern sich im Rahmen von Kommunikationsprozessen. Dadurch wird es möglich, nach den Bedingungen von Netzwerkbildung und Kulturproduktion im Rahmen von Medienkommunikation zu fragen und diese – aufbauend auf der Kommunikationstheorie von Niklas Luhmann – theoretisch zu modellieren.

Bei dieser positiven Einschätzung muss allerdings einschränkend hinzugefügt werden, dass die vorliegende Arbeit nur für die theoretische Plausibilität dieser Perspektive argumentieren konnte. Weder konnte in diesem Rahmen eine vollständige Theoriebildung erfolgen, für die sicherlich noch ein großes Stück an Begriffsarbeit nötig ist. Noch wurde etwa in einer Fallstudie die empirische Brauchbarkeit nachgewiesen. Hier konnte lediglich eine Plausibilitätsskizze angefertigt werden, in der bisherige empirische Erkenntnisse mit der theoretischen Perspektive konfrontiert und einigermaßen konsistent reinterpretiert wurden. Umso dringender erscheint nun die empirische Anwendung, in der sich sicherlich auch eine Justierung von theoretischen Begriffen und Erwartungen ergeben würde.

6   Literatur

Anderson, Benedict 1983: *Imagined Communities*, London: Verso 1991.

Archer, Margaret 1988: *Culture and Agency*, Cambridge: Cambridge University Press 1996.

Bateson, Gregory 1972: *Steps to an Ecology of Mind*, Chicago: Chicago University Press 2000.

Breiger, Ronald 2004: „The Analysis of Social Networks" in: Melissa Hardy / Alan Bryman (Hg.): *Handbook of Data Analysis*, London: Sage, 505-526.

Calhoun, Craig 1991: „Indirect Relationships and Imagined Communities: Large-Scale Social Integration and the Tranformation of Everyday Life" in: Pierre Bourdieu / James Coleman (Hg.): *Social Theory for a Changing Society*, Boulder: Westview, 95-121.

Cartwright, Dorwin / Frank Harary 1956: „Structural Balance: A Generalization of Heider's Theory" *The Psychological Review* 63, 277-293.

Coleman, James 1988: „Social Capital in the Creation of Human Capital" *American Journal of Sociology* 94, Supplement S95-S120.

Collins, Randall 1998: *The Sociology of Philosophies*, Cambridge/Mass.: Belknap.

Cooley, Charles Horton 1909: *Social Organization*, New York: Schocken 1963.

Eisenstein, Elizabeth 1983: *The Printing Revolution in Early Modern Europe*, Cambridge: Cambridge University Press.

Emirbayer, Mustafa 1997: „Manifesto for a Relational Sociology" *American Journal of Sociology* 103, 281-317.

Emirbayer, Mustafa / Jeff Goodwin 1994: „Network Analysis, Culture, and the Problem of Agency" *American Journal of Sociology* 99, 1411-1154.

Esposito, Elena 1995: „Interaktion, Interaktivität und die Personalisierung der Massenmedien" *Soziale Systeme* 1, 225-260.

Fine, Gary Alan 1983: *Shared Fantasy; Role-Playing Games as Social Worlds*, Chicago: University of Chicago Press.

Fine, Gary Alan / Sherryl Kleinman 1979: „Rethinking Subculture: An Interactionist Analysis" *American Journal of Sociology* 85, 1-20.

Fine, Gary Alan / Sherryl Kleinman 1983: „Network and Meaning: An Interactionist Approach to Structure" *Symbolic Interaction* 6, 97-110.

Fuchs, Peter 1993: *Moderne Kommunikation*, Frankfurt/Main: Suhrkamp.

Fuhse, Jan 2006: „Gruppe und Netzwerk – eine begriffsgeschichtliche Rekonstruktion" *Berliner Journal für Soziologie* 16, 245-263.

Fuhse, Jan 2008: *Ethnizität, Akkulturation und persönliche Netzwerke von italienischen Migranten*, Leverkusen: Barbara Budrich.

Fuhse, Jan 2009a: „The Meaning Structure of Social Networks" *Sociological Theory* 27 (2009), 51-73.

Fuhse, Jan 2009b: „Die kommunikative Konstruktion von Akteuren in Netzwerken" *Soziale Systeme* 15, 288-316.

Jan Fuhse / Sophie Mützel (Hg.) 2010: *Relationale Soziologie; Zur kulturellen Wende in der Netzwerkforschung*, Wiesbaden: VS

Gilmont, Jean-François (Hg.) 1990: *La Réforme et le livre; l'Europe de l'imprimé (1517-v.1570)*, Paris: Cerf.

Granovetter, Mark 1973: „The Strength of Weak Ties" *American Journal of Sociology* 78, 1360-1380.

Habermas, Jürgen 1963: *Strukturwandel der Öffentlichkeit*, Frankfurt a.M.: Suhrkamp 1990.

Habermas, Jürgen 1985: *Die Neue Unübersichtlichkeit*, Frankfurt a.M.: Suhrkamp.

Hannerz, Ulf 1992: *Cultural Complexity; Studies in the Social Organization of Meaning*, New York: Columbia University Press.

Hepp, Andreas 2006: *Transkulturelle Kommunikation*, Konstanz: UVK.

Hirsch, Rudolf 1967: *Printing, Selling and Reading 1450-1550*, Wiesbaden: Otto Harrassowitz.

Höfflich, Joachim 1996: *Technisch vermittelte interpersonale Kommunikation*, Opladen: Westdeutscher Verlag.

Hollstein, Betina / Florian Straus (Hg.) 2006: *Qualitative Netzwerkanalyse*, Wiesbaden: VS.

Holzer, Boris 2006: *Netzwerke*, Bielefeld: transcript.

Holzer, Boris 2010: „Von der Beziehung zum System – und zurück? Relationale Soziologie und Systemtheorie" in: Jan Fuhse / Sophie Mützel (Hg.): *Relationale Soziologie*, Wiesbaden: VS, 97-116.

Horkheimer, Max / Theodor Adorno 1944: *Dialektik der Aufklärung*, Frankfurt/Main: Fischer 1993.

Jansen, Dorothea 1999: *Einführung in die Netzwerkanalyse*, Opladen: Leske + Budrich.

Knoblauch, Hubert 2008: „Kommunikationsgemeinschaften" in: Roland Hitzler et al. (Hg.): *Posttraditionale Gemeinschaften*, Wiesbaden: VS, 73-88.

Knox, Hannah / Mike Savage / Penny Harvey 2006: „Social Networks and the Study of Relations: Networks as Method, Metaphor and Form" *Economy and Society* 35, 113-140.

Krotz, Friedrich 2006: „Konnektivität der Medien: Konzepte, Bedingungen und Konsequenzen" in: Andreas Hepp / ders. / Shaune Moores / Carsten Winter (Hg.): *Konnektivität, Netzwerk und Fluss*, Wiesbaden: VS, 21-41.

Krotz, Friedrich 2007: *Mediatisierung; Fallstudien zum Wandel von Kommunikation*, Wiesbaden: VS.

Lazarsfeld, Paul / Bernard Berelson / Hazel Gaudet 1944: *The People's Choice*, New York: Columbia University Press 1968.

Leifer, Eric 1991: *Actors as Observers; A Theory of Skill in Social Relationships*, New York: Garland.

Luhmann, Niklas 1984: *Soziale Systeme*, Frankfurt/Main: Suhrkamp 1996.

Luhmann, Niklas 1995a: „Kultur als historischer Begriff" in: ders.: *Gesellschaftsstruktur und Semantik 4*, Frankfurt/Main: Suhrkamp, 31-54.

Luhmann, Niklas 1995b: *Soziologische Aufklärung 6; Die Soziologie und der Mensch*, Opladen: Westdeutscher Verlag.

Luhmann, Niklas 1996: *Die Realität der Massenmedien*, Opladen: Westdeutscher Verlag.

Luhmann, Niklas 1997: *Die Gesellschaft der Gesellschaft*, Frankfurt/Main: Suhrkamp.

Mann, Michael 1986: *The Sources of Social Power; Volume 1*, New York: Cambridge University Press.

McLean, Paul 2007: *The Art of the Network; Strategic Interaction and Patronage in Renaissance Florence*, Durham / North Carolina: Duke University Press.

McQuail, Denis 1997: *Audience Analysis*, Thousand Oaks: Sage.

Mead, George Herbert 1934: *Mind, Self & Society*, Chicago: Chicago University Press 1967.

Meyrowitz, Joshua 1985: *No Sense of Place; The Impact of Electronic Media on Social Behavior*, Oxford: Oxford University Press.

Meyrowitz, Joshua 1994 „Medium Theory" in: David Crowley / David Mitchell (Hg.): *Communication Theory Today*, Stanford: Stanford University Press, 50-77.

Mische, Ann 2003: „Cross-talk in Movements: Reconceiving the Culture-Network Link" in: Mario Diani / Doug McAdam (Hg.): *Social Movements and Networks*, Oxford: Oxford University Press, 258-280.

Müller-Schneider, Thomas 2000: „Stabilität subjektbezogener Strukturen; Das Lebensstilmodell von Schulze im Zeitvergleich" *Zeitschrift für Soziologie* 29, 363-376.

Neumann-Braun, Klaus 2000: „Publikumsforschung – im Spannungsfeld von Quotenmessung und handlungstheoretisch orientierter Rezeptionsforschung" in: ders. / Stefan Müller-Doohm (Hg.): *Medien- und Kommunikationssoziologie*, Weinheim: Juventa, 181-204.

Ong, Walter J. 1986: „Writing is a Technology that Restructures Thought" in: Gerd Baumann (Hg.): *The Written Word; Literacy in Transition*, Oxford: Clarendon Press, 23-50.

Park, Robert 1922: *The Immigrant Press and Its Control*, New York: Harper.

Park, Robert 1950: *Race and Culture*, Glencoe: Free Press.

Riesmann, David 1950: *The Lonely Crowd*, New Haven: Yale University Press.

Sacks, Harvey / Emanuel Schegloff / Gail Jefferson 1974: „A Simplest Systematics fort he Organization of Turn-Taking for Conversation" *Linguistics* 50, 696-735.

Schenk, Michael 1995: *Soziale Netzwerke und Massenmedien*, Tübingen: Mohr.

Schmidt, Johannes F.K. 2007: „Beziehung als systemtheoretischer Begriff" *Soziale Systeme* 13, 516-527.

Schmitt, Marco 2009: *Trennen und Verbinden; Soziologische Untersuchungen zur Theorie des Gedächtnisses*, Wiesbaden: VS.

Schneider, Wolfgang Ludwig 2000: „The Sequential Production of Social Acts in Conversation" *Human Studies* 23, 123-144.

Schultz, Tanjev 2001: „Mediatisierte Verständigung" *Zeitschrift für Soziologie* 30, 85–102.

Schweizer, Thomas 1996: *Muster sozialer Ordnung; Netzwerkanalyse als Fundament der Sozialethnologie*, Berlin: Reimer.

Shibutani, Tamotsu 1955: „Reference Groups as Perspectives" *American Journal of Sociology* 60, 562-569.

Stegbauer, Christian / Alexander Rausch 2006: *Strukturalistische Internetforschung; Netzwerkanalysen internetbasierter Kommunikationsräume*, Wiesbaden: VS.

Sutter, Tilmann 2010a: *Medienanalyse und Medienkritik*, Wiesbaden: VS.

Sutter, Tilmann 2010b: „Der Wandel von der Massenkommunikation zur Interaktivität neuer Medien" in: ders. / Alexander Mehler (Hg.): *Medienwandel als Wandel von Interaktionsformen*, Wiesbaden: VS, 83-105.

Thiedeke, Udo (Hg.) 2000: *Virtuelle Gruppen*, Opladen: Westdeutscher Verlag.

Thomas, William I. / Florian Znaniecki 1920: *The Polish Peasant in Europe and America*, Urbana: University of Illinois Press 1996.

Thompson, E.P. 1966: *The Making of the English Working Class*, New York: Vintage.

Tilly, Charles 2005: *Identities, Boundaries, and Social Ties*, Boulder: Paradigm.

Turner, Jonathan 2002: *Face to Face; Toward a Sociological Theory of Interpersonal Behavior*, Stanford: Stanford University Press.

Watzlawick, Paul / Janet Helmick Beavin / Don Jackson 1967: *Pragmatics of Human Communication*, New York: Norton.

Wellman, Barry 2001: „Physical Place and Cyber Place: The Rise of Personalized Networking" *International Journal of Urban and Regional Research* 25, 27-52.

Welsch, Wolfgang (Hg.) 1994: *Wege aus der Moderne; Schlüsseltexte der Postmoderne-Diskussion*, Berlin: Akademie Verlag.

Wood, Julia 1982: „Communication and Relational Culture: Bases for the Study of Human Relationships" *Communication Quarterly* 30, 75-83.

White, Harrison 1992: *Identity and Control; A Structural Theory of Social Action*, Princeton: Princeton University Press.

White, Harrison 2008: *Identity and Control; How Social Formations Emerge*, Princeton: Princeton University Press.

Wood, Julia 1982: „Communication and Relational Culture: Bases for the Study of Human Relationships" *Communication Quarterly* 30, 75-83.

Yeung, King-To 2005: „What Does Love Mean? Exploring Network Culture in Two Network Settings" *Social Forces* 84, 391-420.

Kulturwandel in Wikipedia – oder von der Befreiungs- zur Produktideologie

Christian Stegbauer

In diesem Beitrag wird am Beispiel von Wikipedia die Entstehung von Kultur diskutiert und dies wird mit einigen Beispielen illustriert. Hierbei spielt die Beziehungsstruktur oder das soziale Netzwerk der Teilnehmer eine wesentliche Rolle. Zunächst wird definiert, was Kultur unter diesem Blickwinkel bedeutet. Dann wird die in diesem Zusammenhang gebrauchte Netzwerkperspektive aufgezeigt. Beides wird in einen Zusammenhang gestellt mit Wikipedia und der dort festgestellten Entwicklung hin zu „Mikrokulturen", die mit positionenspezifischen Weltsichten einhergehen.

1   Was verstehen wir unter Kultur?

Kultur wird hier als ein Rahmen zur Interpretation von Handlungen aufgefasst wird (White 2008: 378). Kultur geht aber über die reine Interpretation hinaus und stellt uns Werkzeuge zur Verfügung, die Handlungen ermöglichen und vereinfachen, denn viele der in der Kultur verwurzelten Handlungen werden nicht hinterfragt. Soziales, so etwa Positionen auf gesellschaftlicher Ebene und die Kultur sind miteinander verflochten. Whites Überlegungen zur Kultur orientieren sich an Swidler (1986: 273). Swidler stellt drei Punkte in den Vordergrund, die unter dem Stichwort „Kultur" behandelt werden und zu einer groben Definition führen:

1. Kultur wird als ein Werkzeugkasten gesehen. In diesem „tool kit" befinden sich Symbole, Geschichten, Rituale, Weltsichten usw. Also eine Ansammlung an „Dingen", die in unterschiedlichen sozialen Situationen hervorgeholt und angewendet werden. Die Werkzeuge oder besser die Elemente, die dort eingesetzt werden, sind interindividuell verständlich. Allerdings – und hier verkompliziert sich das Bild ein wenig – sie sind skalierbar. Es gibt Tools die so allgemeinverständlich sind, dass sie in verschiedenen Gesellschaften angewendet werden können. Andere Elemente sind nur mit einer ganz geringen Reichweite ausgestattet, sie sind „Spezialwerkzeuge", die für bestimmte Situationen in einem manchmal sehr kleinen Kontext entwickelt wurden.
2. Kultur ist sozial konstruiert. Das bedeutet, dass „Kultur" nicht zu einem Stillstand kommt, sondern als Prozess zu betrachten ist, der permanent läuft, weil alle Handlungen sich darauf beziehen und diese damit Kultur jeweils nicht nur reproduzieren, sondern immer wieder aufs Neue entstehen lassen und dabei immer wieder neue Werkzeuge produzieren, die dann zunächst meist lokal in das Toolset aufgenommen werden.
3. Erst die Kultur ermöglicht es, Handlungsstrategien zu verfolgen. Dies vor allem deswegen, weil Kultur für eine gewisse Verlässlichkeit und Erwartbarkeit von Reaktionen der Umgebung steht. Das bedeutet, dass Handlungen im Sinn der Beteiligten in eine

Reihenfolge gebracht werden können und gemeinsame Vorstellungen über die Bedeutung entwickelt werden.

Kultur verstehen wir heute in der Soziologie als eine weit komplexere Angelegenheit als dies früher der Fall war. So finden sich fragmentierte Kulturen – in unterschiedlichen Gruppen unterscheidet sich die Kultur (DiMaggio 1997). Solche fragmentierten Kulturen kann man als „lokale Kulturen" beschreiben. Diese entstehen durch Aushandlungsprozesse, die in sozialen Situationen erfolgen und dabei eigene „toolkits" (freilich auch unter Rückgriff auf weiter verbreitete „tools") erzeugen, also typische Sichtweisen, Konfliktlinien mit anderen sozialen Positionen, Arbeitsteilungen etc., die alle in solchen Situationen ausgehandelt werden. Auf diese Weise entsteht ein Flickenteppich an lokalen Kulturen. Diese stehen durch Übertragung von „tools" miteinander in Verbindung – ausgehandelte Werkzeuge werden in anderen Situationen erprobt und – sofern sie erfolgreich sind, verbreiten diese sich auf diese Weise in dem betrachteten Kollektiv (wenn nicht, bleiben diese beschränkt auf einen kleineren Kontext).

2   Was ist mit „Sozialen Netzwerken" gemeint?

Auf einer ganz allgemeinen und formalen Ebene handelt es sich bei Netzwerken um „ein endliches Set an Knoten und Kanten, welche die Knoten verbinden" (oder auch nicht verbinden) (vergl. Wassermann/ Faust 1994: 20). Netzwerke bestehen allgemein aus Beziehungen. Sie gehen aber über die Beziehung zwischen zwei Personen hinaus; es interessiert dabei mehr „the general structural form" (Radcliffe-Brown 1940: 3). Hieraus, so die Idee, lassen sich Handlungsweisen, viel grundsätzlicher aber noch Begrenzungen von Handlungsmöglichkeiten ableiten.

Whites Arbeiten (1992; 2008) zeigen auf, wie Positionen ausgehandelt werden, insbesondere unter Bezug auf von ihm sog. Kontrollanstrengungen. Aushandlungen (auch wenn damit nicht „Verhandlungen" gemeint sind) finden immer in konkreten Situationen statt. Durch die Aushandlungen sind Positionen weit flexibler als die weitgehend festen äußeren Zuschreibungen, wie man sie in der alten Rollentheorie hatte. Im Zusammenhang mit der Aushandlung von Positionen spricht White heute im Zusammenhang mit der Suche nach Halt angesichts der vielen Unwägbarkeiten, die auf uns einströmen, von Identitäten.

Ein, wie in der Netzwerkdefinition genanntes, endliches Set von Beziehungen, die strukturiert sind, findet sich in jeder Situation. Dort entstehen Rollenmuster und es werden Positionen ausgehandelt. Diese Positionen schaffen eine einigermaßen verlässliche Infrastruktur für das soziale Miteinander. Durch diese Strukturierung werden die in den Situationen ausgehandelten Positionen analysierbar. Hierfür wurden positionale Verfahren wie die Blockmodellanalyse (White et al. 1976) entwickelt. Die beobachtete Struktur lässt sich mittels formaler Methoden analysieren – sie lässt sich aber auch interpretieren.

In langen Jahren der Organisationsanalyse konnte gezeigt werden, dass neben dem formalen System einer Organisation noch eine zweite Struktur, eine informelle Struktur existiert. Obgleich diese Differenz systematisch besteht, ist die informelle Struktur doch ein Reflex auf die formale Struktur. Hat man keine Gesamtanalyse der (informellen) Struktur einer Organisation, so kann man die formale Organisation, bzw. die Zuordnung von formalen Positionen als eine Näherung an die informelle Organisation auffassen.

3   Die Verbindung zwischen Kultur und Netzwerken

Wenn man Kultur als einen Werkzeugkasten mit Symbolen, Geschichten, Ritualen und Weltsichten begreift, dann gehören gesellschaftliche Rollenmodelle ebenfalls hier hinein. Wie verhält man sich als „guter" Vater? Was wird von einem Vorgesetzten erwartet? Auf diese Fragen lassen sich situativ unterschiedliche Antworten geben, gleichwohl wird es Anschauungen hierzu geben, die zum common sense, also zu den gemeinsam geteilten Werkzeugen gehören. Schon Kinder auf dem Spielplatz können sich an solchen Positionen orientieren, wenn sie Rollenspiele erfinden. Es gibt also so etwas wie ein Wissen über Erwartungen an Personen in bestimmten Situationen. Solche Probleme sind lange in der Rollentheorie abgehandelt worden (Nadel 1957; Dahrendorf 1959; Linton 1945; aber auch Popitz 2006). Die dort verhandelten Rollenerwartungen sind spürbar und sie sind quasi eine Art verlängerte Hand der Gesellschaft, kommen also so allgemein wie hier eingeführt von der Makroebene und können grundsätzlich als Produkte der Kultur aufgefasst werden.

Sie wirken jedoch nicht direkt, sondern in jeder sozialen Situation unterliegt die Positionierung einem Aushandlungsprozess. Ersichtlich wird dies nicht nur an der Beobachtung des Prozesses, es reicht eine Querschnittsbetrachtung, die dazu führt, festzustellen, dass jede Beziehung über eigene Merkmale verfügt, die keine direkte Übersetzung der common sense Positionen darstellen. Das damit verbundene Problem hat DiMaggio (1992) „Nadels Paradox" genannt. Wenn Positionen durch Aushandlung unter jeweils unterschiedlichen Personen mit differenzierten Identitäten erfolgen, dann kann man sagen, dass jede Situation für sich einmalig ist. Andererseits kennen wir alle typische Rollenbilder ganz unabhängig von einzelnen Situationen. Wie ist es vor diesem Hintergrund möglich, so fragt Di Maggio, dass man von Common Sense-Rollen spricht? Er beantwortet die Frage folgendermaßen: „Roles are the nexus at which culture (...) and social relations intersect" (DiMaggio 1992). Man kann also sagen, dass zumindest die Common Sense-Rollen auch auf die Ebene einer übergreifenden Kultur gehören. Sie gehören zu den Ressourcen in den Aushandlungsprozessen, die an die Situation gebunden sind. Neben den Situationen in denen Positionen und in der Folge Identitäten heraus gebildet werden, wird von den beteiligten Akteuren abverlangt, dass sie ein kohärentes Rollenbild erzeugen (White 2008: 370) – ein solches kohärentes Bild muss unterschiedliche Rollenrahmen aus anderen Netzwerkpopulationen miteinander verbinden.

Eine ähnliche Beziehung ist aus dem Strukturalismus bekannt. Es werden immer nur bestimmte Teile des Ganzen benötigt. Man kann analog davon sprechen, dass das gesamte Toolkit der Gesamtheit der Sprache entspricht, die De Saussure (2001 [1916]) mit dem Begriff „Langue" bezeichnet. Der Teil, der in einer Situation zur Anwendung kommt, wird mit dem Begriff „Parole" belegt (vgl. Stegbauer 2010).

Wenn das Verhältnis so ist, wie beschrieben, dann bedeutet dies aber auch, dass Veränderungen der Kultur nicht auf der Makroebene stattfinden können, dort sind Aushandlungen nämlich gar nicht möglich. Die Kulturproduktion und damit auch die Dynamik in einer Gesellschaft ausmacht, erfolgt immer in Situationen, weil nur dort Aushandlungen möglich sind. Wenn Situationen einmalig sind und Aushandlungen nur unter Rückgriff auf das Tool Kit erfolgen, wie kommen dann neue Werkzeuge in die Tool Box? Wie ist hier eine Entwicklung möglich?

Eine Ebene muss zur Klärung dieser Fragen noch hinzugefügt werden. Bisher scheint es so, als wären die verschiedenen Situationen völlig voneinander getrennt. Dies ist nicht der Fall – die Situationen selbst stehen nämlich miteinander in Kontakt, wobei dieser Kontakt nur in eine Richtung geht. Die vorangegangenen Situationen können die folgenden beeinflussen, nicht aber umgekehrt. Der Kontakt wird über Rollenübertragungsmodi hergestellt. Einen solchen Modus nennt Kieserling (1999) Übertragungslernen. Ein bestimmtes in einer Situation angewandtes Verhalten, welches dort angemessen erschien, wird in eine andere Situation übertragen und dort der Reaktion der anderen ausgesetzt (Aushandlung). Auf diese Weise stehen vorhergehende Situationen immer mit der Gegenwart in Beziehung. Eine solche Beziehung findet sich indirekt, wenn jemand, der noch keine genauen Vorbilder für eine Situation hat, sich mit seinem Verhalten an Anderen, (vermeintlich) Erfahreneren abschaut. Möglich ist aber auch eine Orientierung über das Verhalten, wenn Andere über solche Situationen berichtet haben – es sind also Storys, die uns darüber aufklären (inklusive der Medien, die Geschichten unabhängig von personalen Begegnungen verbreiten).

Als ein Zwischenresümee können wir festhalten, dass die Wirkung und Herstellung von Kultur an Situationen gebunden ist. Die in diesen Situationen ausgehandelten Positionen, die über ein typisches, wenngleich (in gewissem Umfang variables) Rollenverhalten verfügen, sorgen mit ihren Überschneidungen in entscheidender Weise für die Herstellung und Wirkung von Kultur. Mit Überschneidung ist zweierlei gemeint: 1. Jede Situation beruht auf vorhergehenden Situationen. Die dort ausgehandelten Bedingungen gehen in die Aushandlungen der neuen Situation ein. 2. Verschiedene Kontexte werden über die Teilnahme der gleichen Personen in Situation in diesen Kontexten verbunden (ähnlich Simmels (1908) Überschneidung der sozialen Kreise)[1]. In den Situationen, in denen Aushandlungen erfolgen, wird auf Ressourcen zurückgegriffen. Solche Ressourcen sind kleine Versatzstücke, die als kulturelle Tools angesehen werden können.

Somit kann man sagen, gehören die ausgehandelten Positionen zum Kulturbestand auf einer höher aggregierten Ebene. Das wiederum bedeutet, dass eine strukturalistische positionale Analyse als Kulturanalyse selbst aufgefasst werden kann.

4   Bedeutung von Ideologie in Transformationsphasen

Im bereits zitierten Aufsatz von Swidler (1986) werden stabile Perioden und solche, in denen soziale Transformationen vorgenommen werden, betrachtet. Swidler ist der Meinung, dass Ideologien in solchen Umbruchphasen eine große Rolle spielen, weil sie dann in der Lage sind, Bedeutungen zu produzieren. Es werden dann neue Formen und Handlungsstrategien etabliert. Neue Modi der Organisation individuellen und kollektiven Handelns würden praktiziert. Ähnlich wie Georg Simmel schon in seiner formalen Soziologie, argumentiert sie weiter, dass in dem Moment, in dem sich die Menschen an die neuen Verhaltensmöglichkeiten gewöhnt hätten, diese doktrinär würden. Dann wird über das Verhalten kaum mehr reflektiert, Symbole und Rituale formten Handlungen direkt.

Nach Swidler (1986: 279) findet sich ein Kontinuum der Verfestigung von kulturellen Tools, welches von der Ideologie über die Tradition bis hin zum „Common Sense" reicht. Wikipedia als eine neue Organisation verfügt für sich über noch kaum ausgehandelte Verhaltenstools. Das bedeutet, dass sich die Kultur nach Swidlers Schema noch im Stadium der Ideologie befinden müsste, allenfalls befindet man sich im Stadium der Tradition. Das

---

[1] Dabei reicht zur Verbindung zweier Kontexte prinzipiell schon eine Person aus.

bedeutet aber auch, dass der Ideologie immer noch eine große Bedeutung zukommen müsste. Folgt man Swidlers Abfolge, so lässt sich feststellen, dass auf der Stufe der Ideologie der Common Sense von morgen ausgehandelt wird. Dies gilt mit der Einschränkung, dass sich die Ideologie auf dieser Stufe bewähren muss.

Allerdings – und dieser Punkt fehlt in Swidlers Ausführungen – sind die Möglichkeiten zur Entwicklung der Ideologie und der darauf folgenden Tradition nicht gleich verteilt unter den beteiligten Personen. Betrachten wir beispielsweise Wikipedia, dann finden sich deutliche Unterschiede innerhalb der Nutzerschaft. Diese ist, wie alles, was eine Sozialität ausbildet, positional geordnet. Es gibt Positionen, die stärker untereinander in Kontakt stehen, als andere. Dort, wo gegenseitiger Kontakt, Reflexion über die Organisationsentwicklung stattfindet – ist am ehesten eine Weiterentwicklung der Grundlagen für eine neue Tradition möglich.

Bei der Betrachtung einer medienbasierten Organisation wie Wikipedia stellt sich in diesem Zusammenhang die Frage, ob hier aufgrund ihrer kurzen Geschichte bereits eine Umbruchphase eingeläutet sein sollte. Nun – hier wird behauptet, dass sich die Ideologie verändert und vor allem, dass keine klare Ideologie durchgesetzt ist.

Doch der Reihe nach. Wikipedia eignet sich sehr gut als Untersuchungsobjekt, denn alle Handlungsartefakte sind archiviert. Common Sense Positionen in dem Sinne, dass diese auf der obersten gesellschaftlichen Ebene beobachtbar seien, mag es zwar geben, diese sind aber nicht Gegenstand der Auseinandersetzung. Aushandlungen sind vor allem dort zu beobachten, wo Kontroversen deutlich werden. Wenn daraus innerhalb von Wikipedia ein Common Sense entstehen soll, so muss es zu einer Verbindung zwischen den Situationen, in denen die Aushandlungen stattfinden, kommen. Wenn auf diese Weise die neu ausgehandelten Tools (oder Positionen) sich verbreiten, müsste es über die Zeit dann zu einer Stereotypisierung von Anschauungen und Verhaltensweisen kommen. Das heißt Common Sense Positionen sind wahrscheinlich höchstens innerhalb von Wikipedia etabliert/ bzw. überhaupt etablierbar. Dies weist wiederum darauf hin, dass man es hier mit lokalen Kulturen zu tun hat, wenn man so will, eben mit speziellem Werkzeug für Aushandlungen innerhalb von Wikipedia. Dort müssten sowohl Aushandlungen als auch Wirkungen der ausgehandelten und differenzierten Positionen zu beobachten sein. Das bedeutet aber auch, dass das positionale System situational entsteht und die dort entstandenen Strukturen über die Übertragungsmechanismen, sofern sie sich bewährt haben, in andere Situationen übertragen werden. Durch die Übertragung entstehen lokale Kulturen, die ihre Eigenheiten aufweisen, aber über die darin agierenden Personen und den kulturellen Austausch zu Situationen außerhalb von Wikipedia mit der Kultur, in die es eingebettet ist, interagiert. In die lokalen Kulturen werden dadurch Common Sense Tools eingeführt, gleichwohl entsteht durch die Aushandlungen etwas Eigenes.

Sicher ist, dass Wikipedia ideologisch aufgeladen ist. Wenn Swidler Recht hat, müsste die Ideologie eine wichtige Handlungsbegründungsressource sein. In diesem Beitrag wird an zwei Beispielen versucht, die kulturellen Eigenheiten darzustellen und ihre Entwicklungsrichtung zu begründen.

5   Ideologien der Wikipedia

5.1 Befreiungsideologie

Die ursprüngliche Ideologie der Wikipedia wird von uns „Befreiungsideologie" genannt. Was ist damit gemeint? Hierin kommen die Gründungsideale zum Vorschein. Die Idee von Wikipedia war, dass sich jeder beteiligen können müsse. Wenn jeder ein Stückchen seines Wissens abgibt, dann könne das Wissen der Welt zusammengetragen werden, so die Idee. Hiermit geht eine völlige Umwälzung der Produktion von Nachschlagewerken einher. Bislang war es gerade das Kapital von Enzyklopädien, dass sie die Produktion ihrer Inhalte nicht irgendwem, sondern nur ausgesuchten Gelehrten anvertraute. Die demgegenüber völlig auf den Kopf gestellte Produktionsweise von Wikipedia richtet sich demgegenüber ganz klar gegen Expertenwissen (Sanger 2004). Wenn man nicht Professor sein muss, um sich zu beteiligen – und Professoren auch gar keine Sonderstellung genießen, dann sind von außen kommende Experten von Abwertung bedroht. Aus diesem Zusammenhang ist immer wieder Skepsis gegenüber Wikipedia entstanden und hier vor allem gegenüber dem Produktionsprozess. Während die einen in diesem Produktionsprinzip eine Verheißung sehen (z.B. Tapscott/ Williams 2006; Surowiecki 2004), wird von anderen das Prinzip als problematisch angesehen (Larnier 2006; Sanger 2004).

Das innerhalb der Wikipedia angewendete Prinzip der „bottom-up"-Konstruktion von Inhalten gleicht der Ideologie der Open-Software -, bzw. Free-Software Bewegung. Während die Kathedrale einem einzigen Bauplan folgt, der alles enthalten muss und dessen Einhaltung zentral überwacht wird, gibt es eine Vielzahl an Anbietern auf dem Bazar. Jeder Anbieter kann nur einen kleinen Teil der Nachfrage bedienen – in der Gesamtheit jedoch leistet der kleinteilige Basar mehr als die Kathedrale. Der Grund dafür ist, dass die Nachfrager über die Brauchbarkeit der Komponenten entscheiden und kleine Komponenten schneller angepasst werden können (Raymond 2001). Über das Konstruktionsprinzip wird aber auch etwas vom Wettbewerb zwischen den Enzyklopädien deutlich. Hierin drückt sich die Frage nach der Überlegenheit des Kathedralen- oder des Basarprinzips aus.

Ein weiterer Teil der Ideologie – und vielleicht ist das der wichtigste und am stärksten nach außen wirkende – ist die Idee der Befreiung. Der Wikipedia-Gründer Jimbo Wales verkündete auf der ersten internationalen Wikimania Konferenz 2005 in Frankfurt die Vision der Befreiung der Enzyklopädien (aber auch noch weiterer als wichtig erachteter Dinge, wie kurioserweise auch die Fernsehprogramminformationen) (Wales 2005).

Mit der Befreiungsidee geht einher, dass das dort verfügbare Wissen für jeden zugänglich sein sollte. Das bedeutet, dass bis dahin bestehende Barrieren der Zugänglichkeit keine Rolle mehr spielen sollten. Referatsausarbeitungen sollten also nicht mehr von der elterlichen Privatbuchsammlung oder einem Zugang zu einer Bibliothek abhängig sein. Insofern wird durch Wikipedia auch Chancengleichheit geschaffen.

Teilnehmer, die sich in Wikipedia engagieren wollen, leiten aus diesen Prinzipien ab, dass Wikipedia selbst demokratisch aufgebaut sei. Dies wird jedoch oft von Aktivisten mit der Begründung zurückgewiesen, dass man über Wissen nicht abstimmen könne (siehe Stegbauer 2009: 184f). Gleichzeitig wird in Wikipedia behauptet, Administratoren „haben keine Sonderstellung gegenüber anderen Benutzern, ihre Stimme zählt wie jede andere"[2].

---

[2] http://de.wikipedia.org/wiki/Wikipedia:Administratoren (18.02.2010)

5.2 Bewährt sich die Befreiungsideologie im Wikipedia Alltag?

Für die Befreiungsideologie spricht, dass damit neue Teilnehmer angelockt werden können, denn damit verbindet sich eine prosoziale Aktivität. Eine Beteiligung kann mit denselben Argumenten begründet werden, wie andere Tätigkeiten im Bereich sozialer Unterstützung. Das Argument der Befreiung wird sehr stark auch in der Spendenwerbung eingesetzt. So konnte man in einem Spendenaufruf lesen:

> „Millionen Menschen auf der ganzen Welt werden heute etwas Neues aus Wikipedia erfahren. Als gemeinnützige Stiftung, die eine weltweite Gemeinschaft von Freiwilligen unterstützt, streben wir danach, mehr und bessere Informationen in allen Sprachen für alle Menschen bereitzustellen – kosten- und werbefrei."[3]

Dabei wird darauf hingewiesen, dass es sich bei dem Trägerverein der Wikipedia um einen gemeinnützigen Verein handelt.

Es kann vermutet werden – und teilweise lässt sich dies auch durch unsere Untersuchung unterstützen (Stegbauer 2009), dass die Anfangsbeteiligungsmotivation hierüber stimuliert wird.

Im Sinne von Swidler wird die Befreiungsideologie, die so etwas wie den Ursprung der Wikipedia darstellt, als Ressource für Diskussionen benutzt. Nur – bewährt sie sich hinsichtlich der Organisation des Projekts Wikipedia?

Zahlreiche Kritiker haben angemerkt, dass, wenn es um die Qualität der Inhalte geht, sich die Ideologie nicht bewähren würde. Auf der bereits erwähnten Konferenz 2005 sprach Jimmy Wales über die künftigen Aufgaben. Er sagte, dass die Hauptaufgabe erledigt sei (die Artikelzahl übertraf damals schon bei weitem die der etablierten Enzyklopädien). Jetzt, so seine Aussage, komme es darauf an, dass an der Qualität gearbeitet würde (Rühle 2006).

Der Wandel wird in der auf der Hauptseite dokumentierten Änderung der Einladung neuer Autoren deutlich: Hieß es ursprünglich noch: „Jeder kann mit seinem Wissen beitragen – die ersten Schritte sind ganz einfach!" (Version vom 23:58, 14. Jul. 2005), lautete in der folgenden Version die Formulierung: „Wir suchen immer fähige Mitarbeiter – die ersten Schritte sind ganz einfach!" (Version vom 15:26, 26. Jul. 2005). Ab Version vom 16:16, 10. Aug. 2005 heißt es: „Gute Autoren sind hier immer willkommen – die ersten Schritte sind ganz einfach!".[4]

Die Änderung auf der Hauptseite ist symptomatisch dafür, dass sich die Befreiungsideologie hinsichtlich zumindest des Produktionsprozesses nicht bewährt hat. Offenbar wurde hierin die Erfahrung verarbeitet, dass nicht jeder für die Erstellung von Artikeln geeignet ist. Um den Qualitätsanspruch einzulösen, sind also im Produktionsprozess bestimmte Eigenschaften notwendig.

Gleichzeitig lässt sich beobachten, dass Wikipedia in der Aufmerksamkeit der Öffentlichkeit steht. In diesem Zusammenhang drängt sich die folgende Überlegung auf: Je häufiger und öfter jemand die Enzyklopädie nutzt, umso wichtiger ist für ihn die Qualität. Wer die Informationen nachfragt, den interessiert nicht unbedingt der Entstehungszusammenhang. Das, was man auf der Ebene des normalen Wikipedia-Nutzers bemerkt, wird natür-

---

[3] http://de.wikipedia.org/wiki/Wikipedia:Spenden (18.02.2010)
[4] http://de.wikipedia.org/wiki/Hauptseite (Zitat Hauptseite, 19.02.2010, 9:20 Uhr).

lich auch von der Presse notiert. Fehler finden ihren Widerhall und werden oft mit Häme berichtet. So sagte uns einer der Aktivisten im Interview sinngemäß, dass die Anfangszeit am Besten gewesen sei, weil man da machen konnte, was man wollte, heute hingegen würde, falls irgendetwas passieren würde, dies am nächsten Montag vom SPIEGEL berichtet.

Ein weiteres Problem der Befreiungsideologie ist, dass die Assoziation des selbstorganisierten Projekts und die damit verbundene Rhetorik eine Gleichheit der Teilnehmer nahelegt. Dem widersprechen aber die sich mit der Entwicklung der Organisation aufkeimenden Ungleichheiten. Ungleichheiten entstehen auch über die einzubringenden Erfahrungen und durch den Wissensvorsprung, über den einige Teilnehmer verfügen. Es lassen sich ebenfalls Unterschiede hinsichtlich der Macht innerhalb der Wikipedia registrieren. Dies lässt sich etwa an Wahlprozessen, bei denen es sich faktisch um Kooptationen handelt, ablesen (Stegbauer/ Bauer 2008).

Wikipedia hat zusätzlich das Problem, Organisationsstrukturen aufbauen zu müssen, mit denen Entscheidungen zu treffen und durchzusetzen sind. Wenn man mit einer „basisdemokratischen Verfassung", bei der jeder (ideologiebegründet) mitreden darf, über eine Millionen Artikel warten und verwalten will, kommt man an Grenzen.

Wenn man die Befreiungsideologie auf diese Weise mustert, kommt man zu dem Schluss, dass diese zwar für das Anwerben neuer Mitarbeiter und für die Spendensammlung von Vorteil ist, dagegen den Organisationsalltag eher behindert.

5.3 Befreiungsideologie wird durch Produktideologie abgelöst

Wenn die Befreiungsideologie im Alltag nichts mehr nutzt, in diesem Stadium der Organisationsentwicklung (wie Swidler 1986 behauptet), eine Ideologie angesichts noch nicht gesettelter kultureller Praxen[5] von hoher Bedeutung ist, dann kann man sich fragen, was an die Stelle der ursprünglichen Ideologie tritt.

Nach unseren Beobachtungen ist das, womit Handlungen innerhalb der Wikipedia heute begründet werden, eher mit dem Begriff der „Produktideologie" beschreibbar. Die Idee, dass sich jeder im Produktionsprozess beteiligen könne, wird hierbei explizit ersetzt durch die Priorität der Qualität.

Dafür spricht auch die Ende 2009 in der deutschsprachigen Wikipedia aufgeflammte Relevanzdebatte. Es geht dabei um die Frage, wo eine Grenze der Bedeutung von Artikelinhalten erreicht wird, die nicht mehr enzyklopädierelevant sind. Neben der Frage des Ausschlusses eines Teils der Inhalte gehen damit weitere Probleme einher. Die Relevanzdebatte ist in Teilen als Reflexion über den nachlassenden Zulauf an Beteiligungswilligen aufzufassen und gleichzeitig ist der verringerte Zustrom an neuen Mitarbeitern eine Folge der restriktiven Handhabung von Relevanzkriterien.

Ein wesentlicher Punkt in der Veränderung der Ideologie ist erfahrungsgetrieben. Diejenigen Teilnehmer, die eine Weile dabei sind, erleben neben den Diskussionen über die Entwicklung der Wikipedia selbst eine Menge Auseinandersetzungen. So findet sich ein ständiger Kampf gegen den Vandalismus. Lässt die Aufmerksamkeit gegenüber diesem Phänomen nach, ist der Wert des gesamten Gemeinschaftsprodukts in Frage gestellt. So genannte „Trolle" gießen Öl ins Feuer in Auseinandersetzungen und freuen sich an der

---

[5] Gesettelt wäre sie, wenn sie unhinterfragt akzeptiert würde und man diese nicht mehr als Begründungszusammenhang brauchte. Angesichts der ständigen Auseinandersetzungen scheint das aber (noch nicht?) der Fall zu sein.

folgenden Aufregung. IPs, also nicht angemeldete Teilnehmer werden aufgrund von Erfahrungen misstrauisch beäugt. Die an sich willkommenen Neulinge werden als problematisch empfunden, weil sie vor allem Arbeit verursachen. Dies deswegen, weil es nicht einfach ist, mit einem Male, die in den Auseinandersetzungen ausgehandelten Standards einzuhalten – wenn man so will, ist es ein Problem der kulturellen Anpassung (und ein Zeichen dafür, dass hier bereits Traditionen entstanden sind).

Mit der Erfahrung und der „blinden" Anwendung von solchen Umgangs- und Produktionsnormen entfernen sich Aktivisten, die eine Weile dabei sind, somit von weniger Aktiven und neuen Teilnehmern.

Ein weiteres Problem stellt die notwendige funktionale Gliederung[6] dar. Hier werden – wie zu zeigen sein wird – in Aushandlungen eigene Sichtweisen (also auch wieder lokale Kulturtools) erzeugt, die dann wieder zu Konflikten führen können. Jede erkennbare Funktionsposition bildet dann eine „Weltanschauung" mit spezifischen Relationen zu anderen Positionen aus. Funktionale Positionen, die notwendig geworden sind und die kaum Überschneidungen aufweisen (Stegbauer 2009: 170), sind von außen kaum durchsichtig. Dies erschwert die Verständigung mit anderen. Beispielsweise kann man Artikelschreiber, Vandalenjäger, Mitarbeiter der Vermittlungsstelle, solche, die Anfragen an die Wikipedia beantworten und diejenigen, die neue Teilnehmer begrüßen und häufig auch als Mentoren auftreten, unterscheiden. Diese Struktur entwickelt sich auf der Ebene der Aktivisten insbesondere in *Abgrenzung* zu anderen Positionen.

Die „alte" noch nicht gesettelte Befreiungsideologie kennt eigentlich keine funktionale Gliederung. Diejenigen, die sich daran orientieren, sind vor allem sozial noch nicht integrierte Teilnehmer. Die Ideologie kann sich hier auch kaum entwickeln, da ohne eine soziale Integration die Möglichkeit der Aushandlung begrenzt ist. Gleichwohl bildet die Befreiungsideologie eine Handlungsressource für die neuen Teilnehmer.

Selbst wenn man den beteiligten Aktivisten nicht unterstellt, das zu wollen, entsteht dadurch eine Führungsklasse, deren Spitze von formal bestätigten Administratoren gebildet wird. In Wirklichkeit ist die Grenze zu „normalen" Teilnehmern nicht so streng. Die ständigen Auseinandersetzungen leid, werden einige Diskussionen nur noch (oder zunächst) unter erfahrenen Teilnehmern geführt, etwa in nicht öffentlichen Mailinglisten. Diese könnte man analog zur Politik als „Hinterzimmer" beschreiben, in denen Entscheidungen ohne die Basis „vorbereitet" werden.

Neue Teilnehmer, welche die veränderte Praxis wahrnehmen oder anlässlich einer Beteiligung (eines Artikelbeitrages o.ä.) damit in Kontakt kommen und mit der immer noch vorhandenen Ursprungsideologie vergleichen, reiben sich ob dieser Praxen die Augen. Hier wird potentiell sehr schnell Enttäuschung produziert.

Im abgebildeten Modell zum Ideologiewandel wird gezeigt, dass die Änderung zwar auf der Makroebene wahrnehmbar ist; die neue Ideologie aber in Aushandlungen auf der positionalen Strukturebene entwickelt wird. Die Entwicklung verläuft quasi von links nach rechts. Teilnehmer fühlen sich beispielsweise von der Befreiungsideologie angezogen. Bis zum Moment der Initialhandlung hatten sie noch keinen direkten Kontakt zum positionalen System, in dem die Inhalte und die Arbeitsteilung in der Organisation ausgehandelt werden. Mit dem ersten Beitrag werden sie bereits verortet im positionalen System der Wikipedia.

---

[6] Notwendig wird die Gliederung alleine schon, weil nicht mehr alle Teilnehmer alle Funktionen übernehmen können – in vielen Bereichen sind Spezialisierungen erforderlich. Dies trifft nicht nur auf die Produktion der Inhalte zu, Arbeitsteilung muss aus diesem Grunde auch in der Organisation entstehen.

Die positionale Struktur steht im Zentrum, in dem alle Aushandlungen stattfinden. Von dort gehen aber auch Rückwirkungen auf die Ursprungsideologie aus. Hierbei sind Geschichten sehr wichtig. Innerhalb der positionalen Struktur findet die Weiterentwicklung der Ideologie in Auseinandersetzung mit den Anforderungen der Umwelt statt. Ursprüngliche Handlungsmotive modifizieren sich im Laufe der dort stattfindenden Auseinandersetzungen und verändern sich damit in der Zeit. Dabei verändert sich die Ideologie von der Befreiungs- zur Produktideologie, bei der nicht mehr die Produktionsform, sondern nun die Qualität im Mittelpunkt steht.

Abbildung 1:   Modell zum Ideologiewandel (siehe Stegbauer 2009)

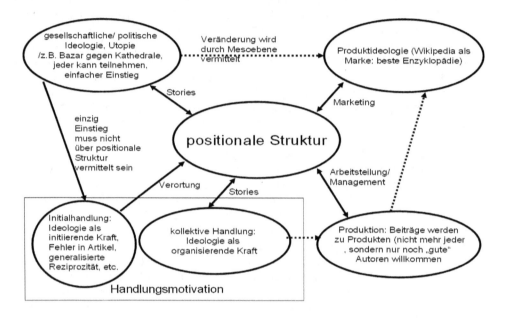

6   Grobstruktur: Einfluss auf Änderung von Ideologien, aus denen Kulturen entstehen

Es wurde bereits angesprochen, dass es zu einer funktionalen Gliederung der Organisation kommen muss. Man kann aber hier nochmals einen Schritt zurückgehen und überlegen, wie es überhaupt zu Änderungen der Ideologie kommen kann – an welcher Stelle werden die Aushandlungen hauptsächlich erledigt und zu welchen Konsequenzen führt dies. Im Kontext der hier vorgestellten Orientierung an Swidlers Überlegungen, zeigt sich jedoch, dass diese mit einem Problem behaftet sind. Sie gehen zwar von der sozialen Konstruktion von Kultur aus, haben aber nicht genau den Ort der Produktion (die Situation, die sehr schnell eine positionale Gliederung hervorbringt) im Blick. Das bedeutet nun, dass das „Settlement" von Kultur in bestimmten Positionen weiter vorangetrieben ist als an anderen. Damit kann es, und das wird im abgebildeten Modell behauptet, zu Ungleichzeitigkeiten kommen.

Man kann sogar noch weitergehen und sagen, dass es zu solchen Ungleichzeitigkeiten kommen muss.

Schauen wir uns die Abbildung genauer an. Es handelt sich um eine Darstellung von Positionen innerhalb der Wikipedia, die auf einer formalen Einteilung beruht. Diese korrespondiert allerdings nach unseren Beobachtungen mit einer Vorurteilsstruktur unter den Aktivisten (die häufig Bestätigung findet). Allerdings wird an dieser Stelle das, was in der Soziologie „informelle" Struktur genannt wird und häufig Gegenstand von Netzwerkanalysen ist, ausgeklammert. Ferner würde man, so man die Grobpositionen untersuchen würde, weitere Strukturen finden, die gleichermaßen vertikal, als auch positional gegliedert wären.

Auf der obersten Ebene sind hier die Administratoren verzeichnet. Admins werden nach einem speziellen Wahlverfahren gewählt. Um sich erfolgreich zur Wahl zu stellen, muss man Vertrauen genießen. Solches Vertrauen erwirbt eine Person, wenn sie sich gemäß der entwickelten Normen verhält (sich der Tools bedient) und bekannt ist. Bekannt werden Teilnehmer dadurch, dass sie sich an einer Stelle engagieren. Zum Vertrauensaufbau gehört in der Regel auch, dass der Teilnehmer von anderen vertrauenswürdigen Beteiligten einmal gesehen wurde. Das bedeutet, dass die Admins nicht nur über das Datenbanksystem der Wikipedia in Kontakt stehen, sondern – zumindest lokal einander bekannt sind und mehr oder weniger regelmäßig miteinander diskutieren. Gehört ein Teilnehmer zur Führungsebene der Administratoren, dann ist es wahrscheinlich, dass er sich über die anderen Kommunikationskanäle jenseits der eigentlichen Wikipedia ebenfalls informiert und mit großer Wahrscheinlichkeit auch einbringt. Hier existieren diverse Mailinglisten; auch über Chat sind die Protagonisten miteinander verbunden.

Zwar stehen diese Kommunikationskanäle und auch die Treffen der Wikipedianer auch anderen Teilnehmern offen; die „Admindichte" ist dort aber recht hoch. Das bedeutet, dass die im Schema eingeführten Positionen untereinander in einem Austausch stehen und die Grenzen weit diffuser sind als es die Darstellung nahe legt. Die Gelegenheit des Austausches wird auch dazu genutzt über Probleme von Wikipedia zu diskutieren. Solche Diskussionen sind aber nichts anderes als Aushandlungen. Dort wird genauso festgestellt, dass die hier als Befreiungsideologie gekennzeichneten Handlungsbegründungselemente problematisch sind. Es wird darüber verhandelt, was und wie man es besser machen könne. Die Produktideologie, bei der der Wettbewerb mit anderen Enzyklopädien und auch Qualitätsfragen im Mittelpunkt stehen, wird zum sinnstiftenden Element. Dort, wo die Masse der Teilnehmer sich über die Zeit in der Erstellung von Artikeln geschult hat, geraten Anfangsprobleme neuer Teilnehmer tendenziell aus dem Blick. Zudem ist es die „Elite" der Administratoren leid, immer wieder mit denselben Problemen von Anfängern konfrontiert zu sein. Im gegenseitigen Kontakt und der dort stärkeren Wahrnehmung von Problemen wird die weltanschauliche Begründung von Wikipedia (also die Ideologie) gegenseitig angepasst. Man kann annehmen, dass hier nicht nur die Wikipediaideologie verhandelt wird, sondern auch reflektiert wird, wie man sich den anderen Teilnehmern gegenüber benimmt, welche Inhalte relevant sind und wo Grenzen gezogen werden müssen etc.

Da diese Veränderung in Aushandlungen an den besagten Orten erfolgt und von den nichtadministrierten Teilnehmern dort jedoch nur ein Bruchteil an diesen Verhandlungen teilnimmt, entsteht eine Differenz hinsichtlich der Begründung der Teilnahme an Wikipedia.[7] Diese Differenz birgt Konfliktpotential zwischen Admins und den „normalen" Teil-

---

[7] Allein zahlenmäßig wird es hier zu keiner Gleichheit kommen können, denn aktive Admins gibt es unter 300, aktive Teilnehmer ohne diesen Status mehrere zehntausend.

nehmern, die, da sie nicht an den Aushandlungen teilgenommen haben, noch der ehemaligen Ideologie verhaftet bleiben. Wenn sich die Ideologie in Handeln umsetzt, wird dies von den anderen Teilnehmern als „Willkür" angesehen. Auch für diese Begründung gibt es ideologische und institutionelle Wurzeln: So sollen in der Selbstverwaltung von Wikipedia Administratoren keineswegs mehr zu sagen haben als „normale" Teilnehmer (sie verfügen lediglich über die „Knöpfe" zum Sperren von Teilnehmern und Artikeln und zum Löschen von Artikeln).

Abbildung 2:   Formales Schema zur positionalen Gliederung der Wikipedia

Solange dieser ideologische „Riss" besteht, ist die Chance zur Weiterentwicklung der Handlungsressourcen gering. Handlungen innerhalb der neuen Ideologie können kaum in das Stadium der Tradition übergehen, da sie mit Argumenten der alten Ideologie angegriffen werden. Da solche Auseinandersetzungen ebenfalls als Aushandlungen angesehen werden können, müsste hieraus eigentlich ein „höherer Konsens" (Hondrich 1997) entstehen. Voraussetzung dazu ist aber, dass im laufenden Fluss von Handlungen eine Vermittlung stattfindet. Häufig werden Handlungen in diesem Sinne aber nicht explizit begründet (zumal sie ja für den handelnden Admin in der neuen Ideologie verankert sind), sondern die „normalen" Teilnehmer werden mit den Folgen konfrontiert und fühlen sich vor den Kopf gestoßen.

Noch deutlicher als die normalen angemeldeten Teilnehmer bekommen dies die sog. „IPs" zu spüren, also diejenigen, die unangemeldet Artikelbearbeitungen vornehmen oder neue Artikel anlegen. IPs werden so genannt, weil von ihnen kein Name ersichtlich ist, lediglich ihre IP-Nummer, die Internetadresse ihres Computers wird registriert. Dieser Teilnehmergruppe wird, natürlich auch genährt durch zahlreiche Erfahrungen, mit sehr viel Misstrauen begegnet. Die meisten Artikelvandalisierungen werden von „IPs"[8] durchgeführt und im nachhinein aufgedeckte Manipulierungen (z.B. Diescherl 2006; Meusers 2005) an Artikeln konnten oft nur dadurch aufgedeckt werden, weil die Teilnehmer unangemeldet beteiligt waren und man ihren Ursprung durch „Whois"-Abfragen offenlegen konnte.

7   Die Wirkung lokaler Kulturen

Es wurde argumentiert, dass sich die Kultur in der Organisation Wikipedia auseinander-entwickelt. Auf der obersten Ebene wird über die Organisationsentwicklung gestritten; dort entsteht die neue Ideologie als Begründungszusammenhang für Handlungen. Handlungen sind im momentanen Stadium von Wikipedia in großen Teilen ideologisch begründungsbe-dürftig. Wenn der eine Teil nun, wie gezeigt, nicht mitgenommen wird bei den Änderungen in der Begründung der Handlungen und auch nicht bei den sich neu herausbildenden Hand-lungsformen (die dann ins kulturelle Toolset integriert werden), dann müssten hierüber Auseinandersetzungen innerhalb der Organisation zu finden sein. Die Konfliktlinien müss-ten zwischen denjenigen, die sozial integriert sind und es bis zum Kern der Teilnehmer gebracht haben (etwa Admins geworden sind oder sich an organisationsinternen Entschei-dungen beteiligen), und denjenigen, die eher peripher geblieben sind, verlaufen. Mit Hilfe der Wikipedia-Datenbank lassen sich ferner Änderungen untersuchen, da alle Versionen, nicht nur von Artikeln, sondern auch von Diskussionen, gespeichert bleiben. Wir können demnach feststellen, ob sich Einstellungen zur Ideologie verändert haben.

Im Vorfeld zu unserer Untersuchung (Stegbauer 2009) ist uns aufgefallen, dass auf Teilnehmerseiten in Wikipedia manchmal Aussagen zur Ideologie zu finden waren. Auf-grund dessen haben wir im Projekt eine Inhaltsanalyse der Teilnehmerseiten eines be-stimmten Teilkollektivs vorgenommen.[9] Genauer haben wir uns die ersten zehn Versionen von Teilnehmerseiten darauf hin angeschaut, ob Aussagen zu finden waren, die im weites-ten Sinne etwas mit Ideologie zu tun hatten. Um eine Änderung der Haltung festzustellen, wurde die aktuelle Version der Teilnehmerseite zum Zeitpunkt der Untersuchung Ende 2006 mit denjenigen zu Beginn der Mitarbeit verglichen.

Obgleich über 300 Teilnehmerseiten angeschaut wurden, konnten wir nur in zehn Fäl-len etwas über die ideologische Dimension der Beteiligung dort erfahren (Tabelle 1). Was wir hier betreiben, ist eine Spurensuche, die sich auf den Niederschlag realen Verhaltens in Beiträgen bezieht. Allerdings muss man dabei feststellen, dass man nicht sehr häufig genau solche Aussagen findet, wie man sie sucht. Das kann vielfältige Gründe haben, die hier nicht im Einzelnen diskutiert werden sollen. Auffällig ist jedoch, dass im Grunde bei allen, die in eine zentrale Position gekommen waren, ein Wechsel der Aussagen zur Ideologie von der Befreiungs- zur Produktideologie stattfand; diese Änderung bei den Teilnehmern

---

[8] Andererseits wäre, wie die Probleme des Vorläuferprojekts „Nupedia" gezeigt haben, Wikipedia ohne die Mög-lichkeit, auch ohne sich über eine Anmeldung zu binden, kaum so groß geworden und wäre wohlmöglich gar nicht in die Wachstumsdynamik gekommen, durch die das Projekt erst seine Bedeutung bekommen hat. Manche Beob-achter meinen gar, dass diese Nutzergruppe die bedeutendsten Teile beigesteuert hätten (Schwartz 2006).
[9] Die Auswertungen wurden durch Victoria Kartaschova durchgeführt. Das Teilkollektiv bestand aus Diskutanten zu 30 Artikeln, die im Projekt näher untersucht wurden (siehe Stegbauer 2009: 279ff).

jedoch, die nicht auf diese Weise ins Sozialsystem der Wikipedia integriert wurden, nicht stattfand. Das hier gesagte dient vor allem der Illustration, fällt aber sehr deutlich aus.

Tabelle 1:   Erwerb zentraler Positionen und Änderung der Ideologie

Person	Position[10]	Ideologie am Anfang	Woran lässt sich ein Wandel erkennen?
1	peripher	Wikipedia ist eine *geniale Idee.*	Abschiedsbrief. Wünscht sich mehr Qualität. Empfindet verschiedene Randgruppen als störend. Abneigung gegen *Adminwillkür.*
2	peripher	Niemals vollendete Enzyklopädie, die von vielen unterschiedlichen Bearbeitern erstellt wird.	Abschiedsbrief. Abneigung gegen Adminwillkür.
3	peripher	Alles ist korrigierbar – dafür ist die Wikipedia gedacht.	Der Wandel lässt sich nicht unmittelbar ablesen.
4	zentral	Alle Menschen sollen ihr Wissen untereinander kostenlos zur Verfügung stellen.	*Der Wandel lässt sich nicht unmittelbar ablesen.* Der Teilnehmer macht keine Bearbeitungen bei der Wikipedia mehr.
5	zentral	Wikipedia ist eine *Erfüllung des Traumes –* ein Buch, in dem *jeder reinschreiben* kann, was er oder sie weiß.	Unvernünftige Menschen schaden dem Projekt.
6	zentral	Internet darf nicht als eine Goldgrube gesehen werden. *Bereitstellung von kostenlosem Wissen* als ein wichtiges Anliegen.	Fordert die anderen zum „richtigen" Verhalten auf: keine endlosen Diskussionen führen, stattdessen *mehr Energie in die Artikel* investieren. „Schwierige" Personen sind bei Wikipedia nicht willkommen.
7	zentral	Die Idee hinter dem Projekt ist super. Aber auch bereits am Anfang: Wunsch nach mehr Qualität.	Der Wandel lässt sich nicht unmittelbar ablesen. Aber: Die Aussage über die Begeisterung mit dem Projekt wurde gelöscht, nachdem der Teilnehmer zum Admin gewählt wurde.
8	zentral	Die Idee von Wikipedia ist unterstützenswert.	Eine gewisse Sachkenntnis ist für das Schreiben der Artikel erforderlich.
9	zentral	Das Projekt ist großartig – alles ist änderbar.	*Freie* Bearbeitbarkeit *ist der Grund für schlechte Qualität.* Halbwissen ist bei Wikipedia nicht willkommen.

Von den sieben Teilnehmern, die ihre Aussagen zur Ideologie mit der Zeit änderten, gehören sechs zum Kern von Wikipedia (darunter fünf Administratoren). Die Hälfte der zentralen Teilnehmer löschte ihre ideologische Stellungnahme in dem Moment, in dem sie Administrator wurden. In fünf von neun Fällen wurden die Aussagen zur Ideologie durch solche ersetzt, die sich der Produktideologie zurechnen lassen. Zwei von drei Teilnehmern, die in einer peripheren Position verblieben, verließen die Wikipedia. Als Gründe wurden in beiden Fällen „Adminwillkür" genannt.

---

[10] Abgesehen von Administratoren wurden auch solche Teilnehmer als zentral definiert, die in unserem Sample zu den 5% mit den meisten Beiträgen gehörten und/oder zu den 10% mit dem höchsten Degreewert (Stegbauer 2009: 285).

Im Sinne dessen, was oben diskutiert wurde, zeigt sich hier, wie Kulturentwicklung innerhalb des positionalen Systems stattfindet. Deutlich wird auch die Bedeutung der Integration, um diese Entwicklung mitzumachen. Wenn also – und das wird hier ja behauptet – die Kulturentwicklung in Aushandlungen erfolgt, dann müssten lokale Kulturen überall dort entstehen, wo Menschen zusammenkommen. Überall dort würden, um im Bild zu bleiben, „Spezialkulturwerkzeuge" entwickelt, die ein gewisses Maß an Routine und Verlässlichkeit herzustellen helfen. Mit Hilfe allgemeinerer Werkzeuge bliebe die Verständigung zwischen den lokalen Kulturen gewahrt.

Das würde aber auch bedeuten, dass überall dort, wo es eine Chance zur Aushandlung von Positionen mit ihren spezifischen Umgangsweisen gibt, solche lokalen Kulturelemente entstehen müssten. Und hier kann erwartet werden, dass unterschiedliche Sichtweisen entstehen. Dem soll im folgenden Abschnitt nachgegangen werden. Anhand von Leitfadeninterviews werden einige „Funktionspositionen" nach den ihnen eigenen Anschauungen und den damit zusammenhängenden Konflikten befragt.

8   20 Interviews mit Teilnehmern unterschiedlicher Positionen

Die Teilnehmer erzählen in Interviews von den Konflikten, die sich im Alltag ergeben, ja es wird sogar von Feindschaften zwischen unterschiedlichen Positionen berichtet. Wir haben 20 leitfadengestützte Interviews durchgeführt und möchten hier einige Konflikte an Beispielen benennen. Was dabei sichtbar werden sollte, ist die Art und Weise, wie die Position die Wahrnehmung formt. Damit wird die Wirksamkeit der lokalen Kultur deutlich.

So wird in den Interviews von Konflikten zwischen den unterschiedlichen Positionen berichtet. Eine solche Konfliktlinie, die aus der Unterschiedlichkeit der Aufgaben selbst entsteht, ist die Auseinandersetzung zwischen OTRS[11] und Vandalismusbekämpfern. OTRS-Mitarbeiter beantworten Fragen, die an Wikipedia gestellt werden. Hierbei sind häufig auch Beschwerden, die aufgrund von Artikellöschungen oder Rücksetzung von Artikeln auf den alten Inhalt wegen „Vandalismus" oder „nicht erkennbarer Relevanz" erfolgten. Verantwortlich hierfür sind dann häufig Vandalismusbekämpfer, die in vielen Fällen schnell über die Zukunft eines Beitrages entscheiden – und in manchen Fällen dabei Fehler machen.

„...IPs ... schreiben oft an OTRS. Dann müssen OTRS-Leute zurück schreiben „Tut uns leid. Wir wollten ja nicht böse" und so weiter. Und deswegen gibt es ab und an Ärger zwischen den OTRS-Leuten und diesen anderen Leuten mit der Diskussion, man möge doch bitte bessere Kommentare..." (Formale Position des Interviewpartners: Admin/Verwalter)

Ausbaden durch die Beantwortung der entsprechenden Anfrage oder der „Reklamation" müssen solche Fehler dann die OTRS-Mitarbeiter, die aber keine Schuld trifft. Aufgrund von Geschichten hierüber, die innerhalb dieser Mitarbeiter kursieren, entwickelt sich dort ein homogenes Bild der umgebenden Positionen, insbesondere der Position der Vandalenjäger. Positionen selbst entwickeln sich ebenfalls in Situationen – durch Geschichten werden diese vereinheitlicht und stabilisiert. Das, was in ähnlicher Weise als generalisiertes

---

[11] OTRS-Mitarbeiter beantworten Anfragen, die von Außen an Wikipedia herangetragen werden. Siehe auch den entsprechenden Artikel zur Abkürzung in Wikipedia: http://de.wikipedia.org/wiki/Otrs (28.05.2010, 15:20).

Misstrauen gegenüber nichtangemeldeten Teilnehmern (sog. IPs) entstanden ist, kann man auch zwischen ORTS-Mitarbeitern und Vandalismusbekämpfern beobachten: Es entstehen Vorurteile, die über die Position vereinheitlicht werden.

> „Ja, es gibt Feindschaften zwischen Qualitätssicherern und Vandalenjägern und es gibt Feindschaften zwischen IPs und Vandalenjägern. Eigentlich gibt es zwischen jeder Gruppierung, die sich irgendwie für wichtig hält, und einer anderen Gruppierung, die sich für wichtig hält, besonders wenn sie ähnliche Ziele haben, immer wieder Feindschaften." (Formale Position: Vermittler)[12]

In diesem weiteren Zitat wird sogar behauptet, dass „Feindschaften" nur aufgrund der Zugehörigkeit zu einer Position entstehen würden. Erklären lässt sich das nur dadurch, dass in der Auseinandersetzung innerhalb einer Position eine eigene Sichtweise auf das Enzyklopädieprojekt Wikipedia entwickelt wird. Hierbei spielt die Wettbewerbssituation (im Sinne von Whites (1992) „pecking order") sicherlich eine Rolle – die erkennbare Einheitlichkeit und Gegenseitigkeit solcher Zuschreibung kann durchaus als lokale Kulturerscheinung gedeutet werden.

Die Entwicklung der Einheitlichkeit der Sichtweisen ist dabei nichts, das bewusst gesteuert oder gar als rationale Handlung gedeutet werden könnte – sie entsteht in weiten Teilen einfach dadurch, dass Zuschreibungen von außen vorgenommen werden. Solche Zuschreibungen werden umgeformt als konkrete Erwartungen an funktionale Positionen herangetragen. Insbesondere dort, wo diese in Konfliktbereiche hineinragen, ergibt sich ein Zwang zum Zusammenrücken und der Entwicklung einer einheitlichen Haltung. Dies beschreibt in eindrücklicher Form das folgende Zitat eines Mitarbeiters des nicht lange zuvor eingerichteten Schiedsgerichts.

> „Wir hatten am Anfang der Schiedsgerichtszeit hatten wir eigentlich ein bisschen eine harte Zeit, weil wir den Eindruck hatten, wir waren gegen den Rest der Welt. Wir wurden auch ganz schön angegriffen immer. Bei jedem Fall, der uns neu übergeben wurde, kamen sofort sieben Besserwisser, die gesagt haben „ne, ne, ne, ne, das kann man gar nicht annehmen." Und so. Und da hatten wir den Eindruck „OK, dann müssen wir zehn zusammen halten. Wir müssen einfach zeigen, dass wir hier die besseren Argumente haben und das wir zusammen alles entscheiden." Deshalb haben wir da eigentlich ziemlich eng da auch zusammengehalten alle und uns gegenseitig auch so ein bisschen beschützt, könnte man vielleicht schon sagen." (Schiedsrichter)

Die Aussage des Schiedsrichters zeigt, dass ihr Verhalten gar nicht im Belieben der Teilnehmer steht, dieses wird in starkem Maße durch den Druck von außen festgelegt. Auch hier bildet sich eine Mikrokultur heraus – hier entstehen die Tools, die in Auseinandersetzungen bedeutungsvoll werden. Es bilden sich Traditionen heraus. Dies kann man daran ablesen, dass zuvor entschiedene Fälle zukünftige Entscheidungen festlegen. Es entstehen Regeln, die ihre Gültigkeit nicht gleich verlieren, wenn nur das Personal (etwa ein Teil der Schiedsrichter) wechselt. Beobachter lernen nach einer Weile die Reaktion des Schiedsgerichtes einzuschätzen. Es stellt sich über die Konstitution der Mikrokultur wieder ein Stück weit mehr Sicherheit im Umgang miteinander her. Die Schiedsrichter können darauf vertrauen, dass, sofern sie sich der ausgehandelten Werkzeuge bedienen, die anderen Mitstrei-

---

[12] Vermittler oder Mediator ist in Wikipedia eine formale Position:
http://de.wikipedia.org/wiki/Wikipedia:Vermittlungsausschuss (28.05.2010, 15:16 Uhr).

ter der gleichen Position sie in Konflikten mit Außenstehenden verteidigen werden. Das gegenseitige Vertrauen in solches Verhalten der Anderen in derselben Position ist, so weit kann man sicher in der Interpretation gehen, erst die Grundlage dafür, Entscheidungen durchsetzen zu können. Auch die Anerkennung von Schiedssprüchen hängt daran.

> „und natürlich der Konflikt zwischen den Artikelschreibern, die natürlich davon überzeugt sind, dass nur ihre Artikelarbeit das Wichtige ist, die Vandalismusbekämpfer, dass nur ihre Vandalismusbekämpfung wichtig ist" „Dann sehe ich grade so eine Gruppe von unseren verdienten Qualitätsautoren, die also meinen... die sich für was Besseres halten nur weil sie immer Artikel schreiben und dann auf den anderen rumhacken, die ja nur diesen Meta-Kram machen." (Admin)

Ähnliche Auseinandersetzungen lassen sich zwischen allen formalen Positionen ausmachen. Vielleicht werden die Auseinandersetzungen zudem dadurch verschärft, dass es nur selten zu Treffen zwischen den beteiligten Akteuren kommt. Zwar finden sog. Stammtische statt, hierbei nimmt jedoch nur ein kleiner Teil der Aktivisten regelmäßig teil. Eine Auseinandersetzung von Angesicht zu Angesicht würde Konflikte stärker kontextualisieren, was zu einer Zivilisierung des Streits führen dürfte[13].

> Ja. Ich hab jetzt noch ein paar bestimmte Namen, die ... eine bestimmte Gruppe von Leuten, das Leben schwer zu machen, die selber keine Artikel schreiben, aber sich nur auf dieser Diskussionsebene rum treiben. Die Ordnungsmächte, oder die, die sich dazu berufen fühlen. Also die ein bisschen zu beschäftigen. Ja, ein Klassiker ist natürlich der Artikel "...".[14] Den hatte ich als Pöbelfalle aufgebaut. Mir war das...ich hatte das auch mal vorher erzählt (...) ..., hier baue ich jetzt mal was, so eine Fliegenfalle für diese Meisterdiskutierer. Und da habe ich mich dann auch ganz trotzig mit behauptet.
> (...) in der Kriegsführung ist es so, dass manche Minen, die macht man nicht, dass die Menschen sterben, sondern dass die nur das Bein abgerissen bekommen. Warum? Weil dadurch zwei oder drei Gegner gebunden sind in ihrer Tätigkeit. Die haben dann keine andere Zeit." (Artikelschreiber)

Wettbewerb findet vor allem innerhalb der Positionen zwischen den zugehörigen Teilnehmern statt. Als Artikelschreiber steht man im Wettbewerb mit den anderen Artikelschreibern – und mit diesen wird das gemeinsame Feindbild geteilt. Insofern ist es nützlich, wenn man in der Lage ist, den Gegnern eine Schlappe zuzufügen. Dies festigt die Stellung innerhalb der Position, hier der Artikelschreiber. Die erzählte Geschichte klingt so drastisch – und sie wird sicherlich deswegen weitererzählt. Sie wird damit zu einer Ressource bei der Etablierung der Gegnerschaft – sie erzählt vom gewonnenen Kampf und wird durch einen drastischen Vergleich gleichzeitig gewürzt mit Pulverdampf. Sie ist dadurch geeignet, die Position innerlich zu festigen, weil das dort geschilderte Problem den meisten Teilnehmern in dieser Position bekannt sein dürfte. Das bedeutet, dass sie ganz im Sinne von Whites Überlegungen zu Storys (1992) die Position und ihr Verhältnis zu den anderen Positionen

---

[13] Frühe Überlegungen zu Medieneigenschaften, etwa Sproull/ Kiesler (1991) haben darauf hingewiesen, dass es bei einer rein elektronischen Kommunikation schneller zu Missverständnissen und auch zu Streit kommen könne. In der Organisationswirklichkeit jedoch, so konnte gezeigt werden, ist die elektronische Kommunikation immer durch einen Kontext gerahmt (Stegbauer 1995). Dies führt zu einer Zähmung der Auseinandersetzungen.

[14] Der im Interview genannte Sachverhalt musste aus Anonymisierungsgründen gelöscht werden. Es handelte sich um einen Artikel zu einem Begriff, der sowohl als Schimpfwort gebraucht wird, zu dem sich aber auch nachvollziehbare Argumente finden lassen.

erklärt. Sie ist also ein bedeutendes Element der Kulturproduktion innerhalb dieses Teilbereichs der Wikipedia.

9   Ende: Die Entstehung der Kultur in positionalen Netzwerken

Im Beitrag wurde gezeigt, wie in einer auf einem Medium beruhenden Organisation wie Wikipedia Kultur in Netzwerken erzeugt wird. Das Netzwerk wird strukturiert durch Positionen, die Akteure werden darin durch ihre positionale Zugehörigkeit verortet. Diese Verortung bringt es mit sich, dass unter ständiger Aushandlung und Auseinandersetzungen unter den Teilnehmern einer Position ein relativ einheitliches Bild entsteht. Das Bild betrifft sowohl die eigene Position, als auch das Verhältnis zu den anderen Positionen. Dieser Prozess lässt sich auf verschiedenen Ebenen verfolgen. Er findet sowohl auf formal gleichrangiger Ebene der Aktivisten statt, als auch zwischen den Ebenen, die hierdurch einen unterschiedlichen Stand hinsichtlich der Hintergrundideologie der Wikipedia aufweisen.

In diesem Kontext konnte deutlich gezeigt werden, wie Kultur in Netzwerken produziert wird. Hierbei handelt es sich zunächst um Mikrokulturen mit spezifischen Verhaltens- und Interpretationstoolsets. In dem Moment, in dem die Tools von anders Positionierten in der Auseinandersetzung verstanden wird, verbreitet sich das Werkzeug. Auf diese Weise entstehen laufend neue Werkzeuge (andere werden vergessen oder spielen aufgrund der Nichtaktualität ihres Erzeugungszusammenhangs keine Rolle mehr).[15]

Eine strukturalistische Perspektive auf die Kulturproduktion nimmt somit Kultur als einen Prozess der Wechselwirkung von sozial zu konstruierenden Strukturen und bereits bestehenden Verhaltensweisen (den Tools – die natürlich auch die Interpretation der Verhaltensweisen einschließen) in Augenschein. Die Absonderung der Positionen, die ihre Ursache in der Arbeitsteilung hat, ermöglicht erst das Entstehen von eigenen Sichtweisen, die sich als Ursprung von Kultur und damit als Prozess dieser Entwicklung interpretieren lässt. Ähnlich, wie Swidler (1986) behauptet, entstehen hierdurch intern nicht mehr erklärungsbedürftige Verhaltensweisen. Solche Traditionen sind so lange noch nicht gesettelt, wie sie nach außen hin erklärungsbedürftig sind.

Die Ideologie ist eine bedeutende Handlungsressource, sie ist aber nicht fix, sondern wird in Auseinandersetzung mit Anforderungen weiterentwickelt. Dies ist notwendig, weil Handlung und Handlungsbegründung nicht zu weit auseinanderlaufen dürfen. Ist dies doch der Fall, wie hier gezeigt, muss sich mit den Handlungsanforderungen auch die Globalbegründung dafür ändern. Allerdings ergibt sich hierbei die Schwierigkeit, dass die alte Ideologie nicht nur nützlich war (für die Akquisition von Spenden und neuen Mitarbeitern), sondern auch nicht ohne Weiteres zu tilgen ist. Sie bleibt eingeschrieben in das kollektive Gedächtnis und somit als ein Werkzeug in Aushandlungen nutzbar.

Die Sichtweise der Aushandlung von Kultur erleichtert das Erklären kulturellen Wandels. Dieser Prozess ist von fundamentaler Bedeutung nicht nur für das Verstehen des Prozesses durch uns Wissenschaftler – von den Auswirkungen ist jeder Beteiligte betroffen, ob er nun will oder nicht. Gleichzeitig wird durch die Prozessorientierung deutlich, dass Untersuchungen in diesem Gebiet die Herstellung der Kultur im Auge behalten sollten. Die

---

[15] Freilich beruhen die lokal entwickelten Tools wiederum auf anderen Tools, die den Status des Common Sense bereits erhalten haben. Dies ist eine Bedingung dafür, dass gegenseitiges Verhalten überhaupt verstanden werden kann.

Forschung sollte also versuchen, den Entwicklungsprozess von Kultur zu berücksichtigen. Die strukturfundierte Netzwerkforschung kann im Zusammenspiel mit dieser konstruktivistischen Anschauung der Kulturentstehung einen wesentlichen Beitrag zu einer Theorie der Entstehung und des Wandels von Kulturen leisten.

10 Literatur

Dahrendorf, R. 1959: *Homo Sociologicus. Ein Versuch zur Geschichte, Bedeutung und Kritik der Kategorie der sozialen Rolle.* Köln: Westdeutscher Verlag.

De Saussure, Ferdinand 2001: *Grundfragen der allgemeinen Sprachwissenschaft.* Berlin: De Gruyter (zuerst 1916).

DiMaggio, Paul 1992: Nadels's Paradox Revisited: Relational and Cultural Aspects of Organizational Structure. S. 118-142, in: Nitin Nohria/ Robert G. Eccles (Eds.), *Networks and Organization. Structure, Form, and Action.* Boston: Harvard Business School Press.

DiMaggio, Paul 1997: „Culture and Cognition." *Annual Review of Sociology* 23: 263–287.

Discherl, Hans-Christian 2006: „Rache ist süß. Siemens-Mitarbeiter manipulieren Wikipedia-Eintrag". *Süddeutsche Zeitung Online,* http://www.sueddeutsche.de/computer/99/323965/text/ (22.02.2009).

Hondrich, Karl Otto 1997: Die Dialektik von Kollektivisierung und Individualisierung – am Beispiel der Paarbeziehung. 298-308, in: Stefan Hradil (Hrsg.), *Differenz und Integration. Die Zukunft moderner Gesellschaften. Verhandlungen des 28. Kongresses der Deutschen Gesellschaft für Soziologie in Dresden 1996.* Frankfurt: Campus.

Kieserling, André 1999: *Kommunikation unter Anwesenden. Studien über Interaktionssysteme.* Frankfurt: Suhrkamp.

Larnier, Jaron 2006: „Digital Maosim: The Hazards of the New Online Collectivism". In: *Edge: The Thrid Culture,* H. [5.30.06]. Online verfügbar unter http://www.edge.org/3rd_culture/lanier06/lanier06_index.html (18.02.2010).

Linton, R. 1973: Rolle und Status. S. 308–315, in: H. Hartmann (Hrsg.), *Moderne amerikanische Soziologie. Neuere Beiträge zur soziologischen Theorie.* Stuttgart: Enke. Auszug aus: Ralph Linton, The Cultural Background of Personality. New York: D. Appleton-Century Co., 1945, S. 36, 49-53.

Meusers, Richard 2005: „Web-Wahlkampf. Wer manipuliert Rüttgers Wiki-Einträge?" *Spiegel Online,* 19.05.2005 http://www.spiegel.de/netzwelt/web/0,1518,356570,00.html (22.02.2009).

Nadel, S.F. 1957: *The theory of social structure.* Glencoe Ill.: Free Press.

o.A. Heise-Online 2005: *Wikipedia-Gründer: Zehn Dinge, die frei sein müssen.* Online verfügbar unter http://www.heise.de/newsticker/meldung/Wikipedia-Gruender-Zehn-Dinge-die-frei-sein-muessen-120873.html, zuletzt geprüft am 18.02.2010.

Popitz, H. 2006: *Soziale Normen.* Frankfurt am Main: Suhrkamp.

Radcliffe-Brown, Alfred R. 1940: „On Social Structure". *The Journal of the Royal Anthropological Institute of Great Britain and Ireland* 70, S. 1: 1-12.

Raymond, Eric S. 2001: *The cathedral and the bazaar. Musings on linux and open source by an accidental revolutionary.* Rev. ed. Beijing: O'Reilly.

Rühle, Alex 2006: „Wikipedia-Fälschungen. Im Daunenfedergestöber". *Süddeutsche Zeitung Online* 3. November 2006. URL://www.sueddeutsche.de/kultur/artikel/631/90541/article.html (06.11.2007).

Sanger, Larry 2004: „Why Wikipedia Must Jettison Its Anti-Elitism". *Kuro5hin.* http://www.kuro5hin.org/story/2004/12/30/142458/25 (18.02.2010).

Schwartz, Aaron 2006: *Raw Thoughts: Who Writes Wikipedia?* http://www.aaronsw.com/weblog/whowriteswikipedia (23.02.2009).

Seigenthaler, John 2005: „A false Wikipedia ‚biography'". *USA-Today*, 29.11.2005. http://www. usatoday.com/news/opinion/editorials/2005-11-29-wikipedia-edit_x.htm (23.02.2009).

Simmel, Georg 1908: *Soziologie. Untersuchungen über die Formen der Vergesellschaftung.* Leipzig: Duncker & Humblot.

Sproull, Lee; Kiesler, Sara 1991: „Computers, Networks and Work. Electronic interactions differ significantly from face-to-face exchanges. As a result, computer networks will profoundly affect the structure of organizations and the conduct of work". in: *Scientific American.* September, Special Issue. 84-91

Stegbauer, Christian; Bauer, Elisabeth 2008: Macht und Autorität im offenen Enzyklopädieprojekt Wikipedia. S. 241-263, in: Michael Jäckel, Manfred Mai (Hrsg.), *Medienmacht und Gesellschaft. Zum Wandel öffentlicher Kommunikation.* Frankfurt: Campus.

Stegbauer, Christian 1995: *Electronic Mail und Organisation: Partizipation, Mikropolitik und soziale Integration von Kommunikationsmedien.* Göttingen: Otto Schwartz.

Stegbauer, Christian 2009: *Wikipedia. Das Rätsel der Kooperation.* Wiesbaden: VS.

Stegbauer, Christian 2010: Strukturalismus, in: Christian Stegbauer/ Roger Häußling (Hrsg.), *Handbuch Netzwerkforschung.* Wiesbaden: VS, 291-299.

Surowiecki, James 2004: *The wisdom of crowds. Why the many are smarter than the few and how collective wisdom shapes business, economies, societies, and nations.* New York: Doubleday.

Swidler, Ann 1986: „Culture in Action: Symbols and Strategies". *American Sociological Review* 51: 273-286.

Tapscott, Don; Williams, Anthony D. 2006: *Wikinomics. How mass collaboration changes everything.* New York: Portfolio.

Wales, Jimmy 2005: *Introductory Remarks. Wikimania Kongress.* Online verfügbar unter http://upload.wikimedia.org/wikipedia/commons/a/aa/Wikimania_Jimbo_Presentation.pdf (18.02.2010).

Wasserman, S. / Faust, K. 1994: *Social network analysis. Methods and applications.* Cambridge, New York: Cambridge University Press.

White, Harrison C.; Scott A. Boorman; Ronald L. Breiger 1976: „Social Structure from Multiple Networks I". *American Journal of Sociology* 81: 730–780.

White, Harrison C. 1992: *Identity and control. A structural theory of social action.* Princeton, NJ: Princeton Univ. Press.

White, Harrison C. 2008: *Identity and Control. How social formations emerge.* Princeton: Princeton University Press. Second edition.

Partnerwahl im Internet: Wer kontaktiert wen im Onlinedating?

Florian Schulz

1 Einleitung

Bisher gibt es keine umfangreiche Forschungsliteratur zum Zusammenhang von Netzwerken, Kultur und der Partnerwahl im Internet. Dennoch ist es plausibel anzunehmen, dass die Einbettung der Akteure in soziale Netzwerke und kulturelle Kontexte einen Einfluss auf das Handeln der Akteure im Onlinedating und die daraus resultierenden Muster der Partnerwahl hat. In diesem Beitrag wird daher versucht, erste Ansatzpunkte für eine Analyse dieses Zusammenhangs herauszuarbeiten. Der Beitrag befasst sich dazu mit der Frage, wer mit wem im Onlinedating in Kontakt kommt. Mit Onlinedating ist im Folgenden die Praxis des Auswählens, Kontaktierens und Beantwortens von Kontaktofferten auf so genannten Singlebörsen gemeint. Singlebörsen sind Internetplattformen, auf denen partnersuchende Personen Zugriff auf Kontaktanzeigen anderer Akteure haben. Diese können sie nach ihren Wünschen durchsuchen und mit den Verfasser/-innen über plattforminterne Nachrichtensysteme in Kontakt treten. Das Ziel der Akteure im Onlinedating ist in den allermeisten Fällen der Aufbau einer Paarbeziehung, die irgendwann in den ‚normalen', gleichsam ‚nicht-virtuellen' Alltag überführt werden soll.

Um den Anschluss an die anderen Beiträge dieses Konzeptbandes herzustellen, werden vorab die Begriffe Netzwerk und Kultur geklärt. Dabei ist zu beachten, dass in der sozialstrukturellen Onlinedatingforschung, deren Befunde in diesem Beitrag referiert werden, beide Konzepte zwar immer wieder auftauchen, bisher jedoch unspezifisch verwendet werden und nicht zuletzt deshalb einen eher marginalen Stellenwert haben.

Wenn im Folgenden von Netzwerk die Rede ist, dann ist damit die Gesamtstruktur aller sozialen Beziehungen, gewissermaßen das soziale Kapital eines Akteurs gemeint. Diese Beziehungen stecken die Opportunitätsstruktur der Partnerwahl in Form von konkreten Kontaktgelegenheiten der Akteure ab. Aus Sicht der Partnerwahlforschung ist das Netzwerk insofern von Bedeutung, weil es zunächst die Situation der Akteure bei der Partnersuche im Alltag definiert, also den (in aller Regel zahlenmäßig begrenzten) Personenkreis, der überhaupt für eine Partnerschaft in Frage kommen kann. Wie später gezeigt wird, ist die Partnerwahl im Internet gleichbedeutend mit einer Erweiterung des persönlichen Netzwerks eines Akteurs um Personen, die im Alltag nicht ohne weiteres erreicht werden können. Das Onlinedating entkontextualisiert die Partnerwahl gewissermaßen physisch aus dem Alltagsnetzwerk der Akteure, während viele Handlungsroutinen der Partnerwahl offenbar auch ohne die direkte Strukturierungswirkung des Alltagsnetzwerks von Bedeutung sind.

Die letztgenannte Beobachtung deutet indessen auf einen von den Akteuren gemeinsam geteilten Bezugspunkt des Handelns, einen „verhaltensrelevante[n] Deutungsvorrat" (Nassehi 2008: 147) hin. Dieses Wissen, das den Akteuren in einem bestimmten Kontext „Hinweise an die Hand gibt, wie sie sich verstehbar zeigen können und wie sie die anderen verstehen können" (Nassehi 2008: 147f.) ist im Folgenden mit dem Begriff der Kultur gemeint. Kultur besteht dabei aus zwei verschiedenen Ebenen. Erstens umfasst der Kulturbegriff subjektive Bedeutungen und Präferenzen; sie werden in der Argumentation dieses Aufsatzes im Vordergrund stehen. Gemeint sind damit konkret die individuellen Neigungen der Akteure, bei der Partnerwahl im Internet Personen mit bestimmten Merkmalen zu bevorzugen oder abzulehnen. Die Gesamtheit aller individuellen Entscheidungen deutet ihrerseits auf kollektiv verankerte Dispositionen hin, d.h. auf relativ konsistente Reaktionstendenzen (vgl. Schulze 2000), die Akteure im Falle des Auftretens bestimmter Bedingungen zeigen. Diese Verhaltenskonfigurationen sind eingebettet in sozial ausgehandelte und kollektiv geteilte Deutungsmuster – mithin der zweiten analytischen Ebene des Kulturbegriffs –, die das individuelle Handeln anleiten und relativ dauerhaft mit Sinn versehen. Die symbolische Bedeutung der Bildung als Indikator für bestimmte Lebensstile kann später als Beispiel dafür angesehen werden.

2   Partnerwahl und der digitale Heiratsmarkt

Die Partnerwahl in modernen Gesellschaften gilt als eine der individuellsten Entscheidungen schlechthin. Einige Autoren behaupten sogar, dass die Partnerwahl heute weitgehend unabhängig von den Strukturen sozialer Ungleichheit sei und sich im Zuge des Modernisierungsprozesses weiter individualisiere (vgl. z.B. Beck 1986). Demgegenüber hat die empirische Forschung jedoch aufgezeigt, dass die Partnerwahl auch heute noch entlang traditioneller Ungleichheitsdimensionen strukturiert ist und sich die Möglichkeiten und Beschränkungen der Akteure unterscheiden, je nachdem, in welchem Kontext sie sich bewegen. Soziale Strukturen haben ihren Einfluss auf die Partnerwahl also keineswegs verloren. So zeigen beispielsweise die Arbeiten von Blau, dass die individuellen Muster der Partnerwahl bereits von den Merkmalsverteilungen in einer Population sowie der Nähe und Distanz der Akteure in den Sozialräumen des Alltags abhängen (vgl. exemplarisch Blau 1994). Die Studie von Blossfeld & Timm (1997, 2003) argumentiert, dass darüber hinaus die Menge und die sozialstrukturelle Zusammensetzung der Alternativen am Partnermarkt durch die institutionelle Logik der Kontexte, in denen die Menschen ihre Partner suchen, kennen und möglicherweise lieben lernen, vorstrukturiert wird und damit bestimmte Alternativen von vornherein für die Akteure in diesen Kontexten ausgeschlossen sind (vgl. auch z.B. Kalmijn & Flap 2001). Das Bildungssystem beispielsweise

> „fungiert ... im Lebenslauf als Institution, die weitgehend hinter dem Rücken der Individuen (und deswegen zum Teil auch unbewußt) die schulischen und privaten Kontaktnetze und -möglichkeiten zeitbezogen so strukturiert, daß die Absolventen mit ähnlichen sozialen Chancen eine größere Wahrscheinlichkeit haben, sich zu treffen und später einmal zu heiraten. Das Bildungssystem beeinflußt damit direkt und indirekt die Heiratsmärkte der mit unterschiedlichen sozialen Chancen ausgestatteten Absolventen im Lebenslauf." (Blossfeld & Timm 1997: 443)

Aus einem anderen Blickwinkel hat Hirschle (2007, 2009) auf die Bedeutung von Netzwerken für das Zustandekommen von Partnerschaften hingewiesen. Über die Kontaktchancen hinaus, die durch die Einbindung in Foki sozialer Aktivitäten entstehen, ist das Konzept der Transitivität von enormer Bedeutung für die Erklärung des Zustandekommens neuer Beziehungen. Transitivität meint hier die Tendenz zweier Personen über eine beiden bekannte dritte Person miteinander in Kontakt zu kommen (Hirschle 2007: 60; vgl. auch die dort angegebene Literatur aus der Netzwerkforschung). Durch die Einbindung in informelle soziale Netzwerke eröffnen sich also systematisch neue Gelegenheiten, andere Menschen kennen zu lernen, die vormals nicht Teil des eigenen Kontaktnetzwerkes waren. Dabei unterscheidet sich die Wirkung der Transitivität beispielsweise nach dem Bildungsniveau der Akteure, also wiederum nach einem sozialstrukturell bedeutsamen Merkmal. Während bei höher gebildeten Menschen der Einfluss des Bildungssystems auf die Kontaktnetzwerke aufgrund der längeren Verweildauer im Bildungssystem überwiegen dürfte (vgl. Blossfeld & Timm 1997, 2003), sind die Netzwerkeffekte insbesondere bei den mittleren und niedrigen Bildungsgruppen am größten, da hier am ehesten lokale Nähe und kollektive Gesellungsstile die „Integration distanzierter Netzwerkbereiche in das situativ-lokale Interaktionssystem" begünstigen (Hirschle 2009: 21):

> „Nicht die Zugehörigkeit zu einer bestimmten Einrichtung oder Institution, sondern einige bereits etablierte Sozialbeziehungen versichern unter bestimmten Umständen die Möglichkeit, weitere Interaktionen und Beziehungen schließen zu können ... Diese Funktion erhält sich allerdings ... nicht voraussetzungslos. Sie ist gebunden an die Bedingung, dass jene Kontexte, in denen die Fortschreibung sozialer Beziehungen geschehen kann, überhaupt zugänglich bzw. verfügbar sind, was unter der Voraussetzung hoher individueller Mobilität und der ... dyadisch fixierten, auf Entkontextualisierung gerichteten Beziehungsstile der höheren Bildungsgruppen in geringerem Maße der Fall ist. Demnach sollten Personen aus den oberen Bildungsschichten in höherem Maße als die mittleren und unteren Bildungsgruppen vom Verlust der Funktion der Transitivität sozialer Netzwerke betroffen sein." (Hirschle 2007: 85)

Mit der Ausdifferenzierung des Internets als Medium zur gezielten Partnersuche ist in den letzten Jahren ein neuer Teilheiratsmarkt entstanden, der die skizzierten strukturellen Grenzen der Partnerwahl zu verändern scheint. Nicht zuletzt aufgrund der vergleichsweise niedrigen Markteintrittsbarrieren ist eine geradezu unüberschaubare Anzahl von Plattformen entstanden, auf denen in Deutschland mittlerweile rund 5,5 Millionen Menschen nach losen Kontakten, Freundschaften, unverbindlichen sexuellen Abenteuern, festen Partnerschaften oder explizit nach Ehepartnern suchen (Schulz et al. 2008). Gerade für diejenigen, die in den sozial organisierten Kontexten des Bildungssystems, des Berufs, der Nachbarschaft oder in all den anderen Foki des Alltagslebens keinen geeigneten Partner finden und deren Netzwerke im Hinblick auf die Partnerwahl ineffizient sind, verspricht das Internet größtmögliche Erfolgschancen. So ist zuvorderst die Anzahl gleichzeitig verfügbarer Kandidaten für eine Partnerschaft im Internet weitaus größer als im Alltag. Zudem entscheiden sich Personen, die Kontaktbörsen im Internet zur Partnersuche wählen, aktiv und bewusst für diese organisierte Form der Partnerwahl. Zusätzlich zu den alltäglichen Teilheiratsmärkten begeben sich die Akteure dadurch in einen weiteren Fokus, von dem sie sich einen zusätzlichen Nutzen bei der Partnersuche versprechen. Durch die Ausdifferenzierung sehr spezieller Plattformen für bestimmte Zielgruppen (z.B. für Homosexuelle, regional gebundene Menschen usw.) werden nahezu sämtliche Präferenzen der Akteure bedient. Da Kontaktbörsen im Internet explizit auf die Partnerwahl ausgerichtet sind, entsteht für die Nutzer solcher Plattformen eine Erwartungssicherheit, dass andere Nutzer mehr oder minder motiviert sind, Kontakte zu knüpfen und Partnerschaften einzugehen. Empirische Studien zeigen, dass je nach Kontaktbörse die überwiegende Mehrheit der Mitglieder tatsächlich auf der Suche nach einer festen, langfristigen Partnerschaft ist (vgl. z.B. Bühler-Ilieva 2006). Während es im Gegensatz dazu im Alltag häufig unklar ist, welche Personen überhaupt auf dem Partnermarkt „verfügbar" sind (Stauder 2006), scheinen Internetkontaktbörsen für die Partnersuche besonders effizient und im Vergleich zu den Teilheiratsmärkten des Alltags, in denen die Partnersuche vielmehr auf zufälligen Begegnungen in sozial vorstrukturierten Kontaktnetzwerken beruht (vgl. z.B. Kalmijn 1998), in hohem Maße systematisch und zielorientiert. Insofern ist das Onlinedating gleichsam eine technologische Weiterentwicklung des Prinzips klassischer Kontaktanzeigen in Printmedien.

Verglichen mit traditionellen Heiratskontexten suggeriert das Internet aufgrund der spezifischen Merkmale dieses Partnermarktes außerdem größtmögliche Individualität bei der Partnerwahl, jenseits struktureller Beschränkungen, jenseits bestehender Netzwerke, jenseits kultureller Barrieren (vgl. Illouz 2006). So funktioniert die Partnerwahl im Internet, erstens, aufgrund der Natur des Internets unabhängig von Zeit und Raum. Einen Zugang zum Internet vorausgesetzt, kann sich jeder Akteur zu jeder Zeit und an jedem Ort über potenzielle Partner informieren und mit ihnen interagieren. Damit sind weder das Kennenlernen noch die Interaktion an ein tatsächliches Treffen der Teilnehmer in realen Alltagsfoki gebunden. Zweitens sind die Akteure im Internet zunächst grundsätzlich anonym. Prinzipiell bleibt es den Nutzern digitaler Partnermärkte weitgehend selbst überlassen, wie sie sich präsentieren und welche persönlichen Details sie in der computervermittelten Interaktion preisgeben. Dabei übersteigt, drittens, die Menge möglicher Interaktionen die des Alltages um ein Vielfaches. Während beispielsweise das Freundschaftsnetzwerk eines Akteurs zahlenmäßig eingeschränkt ist, besteht im Onlinedating zu jedem Zeitpunkt die Möglichkeit, uneingeschränkt auf die Datenbank sämtlicher Nutzer zuzugreifen, die je nach Plattform oft mehrere zehn- oder gar hunderttausend Einträge enthält und sich ständig durch neue Teilnehmer oder Abmeldungen verändert. Viertens folgt aus der dyadischen Exklusivität der Kontaktanbahnung im Internet, dass sich unterschiedliche Akteure in ihren Angeboten und Nachfragen wechselseitig nicht beschränken. Bei der Kontaktaufnahme zu einem bestimmten Nutzer besteht keine offene Rivalität zwischen Akteuren. Jeder kann jeden anschreiben, ohne darauf Rücksicht nehmen zu müssen, ob eine Kontaktierung aus guten Gründen in diesem Moment nicht angebracht erscheint. Zudem kann ein Akteur auch beliebig viele Kontakte gleichzeitig eingehen, ohne dass die Kontaktpartner davon wissen.

Spätestens bei den letztgenannten Überlegungen wird deutlich, dass viele der strukturellen Beschränkungen der Alltagskontexte bei der Partnersuche im Internet überwunden werden können. Beispielsweise ist die Nutzerpopulation von Partnerbörsen in aller Regel weitaus heterogener als eine durch das Bildungssystem strukturierte Menge an Alternativen. Darüber hinaus ist auch der Einfluss von Netzwerken als recht gering anzusehen. Einerseits werden die damit einhergehenden Beschränkungen aufgehoben, z.B. hinsichtlich einer geringeren sozialen Kontrolle oder in Bezug auf die begrenzte Anzahl von Kontaktpartnern im Alltag. Andererseits sind jedoch auch die Möglichkeiten des Kennenlernens passender Partner über Dritte (Transitivität), bei denen man sich gegebenenfalls auch über die neuen Bekanntschaften informieren könnte, nahezu ausgeschlossen.

Diese Merkmale des digitalen Partnermarktes (für eine ausführliche Diskussion weiterer, ähnlich gelagerter Merkmale des digitalen Partnermarktes vgl. z. B. Ben-Ze'ev 2004; Geser 2006; Schulz 2010; Schulz & Zillmann 2009) deuten darauf hin, dass durch die Beschaffenheit des Internets eher die individuell intentionale Komponente der Partnerwahl betont wird als die strukturelle Determiniertheit der handelnden Akteure. Häufig bereits als gängige Alltagspraxis angesehen, wurde dieses Szenario in Form der Individualisierungsthese theoretisch überhöht. Mithin folgt, dass eine Erklärung der Muster der Partnerwahl auf diesem neuen Markt vornehmlich aufgrund struktureller Selektionen, wie es für die Heiratsmärkte des Alltags offenbar gut funktioniert (vgl. z.B. Blossfeld & Timm 1997, 2003; Kalmijn & Flap 2001; Stauder 2008), zu kurz greifen würde, da diese strukturelle Beschränkung im Internet nun einmal nicht in vergleichbarer Weise gegeben ist. Idealtypisch gesprochen hat man es bei der Partnerwahl im Internet mit einem Prozess zu tun, in dem das Handeln primär von den subjektiven Präferenzen der Akteure gesteuert wird, da die ungeplanten Zufälligkeiten, physischen Barrieren, informellen Netzwerke und kontextuellen Selektivitäten der 'Offline-Welt' weitestgehend unbedeutend sind.

In den folgenden beiden Abschnitten wird nun zum einen eine erste Annäherung an die Elemente einer Kultur der Partnerwahl im Internet diskutiert, die auf den eben ausgeführten Gedanken basiert. Zum anderen wird in einem Literaturüberblick aufgezeigt, wie sich die neuen Möglichkeiten und Grenzen der Partnerwahl im Internet in Form konkreter Paarkonstellationen niederschlagen. Abschließend werden diese Befunde vor dem Hintergrund der aktuellen öffentlichen und wissenschaftlichen Diskussion über die Partnerwahl im Internet kurz kommentiert.

3   Elemente einer Kultur der Partnerwahl im Internet

Über das, was man als die vielen Facetten einer Kultur des Internets bezeichnen kann, wurde in den letzten Jahren viel geschrieben und diskutiert (vgl. als Einstieg z. B. Schmidt 2009; Stegbauer 2001). Da die Partnerwahl im Internet ein relativ neues und bislang nur wenig erforschtes Phänomen ist, steht die Forschung in dieser Hinsicht noch ganz am Anfang. Dennoch finden sich in der aktuellen Literatur zu diesem Thema bereits einige Hinweise darauf, was mögliche Elemente einer Kultur der Partnerwahl im Internet sein könnten. Vier mögliche Aspekte werden nun in diesem Abschnitt herausgearbeitet. Sie sind zu verstehen als eine erste Annäherung an den „verhaltensrelevante[n] Deutungsvorrat" (Nassehi 2008), an dem die Menschen ihr Handeln bei der Partnerwahl im Internet (implizit) ausrichten und den sie gerade durch ihr Handeln auch selbst beeinflussen und verändern können.

Das erste Element einer Kultur der Partnerwahl im Internet ist sicherlich die auch in der breiten Öffentlichkeit gleichsam prominente Vorstellung, dass die Begegnung zweier Akteure im Internet, wie Illouz es ausdrückt, „unter dem Banner der liberalen Ideologie der ‚Wahlfreiheit' steht". Keine ihr bekannte Technologie habe „auf so extreme Weise den Begriff des Selbst als eines ‚wählenden' Selbst und die Idee, die romantische Begegnung solle das Ergebnis der bestmöglichen Wahl sein, radikalisiert" (Illouz 2006: 120). Das wiederum deutet darauf hin, dass die Partnerwahl durch das Internet stärker nach den eigenen Wünschen planbar und kalkulierbar ist, als es auf den traditionellen Plätzen der Partnerwahl der Fall ist. Schließlich können die Akteure spezifische Kontaktplattformen nutzen, um nach einer Beziehung zu suchen. Einen Zugang zum Internet und die technischen Kompetenzen vorausgesetzt, gibt es keine Beschränkungen bei der Auswahl konkreter Foki der Partnersuche; jedem Akteur steht zu jedem Zeitpunkt der ganze Markt verschiedener Anbieter offen. Darüber hinaus können die Akteure auf den gewählten Plattformen die Suche aktiv nach ihren Wünschen und Bedürfnissen gestalten, beispielsweise indem sie Personen mit bestimmten Merkmalen kontaktieren, erhaltene Offerten anderer Personen oder Vorschläge eines Matchingsystems annehmen oder ablehnen, oder aber bestimmte Akteure von vorneherein aus ihrer Suche ausschließen. Bietet eine Plattform nicht das, was sich ein Akteur erwartet, kann er meist ohne große Hindernisse den Fokus wechseln und sein Glück an anderen Orten versuchen.

Aus Sicht einer Heiratsmarktforschung, welche die sozialstrukturellen Muster der Partnerwahl und deren Zustandekommen erklären möchte, impliziert diese Vorstellung, dass die intentionale Komponente der individuellen Partnerwahl in diesem Kontext eine größere Bedeutung für die Erklärung sozialer Regelmäßigkeiten haben sollte als in den Foki des Alltagslebens, in denen die empirisch beobachtbaren Muster der Partnerwahl zu einem größeren Teil durch die strukturelle Vorselektion der sozialen Kontaktnetzwerke der Akteure determiniert sein dürften. Eine derartige Beeinflussung ist im Internet nicht in dieser Deutlichkeit gegeben. Zwar sind Internetkontaktbörsen ihrerseits auch in gewisser Weise in ihrer Zusammensetzung vorstrukturiert, man denke z. B. an (tatsächlich existierende) spezielle Plattformen für Akademiker, Homosexuelle, Übergewichtige, Angehörige bestimmter Konfessionen usw. Allerdings liegt die Auswahl konkreter Plattformen für die Partnersuche und die sich daran anschließende Zusammenstellung der persönlichen Kontaktnetze viel stärker im bewussten Ermessen der Akteure. „In einem historisch bisher nicht erreichbarem [Maße] wird es möglich, sich bei der Partnersuche von selbstbestimmten Selektionskriterien anstatt von situativen Gegebenheiten und nicht beeinflussbaren Zufälligkeiten leiten zu lassen" (Geser 2006: 13). Insbesondere aufgrund der Anonymität des Kontextes und der geringeren oder gar fehlenden sozialen Kontrolle können selbst Abweichungen von im Alltag möglicherweise sozial erwünschtem Verhalten überhaupt erst oder zumindest leichter realisiert werden (vgl. Ben-Ze'ev 2004). Folglich ist bereits die Menge an Alternativen für die Auswahl romantischer Begegnungen an die persönlichen Neigungen der Akteure angepasst. Da die Zusammensetzung des Kontextes im Onlinedating zu jedem Zeitpunkt kontrolliert werden kann, ist es möglich, durch die Analyse des Kontakt- und Antwortverhaltens innerhalb dieses Kontextes näher an die individuellen Intentionen der Akteure heranzukommen, als es mit den traditionellen Daten und Methoden der Heiratsmarktforschung bisher möglich war.

An diese Überlegungen zur Wahlfreiheit schließt sich unmittelbar ein zweites Element an, nämlich die Vorstellung, dass jeder Akteur im Internet prinzipiell die Chance hat, den ‚optimalen' Partner zu finden. Diese Idee, dass sich in der modernen Gesellschaft die Suche nach dem oder der ‚Richtigen' mit großer Wahrscheinlichkeit erfolgreich abschließen ließe, ist in der Partnerwahlforschung keineswegs neu, sondern findet sich beispielsweise bereits in Simmels Überlegungen zur modernen Gesellschaft Ende des 19./Anfang des 20. Jahrhunderts:

> „[B]ei aller hervorgehobenen Individualisierung der modernen Persönlichkeiten und der daraus hervorgehenden Schwierigkeit der Gattenwahl gibt es doch wohl noch für jeden noch so differenzierten Menschen einen entsprechenden des anderen Geschlechts, mit dem er sich ergänzt, an dem er den ‚richtigen' Gatten fände." (Simmel 1900: 523).

Simmel (1900) selbst sieht in Heirats- und Kontaktanzeigen eine Möglichkeit, diese Vorstellung zu verwirklichen, da sie die Chancen der Menschen, einen wirklich passenden Partner zu finden, verglichen mit zufälligen Begegnungen in sozial vorstrukturierten Alltagssituationen und Kontaktnetzwerken, ungemein erhöhe:

> „Kein Zweifel, dass die vollendete Ausbildung der Heiratsannonce das blinde Geratewohl dieser Verhältnisse rationalisieren könnte, wie die Annonce überhaupt dadurch einer der grössten Kulturträger ist, daß sie dem Einzelnen eine unendlich höhere Chance adäquater Bedürfnisbefriedigung verschafft, als wenn er auf die Zufälligkeit des direkten Auffindens der Objekte angewiesen wäre." (Simmel 1900: 523)

Da sich heute die Aktivitäten der selbst organisierten Partnerwahl immer stärker ins Internet verlagern (Burkart 2008; Illouz 2006), wird dieses Potential der Kontaktanzeige zunehmend auf das Onlinedating übertragen. Denn es handelt sich dabei im Prinzip um nichts anderes als eine technologische Weiterentwicklung der klassischen Heiratsannonce und das Internet, wie man z.B. den Überlegungen von Illouz (2006) in diesem Zusammenhang entnehmen kann, wird als Medium der unendlichen Möglichkeiten angesehen. Doch selbst wenn das Internet verglichen mit traditionellen Opportunitätskontexten der Partnerwahl die Möglichkeiten und Grenzen der ‚Brautschau' in vielerlei Hinsicht verschoben hat, heißt das noch nicht, dass dieses Ideal auch tatsächlich immer verwirklicht werden kann. Denn, so konzediert auch Simmel, „die ganze Schwierigkeit liegt nur darin, daß die so gleichsam für einander Prädestinierten sich zusammenfinden" (1900: 523).

So ergibt sich hier ein drittes Element: Ein enormer Möglichkeitsspielraum und Wahlfreiheit eröffnen zum einen zwar große Chancen, bedeuten zum anderen jedoch gleichzeitig einen gewissen Zwang, aus dieser potentiell riesigen Menge an Alternativen einen geeigneten Partner auswählen zu müssen. Dass diese Auswahl aus Sicht der Individuen nicht so leicht ist, wie es auf den ersten Blick scheint, liegt zuvorderst an der hohen Komplexität des Kontextes und darüber hinaus an der großen Anzahl an verfügbaren Personen und den damit verbundenen Informationen. Zudem sind die Personen, die im Internet nach einem Partner suchen, mit einer doppelten Unsicherheit konfrontiert: Neben den relativ unstrukturierten, unüberschaubaren, anonymen Gelegenheitsstrukturen des Kontextes im Vergleich zum wohlbekannten Alltagsleben, stellt auch die konkrete Auswahl eines Partners aus Sicht der Akteure eine unsichere Entscheidung dar. Dies ist insbesondere darauf zurückzuführen, dass die Akteure niemals sämtliche Informationen erheben oder verarbeiten können, die für eine optimale Partnerwahlentscheidung nötig wären (Todd & Miller 1999). Dass im Prozess der Partnersuche im Internet die ‚wahre' Identität der Nutzer weitgehend verborgen bleiben kann und man sich mindestens bis zu einem persönlichen Treffen außerhalb der Plattform nicht über die tatsächlichen Eigenschaften potentieller Partner im Klaren sein kann, verschärft dabei die Unsicherheit der Partnerwahl zusätzlich.

Im Umgang mit dieser doppelten Unsicherheit und der komplexen Menge an Informationen benötigen die Menschen bestimmte Mechanismen, um überhaupt Entscheidungen treffen zu können (vgl. Schulz 2010; Schulz et al. 2010a; Skopek 2010; Skopek et al. 2009, 2010). Diese Mechanismen, ob nun „regelbasierte Verhaltensmuster" (Heiner 1985) oder „schnelle und einfache Heuristiken" (Todd & Miller 1999), implizieren ihrerseits, dass die Vorstellung, die Partnerwahl im Internet sei prinzipiell optimierbar, aufgegeben und ersetzt werden muss durch eine zweckmäßige, zufriedenstellende Entscheidung, gewissermaßen einen Kompromiss auf Basis jeweils individueller Anspruchsniveaus und ‚Marktwerte' (vgl. z. B. Blossfeld & Timm 1997; Heiner 1985; Todd & Miller 1999). Dazu benötigen die Akteure bestimmte Informationen über sich und die anderen Teilnehmer am Onlinedating, die vor dem Hintergrund des kulturellen Kontextes Sinn ergeben. Diese Informationen können, wenn sie intersubjektiv verständlich sind, zur Komplexitätsreduktion genutzt werden; sind sie gleichzeitig inhaltlich gehaltvoll, ermöglichen sie einen aussagekräftigen Vergleich zwischen den verschiedenen Alternativen.

> „In online dating, users typically search and sort by relatively superficial characteristics, precluding interaction with anyone who does not meet the criteria the searcher specifies. Browsing a large catalog requires exclusion of entire categories, snap judgments, and quick dismissal of the vast majority of the items." (Fiore 2004: 24)

Das Instrument, welches auf Internetkontaktbörsen dafür geschaffen wurde, ist das Nutzerprofil (vgl. Schulz 2010; Schulz & Zillmann 2009). Jeder Teilnehmer, der sich auf einer Plattform anmeldet, muss dafür in einem Fragebogen zumindest minimale Angaben über sich selbst machen, die dann auf einer persönlichen Internetseite des Nutzers von den anderen Teilnehmern eingesehen werden können. Neben der oft zusätzlich gegebenen Möglichkeit offener Antworten auf bestimmte, speziell die Partnersuche betreffende Fragen, beispielsweise zu den Vorstellungen über einen 'Traumpartner' oder zu individuellen Vorlieben oder Abneigungen, besteht das Nutzerprofil zum Großteil aus vollstandardisierten Deskriptoren demographischer, körperlicher oder Lebensstilmerkmale, also z. B. Geschlecht, Alter, Bildung, Körpergröße und -gewicht, Haar- und Augenfarbe, bzw. Rauchgewohnheiten oder Hobbys (vgl. Fiore et al. 2008). Ungeachtet der mal kleineren, mal größeren Unterschiede hinsichtlich der konkret in den Profilen erhobenen Merkmale, bilden die sozialstrukturellen Charakteristika den zentralen und bei allen Kontaktbörsen weitgehend identischen Schwerpunkt der Selbstbeschreibung der Nutzer. Diesen Aspekt hat wiederum bereits Simmel (1900) im Zuge seiner Analyse der Heiratsannonce in durchaus übertragbarer Form beobachtet – übertragbar deshalb, weil man die "Vermögensverhältnisse" als Platzhalter für offensichtlichere Merkmale wie zum Beispiel Bildung und Alter begreifen kann:

> „Verfolgt man nun die tatsächlich erscheinenden Heiratsannoncen, so sieht man, daß darin die Vermögensverhältnisse der Suchenden oder Gesuchten den eigentlichen, wenn auch manchmal verhüllten Zentralpunkt des Interesses bilden. ... Alle anderen Qualitäten der Persönlichkeit nämlich lassen sich in einer Annonce nicht mit irgendwelcher genauen oder überzeugenden Bestimmtheit angeben. Weder die äußere Erscheinung, noch der Charakter, weder das Maß von Liebenswürdigkeit, noch von Intellekt können so leicht beschrieben werden, daß ein unzweideutiges und das individuelle Interesse erregendes Bild entsteht. Das einzige, was in allen Fällen mit völliger Sicherheit bezeichnet werden kann, ist der Geldbesitz der Personen, und es ist ein unvermeidlicher Zug des menschlichen Vorstellens, unter mehreren Bestimmungen eines Objekts diejenige, welche mit der größten Genauigkeit und Bestimmtheit anzugeben oder zu erkennen ist, auch für die sachlich erste und wesentlichste gelten zu lassen." (Simmel 1900: 524)

Was Simmel (1900) in seinem Buch über die Bedeutung des Geldes für die Kultur und das Handeln der Menschen herausarbeitet, trifft auf die Partnerwahl im Internet angewendet gleichermaßen auf andere im Profil erfasste Merkmale zu, zumal die Einkommens- oder gar Vermögensverhältnisse auf den großen Kontaktplattformen allemal nicht abgefragt werden. In den Mittelpunkt des Interesses rücken daher verstärkt sozioökonomische Ressourcen, deren Aussagekraft zwar nicht ebenso präzise definierbar ist wie der Geldbesitz, die aber dennoch ausreichend gute Indikatoren für die sich dahinter verbergenden Personen sein können. Zu denken ist in dieser Hinsicht vor allem an Merkmale wie Alter und Bildung, die einerseits gemäß der ökonomischen Theorie als Hinweise auf das Humankapital und das aktuelle und zukünftige Einkommenspotential der Akteure interpretiert werden können (marktbezogene Interpretation). Andererseits können beide Merkmale gleichzeitig als nicht-marktbezogene Eigenschaften angesehen werden, die auf bestimmte Werthaltungen, Einstellungen oder Interessen hindeuten (vgl. Schulze 2000). Zudem zeigen erste empirische Befunde aus dem Onlinedating, dass durchaus auch andere Informationen des Profils bei der Partnerwahl häufig auf diese einfachen, aber aussagekräftigen sozialstrukturellen Kriterien wie vor allem die Bildung reduziert werden, eben weil sie in gewisser Weise von den Akteuren als übergeordnete Dimensionen für bestimmte Persönlichkeitseigenschaften und Dispositionen angesehen werden:

> „Und, dann [g]uck ich halt, dann kann man z. B. angeben, welche Musik sie mögen und dann geben die halt meinetwegen Reggae, Soul und Klassik an. Und, das ist für mich interessant. Also, klassische Musik. Steht keine klassische Musik drin, dann hab ich schon leichte Vorbehalte. Weil das ist wieder so ein Hinweis aufn Bildungsgrad für mich. Ja, also ich machs nicht davon abhängig, aber das sind alles so Punkte, wo ich versuche, mir so ein bissle ein Bild zu machen. Mehr geht ja nicht, ne." (Mann, 60 Jahre, ohne Partner, 1 Jahr Erfahrung im Onlinedating; Freilinger 2008: 115f.)

Die Bedeutung der sozialstrukturellen Merkmale als die Kristallisationspunkte des Interesses im Onlinedating wird unterstützt durch ein weiteres Beispiel aus den explorativen Interviews von Freilinger (2008), das sehr deutlich zeigt, dass sich die Akteure bei der Partnersuche im Internet tatsächlich an Kriterien wie der Bildung orientieren, und dass das, so zumindest aus Sicht der Befragten, nichts ungewöhnliches sei:

> „Ich such natürlich, hört sich jetzt wohl bisschen arrogant an, aber ich such natürlich einen Mann mit einer gewissen Bildung. Ganz normal." (Frau, 40 Jahre, ohne Partner, 4 Jahre Erfahrung im Onlinedating; Freilinger 2008: 40)

Aus diesen Überlegungen ergibt sich ein viertes Element in Form der großen Bedeutung sozialstruktureller Merkmale für die Reduktion der Komplexität und den Prozess der Auswahl von Kontaktpartnern auf Internetkontaktbörsen. Da typische Lebensstilmerkmale aus der Alltagswelt aufgrund des Internetkontextes nicht als Suchkriterien herangezogen werden können, sind die Akteure bei ihrer Suche auf diese Merkmale (und sicherlich auch auf die teilweise vorhandenen Fotos, aber das ist eine Frage, die einer gesonderten Auseinandersetzung bedarf) geradezu angewiesen. Die im Nutzerprofil vorhandenen standardisierten Informationen sind für den ersten Eindruck, den ein suchender Akteur von den potentiellen Kandidaten gewinnt, von entscheidender Bedeutung, da an dieser Stelle des Suchprozesses sehr häufig bereits eine Entscheidung für oder gegen einen Kontakt getroffen wird (vgl. das obige Zitat von Fiore 2004). Wie wichtig der erste Eindruck, nicht nur als (unbewusster) Mechanismus zur Komplexitätsreduktion, sondern auch als Quelle bedeutsamen Wissens über den Anderen ist, hat wiederum Simmel aufgezeigt:

> „In irgend einem, freilich sehr schwankenden Maße wissen wir mit dem ersten Blick auf jemanden, mit wem wir zu tun haben. ... [W]ir können vielleicht durchaus nicht sagen, ob er uns klug oder dumm, gutmütig oder bösartig, temperamentvoll oder schläfrig vorkommt. ... Was aber jener erste Anblick seiner uns vermittelt, ist in solches Begriffliches und Ausdrückbares gar nicht aufzulösen und auszumünzen – obgleich es immer die Tonart aller späteren Erkenntnisse seiner bleibt –, sondern es ist das unmittelbare Ergreifen seiner Individualität, wie seine Erscheinung, zuhöchst sein Gesicht es unserm Blick verrät, wofür es prinzipiell belanglos ist, dass auch hierbei genug Irrtümer und Korrigierbarkeiten vorkommen." (Simmel 1908: 725f.)

Der erste Eindruck von potentiellen Partnern im Internet ist ein anderer, als man ihn im normalen Alltag gewinnen würde, da er sich eigentlich nur auf die standardisierten Profilangaben und möglicherweise ein Foto stützen kann. Hier zeigt sich der spezifische Unterschied zwischen der Partnerwahl im Internet und in Alltagskontexten besonders deutlich, da

> „die Ordnung, in der romantische Interaktionen traditionellerweise vollzogen wurden, eine Umkehrung erfahren hat: Wo Anziehung normalerweise dem Wissen vom anderen vorausgeht, geht hier Wissen der Anziehung oder zumindest der physischen Präsenz und Verkörperung romantischer Interaktionen voraus. Gegenwärtig begreifen sich die Menschen im Internet zunächst als Bündel von Attributen und erfassen erst in weiteren – langsamgrößer werdenden – Schritten die körperliche Präsenz des anderen." (Illouz 2006: 119f.)

Vor Beginn jeder Beziehung im Onlinedating steht also die Evaluation von Nutzerprofilen anhand der dort angegebenen, interindividuell vergleichbaren Kriterien. Erst wenn die Bewertung eines Profils positiv ausfällt, dergestalt, dass sich ein Akteur einen lohnenswerten Austausch mit einer anderen Person verspricht, besteht die Möglichkeit einer weiteren Interaktion.

An dieser Stelle bietet es sich nun an, noch einmal an die eingangs angestellten Überlegungen zur Wahlfreiheit zu erinnern. Dort wurde argumentiert, dass die individuellen Neigungen der Personen, Beziehungspartner mit bestimmten Merkmalen auszuwählen, einen verhältnismäßig großen Beitrag zur Erklärung von sozialstrukturellen Paarkonstellationen beitragen würden, weil die Kontaktnetze eher nach den eigenen Vorstellungen und Vorlieben selbst gewählt und weniger institutionell vorstrukturiert wären. Dass sich, wie in den beiden Zitaten aus den Interviews von Freilinger (2008) deutlich wurde, die Akteure bei der Partnersuche tatsächlich bewusst an bestimmten Kriterien, wie hier der Bildung, orientieren, unterstützt diese Interpretation nachhaltig. Schließlich handelt es sich dabei um empirische Evidenz dafür, dass sich die Individuen innerhalb der sie beschränkenden Rahmenbedingungen durchaus bewusst mit den Gelegenheiten auseinandersetzen. Durch eine Untersuchung der Partnerwahl im Internet ist man folglich beispielsweise in der Lage, die Vermutung, dass das Phänomen der Homogamie zu einem gewissen Teil durch intentionales Handeln der Menschen erklärbar sei („people often prefer to associate with equally educated partners"; Blossfeld & Timm 2003: 341), mit empirischen Befunden zu belegen.

Vor dem Hintergrund dieser vier Elemente und den bekannten Ergebnissen aus der Heiratsmarkt- und Homogamieforschung kann man nun davon ausgehen, dass die Kontaktaufnahme sowie das Antwortverhalten bestimmten sozialen Regelmäßigkeiten folgen. Dies ist insofern plausibel, als die Akteure mit einem bestimmten Vorwissen auf die Internetplattform kommen. Dieses Vorwissen besteht erstens aus individuellen Neigungen und Vorstellungen darüber, wie ein angemessener Beziehungspartner sein oder nicht sein sollte; zweitens sind sich die Akteure in aller Regel auch bewusst, welche potentiellen Partner sie im realen Leben treffen würden, z.B. im Bildungssystem, im Beruf oder im Kontext von Freizeitaktivitäten; und drittens orientieren sich die Akteure an den kollektiv verankerten Bedeutungen der (sozioökonomischen) Merkmale, die ihnen im Onlinedating als Entscheidungsgrundlage zur Verfügung gestellt werden. Dieses Wissen ist im Internet insofern von großer Bedeutung, als die Kontaktbörse aus Sicht der einzelnen Akteure zunächst ein weitgehend unstrukturierter Raum ist, da sie nicht wie im realen Leben sehen können, was um sie herum passiert, insbesondere wie sich andere Akteure in ähnlichen Situationen verhalten. Soziale Phänomene, wie das hier gewählte Beispiel des geschlechtsspezifischen Partnerwahlverhaltens, müssten folglich im Internet ähnlichen theoretischen Erwartungen folgen wie im Alltag, allerdings weniger aus strukturellen Gründen, sondern weil bestimmte sozial strukturierende Merkmale eine bestimmte Bedeutung für die Akteure haben, an denen sie sich orientieren. So lässt sich an dieser Stelle als ein, in Anbetracht der kaum vorhandenen Forschung auf diesem Gebiet, sicher vorläufiges Ergebnis festhalten, dass die Partnerwahl im Internet zwar anders funktioniert (im Sinne einer physischen Herauslösung der Partnerwahl aus dem Alltagsnetzwerk), aber letztlich doch die gleichen Auswahlkriterien und sozialen Mechanismen eine Rolle spielen, wie bei der Partnerwahl im Alltag, wenngleich nicht zwangsläufig im selben Verhältnis. Der Vorteil des Internets als Untersuchungskontext für die Partnerwahl ist somit darin zu sehen, dass die Gelegenheitsstrukturen der Akteure kontrolliert werden können und somit analysiert werden kann, ob die intentionalen und strukturellen Komponenten einer Erklärung gleich- oder möglicherweise gegenläufige Konsequenzen für die beobachtbaren kollektiven Muster der Partnerwahl haben.

Diese Überlegungen abschließend soll noch einmal betont werden, dass die hier vorgestellten Aspekte einer Kultur der Partnerwahl im Internet im Prinzip keine strukturellen Einflussfaktoren im Sinne organisierter Kontexte des Kennenlernens vorsehen. Vor allem aber sehen sie keinen Einfluss durch die physische Präsenz von Netzwerkpersonen, z. B. in Form direkter sozialer Kontrolle, vor. Im Mittelpunkt stehen vielmehr die individuellen Wahlhandlungen der Akteure in einem offenen und im Vergleich zum Alltagsleben in vielerlei Hinsicht durchaus restriktionsärmeren sozialen Kontext. Die Entscheidungen der Akteure im Onlinedating sind vornehmlich präferenzgesteuert, beginnend bereits beim allerersten Aufeinandertreffen („meeting") und nicht erst ab dem Zeitpunkt ernsthafter Bemühungen um eine Partnerschaft („mating"). Dass sich trotz dieser geringeren Beschränkungen bei der Auswahl von Partnern ähnliche Auswahlmuster zeigen, deutet darauf hin, dass die Akteure die Dispositionen und Gewohnheiten der Partnerwahl im Alltag offenbar so stark verinnerlicht haben, dass sie selbst ohne die Strukturierungswirkung der Alltagskontexte das Handeln leiten.

4   Wer kontaktiert wen im Internet? Einige empirische Befunde

An diese Überlegungen schließt sich nun die Frage an, welche Paarkonstellationen über das Internet zustande kommen. Für erste empirische Hinweise, wer mit wem auf Partnerbörsen in Kontakt kommt, sind die Arbeiten von Fiore (2004), Fiore & Donath (2005), die Studie von Hitsch et al. (2010a, 2010b), das Diskussionspapier von Lee (2008) sowie die theoriegeleiteten Arbeiten von Skopek (2010), Skopek et al. (2009, 2010), Schulz (2010) und Schulz et al. (2010a; 2010b) von Interesse, die jeweils auf Basis empirischer Daten von Onlinekontaktbörsen dieser Frage nachgehen.

In ihrer Studie zur Bedeutung der Homophilie im Onlinedating untersuchten Fiore (2004) und Fiore & Donath (2005) die Kontaktanbahnung zwischen den Teilnehmern einer amerikanischen Singlebörse. Ihre Analysen zeigen zunächst, dass männliche Teilnehmer signifikant häufiger Kontakte initiieren als Frauen, und von Frauen initiierte Kontakte häufiger beantwortet werden. Weiterhin geht aus den Analysen hervor, dass dyadische Interaktionen überzufällig häufig zwischen Personen mit ähnlichen, sozial bedeutsamen Attributen, wie z. B. Bildung oder physische Attraktivität, initiiert und fortgeführt werden:

> „Users opted for sameness more often than chance would predict in all the characteristics examined ... This concurs with the overwhelming evidence gathered by relationship researchers ... that actual and perceived similarity in demographics, attitudes, values, and attractiveness correlate with attraction." (Fiore & Donath 2005: 4)

Diese Tendenz zur Ähnlichkeitspaarbildung ist bereits bei der ersten Kontaktaufnahme deutlich ausgeprägt und nimmt im weiteren Verlauf der Interaktionsbeziehung, hier analysiert am Beispiel der Beantwortung der Erstkontakte, nur noch leicht zu. Daraus schließen Fiore & Donath: „Although the difference is small, it suggests that users were slightly more likely to respond to an initiation from a more similar other." (2005: 4) Insgesamt zeigt die Studie, dass die in den Handlungskontexten des Alltags beobachtbare Neigung, sich besonders mit sozial ähnlich positionierten Menschen zusammen zu finden (vgl. z. B. Blau 1994; Lazarsfeld & Merton 1954), auch im Internet relevant zu sein scheint.

Ähnliche Schlussfolgerungen lässt die Studie von Hitsch et al. (2010a, 2010b) zu. Ihre eher ökonomisch orientierte Untersuchung des Nachrichtenaustausches auf einer (wahrscheinlich anderen) amerikanischen Internetkontaktbörse deutet darauf hin, dass die Partnerwahl im Internet im Vergleich zum Alltag ähnlichen sozialen 'Spielregeln' folgt und vergleichbare soziale Grenzen entlang bestimmter Attribute bestehen. So zeigen ihre Analysen ebenfalls, dass die Nutzer der Onlinedatingplattform weitgehend Partner mit ähnlichen Merkmalen bevorzugen. Dies trifft, unabhängig vom Geschlecht, insbesondere für das Alter zu. Hinsichtlich der Bildung zeigt sich eine bedeutsame Homophilie für Frauen und Männer, allerdings mit den aus der Literatur bekannten geschlechtsspezifischen Abweichungen: Sowohl Männer als auch Frauen bevorzugen generell einen Partner mit ähnlichem Bildungsniveau. Während Frauen darüber hinaus eine recht große Präferenz für höher gebildete aber gegen niedriger gebildete Männer offenbaren, neigen Männer dazu, Frauen mit höherem Bildungsniveau systematisch abzulehnen. Diese Zusammenhänge hinsichtlich der Sortierung nach Bildung können ihrer Tendenz nach auch für die "Matches" bestätigt werden, d. h. für die Dyaden, für die es zumindest indirekte Hinweise darauf gibt, dass sich möglicherweise eine Beziehung außerhalb der Internetkontaktbörse entwickeln könnte. Daraus schlussfolgern die Autoren der Studie:

> „in online dating, sorting can arise without any search frictions: mate preferences, rational behavior, and the equilibrium mechanism by which matches are formed generate sorting patterns that are qualitatively similar to those observed ‚offline'." (Hitsch et al. 2010a: 134)

In enger Anlehnung an die Studie von Hitsch et al. (2010a, 2010b) hat Lee (2008) auf Basis der Daten einer großen koreanischen Onlinedatingagentur ebenfalls die Sortierungsmechanismen bei der Kontaktaufnahme untersucht. Das Besondere an ihrer Studie ist, dass die Daten sowohl Informationen über realisierte und abgelehnte, eher unverbindliche ‚Dates' enthalten, als auch Informationen darüber, welche der Paare, die sich auf der Plattform über Dates kennen lernten, schließlich geheiratet haben (13,4 Prozent der untersuchten Nutzer). Lee (2008) fasst die Hauptergebnisse ihrer Studie folgendermaßen zusammen: Die Akteure berücksichtigen eine Vielzahl an Merkmalen, wenn sie nach einem Partner suchen, so z.B. Bildung oder physische Attraktivität. Insgesamt zeigt sich, dass sowohl Männer als auch Frauen solche Partner bevorzugen, die ihnen ähnlich sind. Wie in den anderen Studien bestätigt sich also auch hier die große Bedeutung der Homophilie für die Partnerwahl, wenngleich eine ebenfalls markante, geschlechtsneutrale Tendenz auszumachen ist, einen Partner mit ‚besseren' Attributen zu wählen, wenn sich die Gelegenheit bietet:

> „For example, people value having a partner with similar physical attractiveness or education, but all men and women unanimously prefer a partner with better appearance. In some cases, this offsetting effect is gender-specific. Male high school graduates prefer female high school graduates, while male college graduates prefer female college graduates; on the other hand, all women prefer male college graduates regardless of their own educational attainment." (Lee 2008: 3)

Diese Zusammenhänge sind sowohl bei den ersten Dates, als auch bei den späteren Eheschließungen weitgehend deckungsgleich, so dass Lee daraus schlussfolgert: „in a setting where people are seriously searching for a spouse, analyzing first-date outcomes can be sufficient to identify their marital preferences." (2008: 3) Dieser Befund, der durch die speziellen, reichhaltigen Daten überhaupt erst möglich wurde, zeigt das große Potential der Erforschung der ersten Schritte der Kontaktanbahnung im Onlinedating für die am Ende resultierenden und zu erklärenden Paarkonstellationen.

Schließlich zeigen die deutschen Studien von Skopek (2010), Skopek et al. (2009, 2010), Schulz (2010) und Schulz et al. (2010a; 2010b) erneut ähnliche Tendenzen für die erstmalige Kontaktierung und die Beantwortung von Erstkontakten. Diese Arbeiten basieren auf einem Datenbankauszug einer großen deutschsprachigen Internetkontaktbörse für das erste Halbjahr 2007. Im Beobachtungszeitraum dieses halben Jahres wurden knapp über 116.000 Kontaktierungsofferten untersucht. Männer sind dabei deutlich aktiver als Frauen. Von diesen Erstkontakten wurde jedoch nicht einmal ein Fünftel beantwortet. Darüber hinaus konnte deutlich gezeigt werden, dass die erstmalige Kontaktierung und die Beantwortung der Erstkontakte systematisch durch die Merkmalskonstellationen der Akteure beeinflusst werden. Die Partnerwahl im Internet ist dabei entlang der klassischen Ungleichheitsdimensionen, insbesondere der Bildung, strukturiert. Die Homophilie, also die Neigung, sich mit sozialstrukturell ähnlich positionierten Menschen zusammen zu finden, ist der dominante Mechanismus bei der Auswahl von Kontaktpartnern auf Internetkontaktbörsen. Die Ähnlichkeit zwischen zwei Akteuren, besonders stark hinsichtlich des Bildungsniveaus, begünstigt die erstmalige Kontaktaufnahme und die Erwiderung dieser Offerten systematisch:

> „Ein ähnliches Bildungsniveau, tendenzielle Altersgleichheit und eine vergleichbare physische Attraktivität begünstigen den Aufbau reziproker Beziehungen, in denen mindestens zwei Nachrichten zwischen den beteiligten Akteuren ausgetauscht werden." (Schulz et al. 2010a)

Im Falle heterophiler Kontaktierung zeigen sich deutliche Spuren des traditionellen bürgerlichen Haupternährermodells. Beziehungen nach dem klassischen Muster, nach dem der Mann über bessere marktvermittelbare Ressourcen verfügt, sind hier dominant gegenüber 'umgekehrt traditionellen' Konstellationen, in denen die Ressourcen zu Gunsten der Frauen verteilt sind. Frauen scheinen jedoch besonders ablehnend gegenüber diesen 'umgekehrt traditionellen' Verhältnissen zu sein, während Männer auch diese Beziehungen zunehmend in Betracht ziehen. Die empirischen Analysen ergaben zudem keine Hinweise auf geschlechtsspezifische Tradeoffs, d.h. auf Austauschprozesse zwischen verschiedenen Ressourcen, hier untersucht am Beispiel von statusvermittelnden Bildungsressourcen und physischer Attraktivität. Weder Frauen noch Männer scheinen systematisch eine der beiden Ressourcen einzusetzen um eine andere im Austausch dafür zu erhalten. Der traditionelle

Stereotyp "schöne Frau und reicher Mann" scheint keine handlungsleitende Bedeutung bei der Partnerwahl im Internet zu haben. Dies ist ein weiterer Indikator dafür, dass die Homophilie der zentrale Paarbildungsmechanismus ist.

5   Theoretische Interpretation

Zusammenfassend spricht der vorangegangene Überblick zur Frage, wer mit wem im Onlinedating in Kontakt kommt, dafür, dass die Paarbildung im Internet vornehmlich nach dem Prinzip „gleich und gleich gesellt sich gerne" funktioniert. Dieser Befund ist nicht wirklich überraschend. Schließlich gibt es viele theoretisch plausible Mechanismen, warum ähnliche Personen häufiger zusammenfinden als unähnliche sowie eine eindrucksvolle Menge an empirischen Arbeiten zur Partnerwahl, welche diesen Erklärungsansatz stützen (vgl. als Ausgangspunkt z.B. Blau 1994; Blossfeld & Timm 1997, 2003; Kalmijn 1998; Kalmijn & Flap 2001). Einen flexiblen theoretischen Rahmen zur Interpretation dieser Befunde bietet vor allem die Austauschtheorie (vgl. z.B. Blau 1964; Edwards 1969; Schulz 2010).

Die Partnerwahl wird nach diesem Ansatz als wechselseitiger Austausch von Ressourcen zwischen Männern und Frauen betrachtet, bei dem die Akteure ihre sozialen Beziehungen hinsichtlich antizipierter Nutzenströme und Kosten bewerten. Im Mittelpunkt steht das wechselseitige ‚Geben und Nehmen' innerhalb kontextspezifischer Austauschmärkte. Auf diesen Märkten initiieren Personen dann Beziehungen mit anderen Personen, wenn sie potentielle Interaktionen als lohnend und damit potentielle Tauschbeziehungen als profitabel empfinden. Allerdings müssen die Akteure auch selbst bestimmte Ressourcen anbieten, an denen die möglichen Interaktionspartner interessiert sind. Die getauschten Ressourcen müssen dabei in ihrer Wertigkeit ähnlich sein. Für dauerhafte Beziehungen ist demnach die Reziprozität der interpersonellen Transaktionen von entscheidender Bedeutung. Wird diese von einem Akteur in einer konkreten Situation nicht erwartet, so wird er nach der Austauschtheorie eine Kontaktaufnahme nicht einleiten.

Bei der Partnersuche im Internet werden die Menschen also darauf bedacht sein, nur Personen zu kontaktieren oder Erstkontakte von Personen zu beantworten, von denen sie sich eine ausgeglichene Tauschbilanz versprechen. Dies ist nach der Austauschtheorie am ehesten zu erwarten, wenn beide Partner mit ähnlichen Ressourcen ausgestattet sind, da auf lange Sicht niemand eine negative Nutzenbilanz akzeptieren und folglich Personen mit geringeren Ressourcen systematisch ablehnen wird. Aufgrund des Wettbewerbs auf dem Heiratsmarkt sollten folglich homogame Paarkonstellationen die Matchingstruktur dominieren. Dieses Prinzip gilt zunächst für verschiedene einzelne Attribute und ist umso stärker wirksam, je wertvoller die Ressourcen sind, welche die Akteure in die Tauschsituation einbringen können. Zudem ist der zugrunde liegende Mechanismus symmetrisch und für Männer und Frauen gleichermaßen wirksam (vgl. Schulz 2010).

Diese Idee liegt auch Beckers Hypothese von der positiven Sortierung nach nicht-marktbezogenen Eigenschaften im Rahmen seiner Theorie der Heirat (1982) zugrunde. Becker prognostiziert, dass der Gewinn, den eine Paarbeziehung im Vergleich zum Alleinleben ermöglicht, unter sonst gleichen Umständen genau dann maximiert werden kann, wenn sich die Beziehungspartner beispielsweise hinsichtlich der Bildung, des Alters oder der physischen Erscheinung weitestgehend ähnlich sind. Bei diesen Merkmalen handelt es sich zum einen um mehr oder weniger dauerhafte Attribute, die obendrein meist sehr gut wahrnehmbar und inter-subjektiv vergleichbar sind und damit eine große Bedeutung bei der Partnerwahl spielen dürften. Zum anderen sind Alter und Bildung sehr gehaltvolle Indikatoren, die hinsichtlich verschiedener Dimensionen des Alltagslebens diskriminieren und die gemeinhin positiv und stabilisierend auf das Zusammenleben wirken. Bildungs- und Altershomogamie erleichtern insofern beispielsweise den Aufbau eines gemeinsamen Lebensstils, gehen eher mit ähnlichen Interessen und geringeren kulturellen Barrieren einher, ermöglichen so eine konfliktfreiere Kommunikation und führen infolgedessen eher zu positiven Affekten und sozialer Bestätigung innerhalb intimer Beziehungen.

Dass diese Perspektive gut zu den empirischen Ergebnissen der Onlinedatingforschung passt, zeigen die wenigen derzeit verfügbaren empirischen Untersuchungen eindrucksvoll. Die Partnerwahl im Internet wird im Wesentlichen durch Homophilie gesteuert, was sich in einer überzufälligen Selektion von Kontaktpartnern mit ähnlichen Profileigenschaften äußert (Fiore & Donath 2005; Hitsch et al. 2010a, 2010b; Lee 2008; Schulz 2010; Schulz et al. 2010a, 2010b; Skopek et al. 2009, 2010). Zu den oben diskutierten kulturellen Elementen passen diese Befunde und die austauschtheoretische Interpretation insofern, als die Akteure angesichts der doppelten Unsicherheit, mit der sie bei der Partnerwahl im Internet konfrontiert sind, vornehmlich solche Partner wählen dürften, unter denen sie sich angesichts der präsentierten Merkmale etwas vorstellen können, was erfahrungsgemäß bei Ähnlichkeit am ehesten gegeben sein dürfte.

6   Ein abschließender Kommentar

Obwohl die kulturellen Elemente der Partnerwahl im Internet etwas anderes erwarten lassen, scheinen sich die Muster der Partnerwahl auf dem digitalen Heiratsmarkt offenbar gar nicht so sehr vom normalen Alltag zu unterscheiden wie zunächst angenommen. Im Wesentlichen resultieren die gleichen Paarkonstellationen wie man sie z.B. auch vermittelt über das Bildungssystem als Heiratsmarkt (vgl. Blossfeld & Timm 1997, 2003) oder vermittelt über Netzwerke (vgl. Hirschle 2007, 2009) hätte erwarten können. Dies ist insofern erstaunlich, da das Internet im Allgemeinen und Internetkontaktbörsen im Speziellen weit weniger durch objektive Zugangsbarrieren oder institutionelle Gegebenheiten sozial vorstrukturiert sind als klassische Treffpunkte des Kennenlernens. Demzufolge deuten die Befunde darauf hin, dass die rationalen Intentionen der Akteure gemäß dem oben skizzierten Austauschmodell eine wichtige Rolle für das Zustandekommen der beobachtbaren Muster der Partnerwahl spielen. Im Internet scheinen die sozialen Mechanismen, welche die skizzierten Paarkonstellationen hervorbringen, jedoch in einem anderen Verhältnis zu wirken, als auf den Partner- und Heiratsmärkten des Alltags. Während im Alltag die strukturellen Gelegenheiten und institutionellen Selektionen einen größeren Anteil am Zustandekommen von Partnerschaften haben, sind im Internet eher die individuellen Neigungen, Präferenzen und Intentionen bei der Auswahl von Kontaktpartnern bedeutsam.

Die Akteure sind in ihren Entscheidungen kaum an institutionelle Strukturen gebunden und werden zumindest nicht direkt durch ihre Zugehörigkeit zu (informellen) Netzwerken in ihrer Auswahl beschränkt. Die Orientierung an den traditionellen Strukturen der sozialen Ungleichheit, welche die Akteure bei ihrer Partnersuche im Internet jedoch offenbaren – das sind zuvorderst die Homophilie und die Abweichung von diesem Prinzip im Sinne des traditionellen Familienmodells – widersprechen fast schon paradoxerweise dieser kulturell unterstellten Individualisierung. Anscheinend konstruieren die Menschen durch ihr Verhalten eine soziale Realität der Partnerwahl im Internet, die der des Alltags weitgehend entspricht, und das obwohl die individuelle Intimbeziehung in ihrer Anbahnung und Entwicklung zunächst völlig aus dem alltagsweltlichen Kommunikationsprozess herausgelöst ist. Es scheint, als würde die Alltagspraxis der Partnerwahl in den virtuellen Räumen des Onlinedatings adaptiert. Diese Interpretation kann sich zum jetzigen Zeitpunkt allerdings nur auf die Kontaktmuster und das kollektive Ergebnis der Kennenlernprozesse im Onlinedating beziehen; schließlich ist klar, dass die Partnerwahl im Internet deutlich anders funktioniert als auf den Heiratsmärkten des Alltags. Allerdings ist die Interpretation auch insofern verständlich, als es in den meisten Fällen das explizite Ziel des Onlinedatings ist, eine Beziehung aufzubauen, die auch im normalen Alltag tragfähig ist. Dazu müssten, um einen notwendigen, wenngleich nicht hinreichenden Aspekt aufzugreifen, der Partner und das Bekanntschaftsnetzwerk in gewisser Weise kompatibel sein. Insofern stellt sich hier wiederum die Frage nach dem Einfluss des Netzwerkes auf das Verhalten im Onlinedating. Allem Anschein nach dürften die mentalen Bezugspunkte des Handelns bei der Partnerwahl auch an den Erwartungen und Ansprüchen des Netzwerks ausgerichtet sein. Wie der Übergang von der Online- in eine 'Offline-Beziehung' funktioniert, und welche Rolle hierbei kulturelle Dimensionen und Netzwerke spielen, ist eine interessante, derzeit jedoch kaum zu beantwortende Frage.

Dieser Frage, wie auch dem Befund einer scheinbaren Individualisierung der Partnerwahl im Internet muss die zukünftige Forschung auf diesem Gebiet näher auf den Grund gehen. Denn es ist durchaus erstaunlich, dass sich in einem neuen, institutionell kaum vorstrukturierten Kontext, in dem sich die Menschen jenseits traditioneller Ungleichheiten bewegen können, ähnliche Verhaltensweisen dauerhaft zu etablieren scheinen, sich also soziale Strukturen im Denken und Handeln der Menschen so niederschlagen, dass sie ihr Handeln selbst dann daran ausrichten, wenn eigentlich keine institutionellen Kräfte wirken. Dahingehend wird eine Forschung, die sich im Spannungsfeld von Medien, Kultur und Netzwerken bewegt, einen großen Beitrag leisten können.

7   Literatur

Beck, Ulrich 1986: *Risikogesellschaft. Auf dem Weg in eine andere Moderne.* Frankfurt am Main: Suhrkamp.

Becker, Gary S. 1982: „Eine Theorie der Heirat" in: ders.: *Der ökonomische Ansatz zur Erklärung menschlichen Verhaltens.* Tübingen: Mohr, 225-281.

Ben-Ze'ev, Aaron 2004: *Love Online. Emotions on the Internet.* Cambridge: University Press.

Blau, Peter M. 1964: *Exchange and Power in Social Life.* New York: Wiley.

Blau, Peter M. 1994: *Structural Contexts of Opportunities.* Chicago: University Press.

Blossfeld, Hans-Peter & Andreas Timm 1997: „Der Einfluß des Bildungssystems auf den Heiratsmarkt. Eine Längsschnittanalyse der Wahl von Heiratspartnern im Lebenslauf" *Kölner Zeitschrift für Soziologie und Sozialpsychologie* 49: 440 – 476.

Blossfeld, Hans-Peter & Andreas Timm (Hg.) 2003: *Who Marries Whom? Educational Systems as Marriage Markets in Modern Societies.* Dordrecht: Kluwer Academic Publishers.

Bühler-Ilieva, E. 2006: *Einen Mausklick von mir entfernt. Auf der Suche nach Liebesbeziehungen im Internet.* Marburg: Tectum Verlag.

Burkart, Günter 2008: *Familiensoziologie.* Konstanz: UVK.

Edwards, John N. 1969: „Familial behavior as social exchange" *Journal of Marriage and Family* 31: 518–526.

Fiore, Andrew T. 2004: *Romantic Regressions. An Analysis of Behavior in Online Dating Systems.* Master Thesis, Cornell University.

Fiore, Andrew T. & Judith S. Donath 2005: „Homophily in online dating: When do you like someone like yourself?" in: *CHI 2005, extended abstracts on human factors in computing systems*: 1371-1374.

Fiore, Andrew T., Lindsay S. Taylor, Gerald A. Mendelsohn & Marti Hearst 2008: „Assessing attractiveness in online dating profiles" in: *CHI 2008, proceeding of the twenty-sixth annual SIGCHI conference on human factors in computing systems*: 797-806.

Freilinger, Kathrin 2008: *Vertrauensprozesse im Onlinedating.* Interviews zur Diplomarbeit, Universität Bamberg.

Geser, Hans 2006: „Partnerwahl Online" *Sociology in Switzerland. Towards Cybersociety and Vireal Social Relations.* Zürich, Online-Journal.

Heiner, Ronald A. 1985: „The origin of predictable behaviour" *American Economic Review* 73: 560-595.

Hirschle, Jochen 2007: *Eine unmögliche Liebe. Zur Entstehung intimer Beziehungen.* Konstanz: UVK.

Hirschle, Jochen 2009: „Institutionelle und informelle Partnermärkte. Zur Verdrängung des Kennenlernens bei den höher Gebildeten" *Soziale Welt* 60: 7-26.

Hitsch, Günter J., Ali Hortaçsu & Dan Ariely 2010a: „Matching and sorting in online dating markets" *American Economic Review* 100: 130-163.

Hitsch, Günter J., Ali Hortaçsu & Dan Ariely 2010b: „What makes you click? Mate preferences in online dating" *Quantitative Marketing and Economics*, Online First, doi:10.1007/s11129-010-9088-6.

Illouz, Eva 2006: *Gefühle in Zeiten des Kapitalismus. Adorno-Vorlesungen 2004.* Frankfurt am Main: Suhrkamp.

Kalmijn, Matthijs 1998: „Intermarriage and homogamy: Causes, patterns, trends" *Annual Review of Sociology* 24: 395-421.

Kalmijn, Matthijs & Henk Flap 2001: „Assortative meeting and mating: Unintended consequences of organized settings for partner choices" *Social Forces* 79: 1289-1312.

Lazarsfeld, Paul F. & Robert K. Merton 1954: „Friendship as a social process: A substantive and methodological analysis".in: Morroe Berger, Theodore Abel & Charles Page (Hg.): *Freedom and Control in Modern Society.* New York: Van Nostrand, 18-66.

Lee, Soohyung 2008: *Preferences and choice constraints in marital sorting: Evidence from Korea.* Arbeitspapier, Stanford University.

Nassehi, Armin 2008: *Soziologie. Zehn einführende Vorlesungen.* Wiesbaden: VS Verlag.

Schmidt, Jan 2009: *Das neue Netz. Merkmale, Praktiken und Folgen des Web 2.0.* Konstanz: UVK.

Schulz, Florian 2010: *Verbundene Lebensläufe. Partnerwahl und Arbeitsteilung zwischen neuen Ressourcenverhältnissen und traditionellen Geschlechterrollen.* Wiesbaden: VS Verlag.

Schulz, Florian & Doreen Zillmann 2009: „Das Internet als Heiratsmarkt. Ausgewählte Aspekte aus Sicht der empirischen Partnerwahlforschung" *ifb-Materialien* 4-2009. Bamberg.

Schulz, Florian, Jan Skopek & Hans-Peter Blossfeld 2010a: „Partnerwahl als konsensuelle Entscheidung. Das Antwortverhalten bei Erstkontakten im Online-Dating" *Kölner Zeitschrift für Soziologie und Sozialpsychologie* 62: 485-514.

Schulz, Florian, Jan Skopek & Hans-Peter Blossfeld 2010b: „Bildungshomophile im Onlinedating" in: Hans-Georg Soeffner (Hg.): *Unsichere Zeiten. Herausforderungen gesellschaftlicher Transformationen. Verhandlungen des 34. Kongresses der Deutschen Gesellschaft für Soziologie in Jena 2008.* Wiesbaden: VS Verlag, CD-Rom.

Schulz, Florian, Jan Skopek, Doreen Klein & Andreas Schmitz 2008: „Wer nutzt Internetkontaktbörsen in Deutschland?" *Zeitschrift für Familienforschung* 20: 271-292.

Schulze, Gerhard 2000: *Die Erlebnisgesellschaft. Kultursoziologie der Gegenwart.* 8. Auflage. Frankfurt am Main: Campus Verlag.

Simmel, Georg 1900: *Philosophie des Geldes. Gesamtausgabe Band 6.* Frankfurt am Main: Suhrkamp 1989.

Simmel, Georg 1908: *Soziologie. Untersuchungen über die Formen der Vergesellschaftung. Gesamtausgabe Band 11.* Frankfurt am Main: Suhrkamp 1992.

Skopek, Jan 2010: *Partnerwahl im Internet. Eine quantitative Analyse von Strukturen und Prozessen der Online-Partnersuche.* Dissertationsschrift, Universität Bamberg.

Skopek, Jan, Florian Schulz & Hans-Peter Blossfeld 2009: „Partnersuche im Internet. Bildungsspezifische Mechanismen bei der Wahl von Kontaktpartnern" *Kölner Zeitschrift für Soziologie und Sozialpsychologie* 61: 183-210.

Skopek, Jan, Florian Schulz & Hans-Peter Blossfeld 2010: „Who contacts whom? Educational homophily in online mate selection" *European Sociological Review*, Advance Access: doi:10.1093/esr/jcp068.

Stauder, Johannes 2006: „Die Verfügbarkeit partnerschaftlich gebundener Akteure für den Partnermarkt" *Kölner Zeitschrift für Soziologie und Sozialpsychologie* 58, 617-637.

Stauder, Johannes 2008: „Opportunitäten und Restriktionen des Kennenlernens. Zur sozialen Vorstrukturierung der Kontaktgelegenheiten am Beispiel des Partnermarkts" *Kölner Zeitschrift für Soziologie und Sozialpsychologie* 60: 265-285.

Stegbauer, Christian 2001: *Grenzen virtueller Gemeinschaft. Strukturen internetbasierter Kommunikationsforen.* Wiesbaden: Westdeutscher Verlag.

Todd, Peter M. & Geoffrey F. Miller 1999: „From pride and prejudice to persuasion. Satisficing in mate search"in: Gerd Gigerenzer, Peter M. Todd & ABC Research Group (Hg.): *Simple Heuristics That Make Us Smart.* Oxford: University Press, 287-308.

Wenn Räume verschmelzen – soziale Netzwerke in virtuellen Spielwelten

Elke Hemminger

1 Einführung: Virtuelle Welten in MMORPGs

Wissen Sie, was ein MMORPG ist? Haben Sie schon einmal an einem Raid teilgenommen oder PvP gespielt? Millionen Menschen weltweit würden diese Fragen mit ja beantworten. Denn Millionen Menschen auf der ganzen Welt spielen so genannte MMORPGs, Massively Multi-Player Online Role-Playing Games, in denen solche Raids und PvP Spiele stattfinden. MMORPGs sind die neueste digitale Adaption der klassischen Tischrollenspiele, die es bereits seit über 35 Jahren gibt. In allen Formen des Rollenspiels[1] erstellen sich die Spielenden eine Figur, den so genannten Charakter oder Avatar. Diese fiktive Figur wird nach verschiedensten Regelwerken mit Eigenschaften, Fertigkeiten, persönlicher Geschichte und Gegenständen ausgestattet und bewegt sich während des Spiels gemeinsam mit den Charakteren der Mitspielenden durch eine fiktive, meist fantastische Welt. Dort werden Abenteuer erlebt und Aufgaben gelöst, Feste gefeiert und Gespräche geführt. Das Spiel selbst gestaltet sich sehr unterschiedlich, je nach dem, welche Form des Rollenspiels gewählt wurde. Im MMORPG wird die fiktive Welt und der Avatar durch Client Software und Zugangsserver aufrechterhalten. Kommunikation zwischen den Spielenden findet in Chatkanälen oder mittels Headset statt. Auch die Geschichten, die gespielt werden, sind vom Programm vorgegeben, wobei es den Spielenden überlassen bleibt, wie tief sie eintauchen in die mystische Welt der Gnome, Zwerge und Trolle. Als Raid bezeichnet man in diesem Zusammenhang einen ‚Raubzug‘ vieler Spielenden gegen einen starken Gegner, der in kleineren Gruppen nicht besiegt werden kann. In World of Warcraft (WoW), dem derzeit erfolgreichsten MMORPG, findet beispielsweise regelmäßig der Hogger-Raid statt, für den sich dutzende Figuren auf Level 1 des Spiels versammeln, um den starken Hogger, ein hyänenähnliches, bösartiges Wesen, zu besiegen. Eine Besonderheit innerhalb des MMORPGs ist das PvP Spiel (Player versus Player), bei dem nicht wie üblich von Spielenden gelenkte Figuren gegen computergenerierte Figuren spielen, sondern zwei Spielende mit ihren Charakteren gegeneinander antreten können. Dies ist, zumindest außerhalb spezieller PvP-Server, nur mit Zustimmung beider Parteien möglich und nur dann ‚ehrenhaft‘, wenn beide auf ähnlichem Level spielen. Es gehört sich also nicht, einen niedrigen Charakter zum Duell herauszufordern, wenn ich selbst auf wesentlich höherem Level spiele.

Schon diese kurze Einführung zeigt die Komplexität von Sprachgebrauch und Verhaltensregeln in MMORPGs auf, ebenso auch den zentralen Stellenwert sozialer Interaktionen innerhalb dieser Spiele. In der öffentlichen Wahrnehmung steht jedoch meist ganz Anderes im Fokus. MMORPGs werden häufig mit so genannten Shootern verglichen oder pauschal als Auslöser von Internet- oder Spielsucht verurteilt. Worin der große Reiz dieser Spiele

---

[1] Rollenspiele sind in diesem Zusammenhang als ‚echte‘ Spiele zu verstehen, nicht im Sinne der therapeutischen Rollenspiele in Pädagogik oder Psychotherapie.

liegt oder welche Aspekte sozialer Interaktionen und sozialen Lernens auch außerhalb der Spielwelten zum Tragen kommen können, wird wenig beachtet. Für die User von MMORPGs sind die Grenzen zwischen virtueller Spielwelt und Alltagswelt häufig nicht klar gezogen; soziale Kontakte innerhalb des Spiels bilden sich zu sozialen Netzwerken aus, die zum ganz realen ‚Bedeutungsgewebe' der Spielenden gehören. Eine Analyse von MMORPGs als soziale Netzwerke in denen Kultur vermittelt und interpretiert wird, kann daher eine fruchtbare Fragestellung sein.

Ziel dieses Textes ist es, die virtuellen Welten von MMORPGs als soziale Netzwerke und kulturelles Phänomen zu beleuchten. Zur Untersuchung von MMORPGs als soziale Netzwerke greifen wir auf das Konzept des relationalen Konstruktivismus nach Harrison White zurück, in dem die Komplexität und Multiperspektivität der sozialen Welt in der modernen Gesellschaft betont wird. Auch durch das spezielle Verständnis sozialer Kontakte als *stories*, die indirekt oder direkt nicht nur in ihrer Faktizität, sondern auch in ihrer Bedeutung beschrieben werden, ist das Netzwerkkonzept nach White für die Analyse von MMORPGs besonders geeignet. Unter Kultur verstehen wir nach Clifford Geertz und in Anlehnung an den klassischen Kulturbegriff nach Max Weber das ‚selbstgesponnene Bedeutungsgewebe', in welches der Mensch eingebunden ist (Geertz 1983: S. 9).

Im folgenden Abschnitt wird zunächst der Zugang aus der Perspektive der Netzwerkforschung erläutert, um dann die doppelte kulturelle Relevanz von MMORPGs anhand der Begriffe Medien- und Spielkultur aufzuzeigen. Im Anschluss soll untersucht werden, welche Bedeutung soziales Handeln innerhalb der Spielkultur von MMORPGs hat und wie dort soziale Netzwerke entstehen können. Zum Abschluss wird ein Modell zur Beschreibung unterschiedlicher Nutzungspraktiken von MMORPGs eingeführt, das als Grundlage für weiterführende Forschung und systematische Netzwerkanalyse im Bereich des Online-Gaming dienen kann.

2   MMORPGs als Soziale Netzwerke

Obwohl MMORPGs zunehmend zum Hobby für Menschen verschiedenster Altersklassen und sozialer Herkunft werden, ist die öffentliche Wahrnehmung häufig von Verwunderung oder Ablehnung geprägt. Als ‚Gewaltspiele' werden MMORPGs mit Shootern verglichen oder als eindeutige Auslöser von Spielsucht verurteilt. Dass die Spiele negative Auswirkung auf die Entwicklung von Kindern und Jugendlichen haben, wird oft stillschweigend vorausgesetzt[2]. Nichts von dem spiegelt wieder, was das Eintauchen in die Spielwelt für die Teilnehmenden wirklich bedeutet und welchen Stellenwert die virtuelle Welt sowie der Spielcharakter im Alltag der Spielenden einnehmen. Für die User der Online-Rollenspiele ist die Grenze zwischen Realität und Alltag einerseits und der virtuellen Welt andererseits längst nicht so eindeutig gezogen, wie dies von Außenstehenden vorausgesetzt wird. Vielmehr bilden die Nutzer dieser Online-Rollenspiele ein komplexes soziales Netzwerk, das zwischen Spielwelt und Alltagswelt der Individuen nur teilweise unterscheidet.

Mit der Entwicklung der technologischen Möglichkeiten zur Erschaffung virtueller Spielwelten, die von tausenden Spielenden geteilt werden, hat sich die Kultur des digitalen Spielens grundlegend verändert. MMORPGs wie Everquest (Sony), WoW (Blizzard) oder Der Herr der Ringe Online (Turbine) haben Veränderungen bei der Nutzung dieser Spiele

---

[2] Siehe beispielsweise den Bericht auf: http://www.tagesschau.de/inland/computerspiele114.html (30.01.09).

durch die Spielenden selbst verursacht, ebenso aber auch eine Wandlung in der wissenschaftlichen Annäherung an digitale Spiele und deren Erforschung (Copier 2003; Taylor 2006). MMORPGs stellen Millionen von Nutzern einen Raum zur Verfügung, in dem Rollen probiert, Träume gelebt und soziale, kulturelle und räumliche Grenzen überschritten werden können. Somit sind diese Spiele auf dem besten Wege, mehr zu werden als nur ein Spiel (Hendriks et al. 2006; Taylor 2006; Turkle 1996). Sie generieren einen öffentlichen Raum bestehend aus virtuellen Charakteren und Örtlichkeiten, sowie vielfältigen Möglichkeiten für reale und wichtige soziale Erfahrungen im Umgang mit Spiel und Mitspielenden.

Die Möglichkeiten des wissenschaftlichen Zugangs zum vergleichsweise neuen Phänomen der MMORPGs sind vielfältig und reichen von deren Erforschung aus linguistischer Sicht über literaturwissenschaftliche Analysen der ‚Storylines' bis hin zu sozialwissenschaftlicher Feldforschung (Copier 2003; Hemminger 2009). Die Betrachtung von MMORPGs als soziales Netzwerk bietet eine weitere Perspektive, die über die bloße Analyse von Teilsystemen der Spiele hinausgehen kann, indem sie neben den Akteuren und deren Handlungen und Beziehungen untereinander auch das Verhältnis der Akteure zueinander außerhalb des Spiels beachten kann. Insbesondere der Ansatz des relationalen Konstruktivismus von Harrison White bietet sich zur Untersuchung von MMORPGs als soziale Netzwerke an, da sein Netzwerkkonzept die Komplexität und Multiperspektivität der sozialen Welt in der modernen Gesellschaft betont (Holzer 2006: S. 79ff.; White 1992). Im Zentrum des Konzepts stehen die Verbindungen (*ties*) zwischen Personen, um die sich ein soziales Netzwerk bildet und ausbreitet. Dabei spricht White selbst wenig von Personen, sondern benützt den Begriff der Identitäten, um deren soziale Verortung innerhalb des Netzwerks zu betonen. Durch die unterschiedlichen Identitäten, die eine Person in Bezug auf andere Identitäten jeweils innehaben kann, müssen teilweise divergierende Erwartungen koordiniert werden. Hier versieht White die *ties* mit besonderer Bedeutung, da ihnen somit die Selbstverständlichkeit und Eindeutigkeit abgesprochen und im Gegenzug eine gewisse Manipulierbarkeit und Kontingenz zugeschrieben wird (Holzer 2006: S. 79ff.; White 1992: S. 65ff.). Eine weitere Besonderheit im Netzwerkkonzept nach White liegt im Verständnis der Bedeutung sozialer Kontakte zwischen zwei Knoten. Anstelle der eher statischen Vorstellung der Verbindungen setzt er das Konzept der *stories*, welche soziale Beziehungen direkt oder indirekt nicht nur in ihrer Faktizität, sondern auch in ihrer Bedeutung beschreiben.

> „Mit einer story wird eine Definition der Beziehung kommuniziert, in der sich die mitunter widerstreitenden Perspektiven und Interessen der Beteiligten niederschlagen. Indem sie im Netzwerk zirkuliert, koordiniert sie nicht nur die Erwartungen der Beteiligten, sondern auch die Erwartung Dritter." (Holzer 2006: S. 86f.)

Die *story* repräsentiert also innerhalb eines Netzwerks eine direkte oder indirekte Beziehung zwischen Knoten in ihrer ganzen Komplexität und Vielschichtigkeit und stellt damit auch die Aushandlung und Festlegung von gegenseitigen Erwartungen in den Mittelpunkt. Genau dieser Fokus macht das Netzwerkkonzept nach White zu einem besonders geeigneten Ansatz zur Analyse sozialer Interaktion in MMORPGs, da es die Erfassung der Beziehungen innerhalb und außerhalb der Spielwelt ermöglicht, sowie die Erwartungen an den Avatar und an die Person hinter der Spielfigur zu fassen vermag. Wir haben es also mit ties und stories auf jeweils zwei Ebenen zu tun; der Ebene des Spielenden und der Spielfigur, sowie der Spielkultur und der Alltagskultur. Beide Ebenen sind nicht trennscharf zu unterscheiden, müssen aber trotzdem für eine Analyse beachtet werden. Allerdings sind nicht für jede mögliche Art ein MMORPG zu spielen jeweils beide Ebenen von Relevanz, so dass es sich anbietet, ein Modell zur Nutzerpraxis von MMORPGs vor eine Analyse sozialer Interaktionen im Spiel zu stellen. Ein solches Modell wird im Folgenden eingeführt. Vorab gilt es jedoch zu klären, inwiefern der Begriff der Kultur für eine Betrachtung von MMORPGs von zentraler Bedeutung sein kann und warum dies zu einer wichtigen Ergänzung des Netzwerkkonzepts nach White führt (1992: S. 66-93).

3   MMORPGs als Spielkultur

Der Begriff der Spielkultur ist im Hinblick auf MMORPGs in doppelter Hinsicht von besonderem Interesse. Zum einen können die Spiele zunehmend als kulturelles Phänomen unserer Zeit, als Teil der Medienkultur, angesehen und verstanden werden, zum anderen bilden sich innerhalb der Spiele selbst eigenständige Spielkulturen mit allen Merkmalen der Kultur aus. Max Webers klassische Definition von Kultur als *„ein mit Sinn und Bedeutung bedachter endlicher Ausschnitt aus der sinnlosen Unendlichkeit des Weltgeschehens"* (Weber 1968: S. 180) wurde erweitert durch den Kulturbegriff von Clifford Geertz als *„selbstgesponnenes Bedeutungsgewebe"* (Geertz 1983: S. 9), in welches der Mensch eingebunden ist. Die Untersuchung dieses Gewebes, also der Kultur, ist daher laut Geertz *„keine experimentelle Wissenschaft, die nach Gesetzen sucht, sondern eine interpretierende, die nach Bedeutungen sucht."* (Geertz 1983: S. 9) Im ‚Bedeutungsgewebe' westlich-industrieller Kultur spielen virtuelle Welten eine zunehmend wichtige Rolle. Insbesondere Online-Spielwelten finden Anklang bei Nutzern aller Kontinente, aller Altersstufen und aller Bildungsschichten[3].

Von den rund 7 Millionen Jugendlichen zwischen 12 und 17 Jahren, die derzeit in Deutschland leben, spielten im Jahr 2006 25% regelmäßig Online-Spiele, das heißt täglich oder zumindest mehrmals pro Woche (Jim-Studie 2006: S. 35ff.). Fantasy-Rollenspiele machen gut 94% des Online-Spielemarkts aus[4], so dass das Genre schon aufgrund dieser Zahlen immer mehr in den Fokus der Forschung rückt. Im Januar 2009 erreichten die registrierten Nutzer für WoW die Rekordmarke von 10 Millionen Spielenden weltweit, alleine in Europa waren mehr als zwei Millionen Nutzer eingetragen[5].

Neben der hohen Nutzeranzahl weisen MMORPGs weitere Besonderheiten auf, die eine bessere wissenschaftliche Darstellung erfordern. MMORPGs ermöglichen in ganz spezifischer Weise die Überschreitung von sozialen, räumlichen und kulturellen Grenzen innerhalb der Spielwelt. Es bilden sich dynamische soziale Netzwerke, in denen sich Schülerin und Professor, Ärztin und Zimmermann treffen. Wer dabei die Führungsrolle übernimmt, hängt nicht vom sozialen Status oder dem Alter und Geschlecht ab, sondern von Spielfertigkeit und Spielerfahrung, sowie der Rolle des Spielcharakters in der Gruppe. Es kommt somit also zur Ausbildung von eigenen, spielimmanenten Rollenstrukturen und Identitäten. Von welchem Ort aus die Figuren gelenkt werden, ist ebenfalls nicht relevant. Sofern Kommunikation möglich ist, können sich Spielende aus aller Welt zusammen durch

---

[3] Natürlich hängt der Zugang zu Medien nach wie vor stark ab von finanziellen Mitteln und entsprechender Infrastruktur. Teilhabe an der Medienkultur ist nach wie vor von der Exklusion bestimmter Bevölkerungsteile geprägt.
[4] http://www.mmogcharactert.com/Charactert8.html retrieved: 27.05.2008.
[5] http://www.mmogcharactert.com/Charactert11.html retrieved: 27.05.2008.

die virtuelle Welt bewegen und dabei auch Zeitunterschiede überwinden. Zu jeder Tages- und Nachtzeit werden sich Spielende finden, um gemeinsam Abenteuer zu bestehen. Die Einbettung der Spielerfahrungen und Interaktionen in soziale Netzwerke innerhalb der Spielkultur hebt die Bedeutsamkeit dieser für die Teilnehmenden besonders hervor. Diese Perspektive betrachtet das soziale Handeln der Akteure auf einer Ebene, die über die individuelle Motivation und Bedeutung hinausgeht, sondern das Handeln einordnet in das von den Spielenden selbst geschaffene Bedeutungsgewebe der jeweiligen Spielkultur.

Zusätzlich zur sozialen, räumlichen und zeitlichen Grenzüberschreitung werden durch die Spiele selbst die Grenzen verschiedener Medien verwischt, da sie unterschiedliche Genres und Medientypen mischen, neu interpretieren und weiter entwickeln. So sind im Online-Rollenspiel narrative Elemente als Filmsequenzen dargestellt, interaktive Kommunikationsplattformen werden innerhalb des Spiels als Chatkanäle genützt und die Erlebnisse im Spiel als kommentierte Videosequenzen, Collagen oder Musikkompositionen an anderen Stellen ins Internet gesetzt. Diese Praxis der ‚Medienkonvergenz' ist typisch für die so genannten ‚Neuen Medien' im Allgemeinen und erfordert ein Umdenken in Sprachgebrauch und Methodik im Umgang mit diesen (Carr et al.; Hills 2002; Jenkins 1992; Manovich 2001; Schelske 2007).

MMORPGs sind wichtiger Bestandteil der aktuellen Spiel- und Medienkultur. Jedes einzelne MMORPG bildet laut Suellen Adams (2005) zusätzlich eine eigene Kultur, die drei Grundelemente beinhaltet. Adams greift auf den Kulturbegriff nach Spradley (1972) zurück, der Kultur als *„ Wissen, das Menschen zur Erzeugung und Interpretation von sozialem Verhalten nützen"* (Spradley 1980: S. 8, eigene Übersetzung) definiert. Die drei Grundelemente von Kultur nennt Spradley *‚cultural behavior'* (kulturelles Verhalten), *‚cultural artifacts'* (kulturelle Artefakte) und *‚cultural knowledge'* (kulturelles Wissen); diese Elemente beinhalten demnach alles, was Menschen tun, herstellen und wissen (Spradley 1971: S. 5ff. & S. 54 ff.; Spradley 1972: S. 5-13; Adams 2005: S. 3, jeweils eigene Übersetzung). Übertragen auf die Online-Spielkultur von MMORPGs wird deutlich, dass sich der jeweils spezifische kulturelle Kontext eines Spiels aus eben diesen drei Grundelementen zusammensetzt und von neuen Nutzern erlernt werden muss.

Betrachten wir die Spielkultur von WoW, dem bislang erfolgreichsten MMORPG, so wird dort das kulturelle Verhalten (*cultural behavior*) durch die Sprache und das Verhalten des Avatars repräsentiert. Durch das Fehlen von Mimik und direkter Berührung gewinnt die Sprache besonderes Gewicht als Bedeutungsträger und Mittel zur kulturellen Abgrenzung. Wer die Sprache des Spiels nicht beherrscht – diese umfasst zahlreiche Fachausdrücke, Abkürzungen und spezielle Schreibweisen – wird als unerfahren und fremd erkannt und steht somit außerhalb der kulturellen Spielgemeinschaft. Ein guter Spieler dagegen beherrscht den Jargon des Spiels, kennt seine Rolle in der Gruppe und zeigt durch sein Verhalten, dass der Sozialisationsprozess in der Spielkultur durchlaufen wurde und somit erfolgreiches gemeinsames Spielen möglich ist (Adams 2005: S. 3f.). So wählt der Spielende bereits zu Beginn des Spiels mit der Erstellung seines Avatars für diesen eine so genannte Klasse (beispielsweise Hexenmeister, Krieger oder Druide) aus, die die Spielfigur auf eine bestimmte Rolle im Gruppenspiel festlegt. So ist es in der Regel nicht gern gesehen, wenn ein Magier seine Rolle als DD (*Damage Dealer*) vernachlässigt und sich stattdessen im Nahkampf versucht. Seine Rolle legt ihn fest auf die Unterstützung seiner Gruppe durch das Vermeiden direkter Kampffaktionen und gleichzeitigen Einsatz von Zaubern zur Wirkung des höchstmöglichen Schadens auf die gegnerischen Figuren. Lässt er sich dennoch auf eine direkte Auseinandersetzung ein wird das gesamte Gruppengefüge gestört – so wird der Heiler versuchen, ihn von Schaden zu heilen und dabei vielleicht den Tank, der im Spiel die spezifische Aufgabe hat, alle Gegner auf sich zu ziehen und an sich zu binden, vernachlässigen müssen. Der Tank ist aber auf die Heilung besonders angewiesen und muss ohne diese seine Rolle als Hauptangriffsziel der Gegner aufgeben. Dies wird sich fortsetzen, bis dann letztendlich kein Gruppenmitglied mehr seine Rolle einhalten kann. So wird die begonnene Quest in aller Regel scheitern.

Der Begriff der kulturellen Artefakte (*cultural artifacts*) kann auf die virtuelle Spielkultur von WoW ebenso angewandt werden, wie der des kulturellen Verhaltens (*cultural behavior*). Zwar stellen die Spielenden keine greifbaren Dinge her, jedoch beinhaltet die Spielkultur zahlreiche so genannte ‚*items*', die Reichtum und Status symbolisieren, innerhalb des Spiels verkauft und verschenkt werden und für das erfolgreiche Spielen allein und in der Gruppe notwendig sind. So gibt es in WoW verschiedene Haustiere (*pets*), die als Begleiter mit den Avataren mitlaufen. Manche dieser *pets* sind extrem selten oder schwer zu erwerben, so dass ein solcher Begleiter als Zeichen für besonders erfolgreiches Spiel gewertet werden kann. Sowohl das Verhalten der Spieler als auch die Artefakte sind zwar nicht greifbar wie außerhalb der virtuellen Welt, sind jedoch im Spiel auf dem Bildschirm sichtbar (Adams 2005: S. 4). Das Übertragen der Artefakte von der Spielkultur in die Alltagskultur, beispielsweise bei Versteigerungen virtueller Gegenstände durch eBay, kommt zwar vor, ist aber innerhalb der Spielkultur nicht als legitim anerkannt und wird nach Möglichkeit auch von Betreiber Blizzard unterbunden. Im Sinne des Netzwerkkonzepts nach White werden also im Spiel sozial eingebettete Identitäten entwickelt, die die Beziehungen zwischen den Spielenden teilweise vorab definieren und somit den Rahmen für weitere Aushandlungen von Identitäten und Rollenstrukturen vorgeben.

Ein Sonderfall ist in diesem Bereich die so genannte *fan art*, also Kunstwerke, die von den Fans eines Spiels entworfen werden. Dabei kann es sich um Zeichnungen oder Skulpturen, aber auch Videos und Musik handeln. Solche *fan art* wird aus dem Material und den Themen der Spielkultur entwickelt und dann aus der Spielkultur heraus mit in die Alltagskultur genommen, beispielsweise durch das Einstellen von *fan art* auf der Videoplattform YouTube. Hier handelt es sich um ein Phänomen der alltäglichen Grenzüberschreitung zwischen virtueller und alltäglicher Kultur.

Das kulturelle Wissen (*cultural knowledge*), nach Spradley das dritte Grundelement von Kultur, begegnet uns im Online-Rollenspiel WoW auf zwei Ebenen. Zum einen verwalten die Entwickler des Spiels kulturelles Wissen, da sie die programmierten Regeln als Teil des Spiels vorgeben, verändern und anpassen können. Auf der anderen Seite werden viele Regeln, Codes und Konventionen von der Gemeinschaft der Spielenden selbst formlos festgelegt und weitergegeben, ohne dass dies von den Entwicklern so vorgesehen war. Analog zu Vorgängen in anderen Kulturen und Gemeinschaften werden solche Regeln unter den Spielenden entwickelt, angepasst und im Sinne von Traditionen vermittelt. Es ist beispielsweise nicht angebracht, sich einer Gruppe anzuschließen um einen bestimmten Gegenstand zu bekommen und dann, sobald dieser in der Beute aufgetaucht ist, zu verschwinden. Ein solches Verhalten verstößt gegen intersubjektiv ausgehandelte Konventionen und wird in aller Regel zu Sanktionen innerhalb der Spielkultur führen, beispielsweise zum Abbruch sozialer Kontakte. Somit sind die Mitspieler, ganz abgesehen von den programmierten Regeln des Spiels, die wichtigsten Vermittler von kulturellem Wissen (Adams 2005: S. 4).

Übertragen auf die Betrachtung von MMORPGs als soziale Netzwerke manifestieren sich die drei Grundelemente der Spielkultur, *cultural behavior*, *cultural artefacts* und *cultural knowledge*, als wichtige Elemente des Netzwerks selbst. Sie tragen maßgeblich dazu bei, dass die *ties* zwischen den Identitäten gebildet, gepflegt und kontrolliert werden können. Kulturelles Verhalten und Wissen bildet gleichzeitig auch die Grundlage für den Zugang zu spielrelevantem sozialem Kapital im Sinne von Bourdieu, indem sie den Zugang zu Ressourcen über Kontakte ermöglichen und sichern. In einer Spielkultur, die spezifisch auf das Zusammenwirken einzelner Akteure in bestimmten Rollen ausgerichtet ist, ist dieser Zugang zu sozialem Kapital grundlegend für fast alle spielrelevanten Handlungen.

Auch die *stories*, welche die Bedeutung einzelner *ties* definieren, bilden sich aus den kulturellen Grundelementen heraus, wobei hier die kulturellen Artefakte eine besondere Rolle spielen können. Denn sowohl der Umgang mit Artefakten als Statussymbolen innerhalb des Spiels, als auch der bloße Besitz eines bestimmten Gegenstands können einer Identität ein derart spezifisches Gesicht verleihen, dass alle Handlungen in den Hintergrund rücken. Beispielsweise werden in WoW an Spielfiguren Titel verliehen, die auf das erfolgreiche Bestehen besonders schwieriger Aufgaben hinweisen. Der Besitz eines solchen Titels reicht aus, um dem entsprechenden Spieler und seiner Spielfigur einen zentralen Status in seinem sozialen Netzwerk zuzuweisen. Ebenso kann beispielsweise das unerlaubte Entnehmen von Gegenständen aus einer Truhe während des Spiels dazu führen, dass soziale Interaktionen abgebrochen werden und der Spielende von seinen Kontakten zukünftig vollständig ignoriert wird. Solche Ereignisse bilden die *stories* aus, die einzelne *ties* charakterisieren und nehmen damit Einfluss auf das gesamte soziale Netzwerk eines Spielenden. Warum aber sind diese Netzwerke so entscheidend für das Spielen von MMORPGs? Dieser Frage soll im nachstehenden Abschnitt am Beispiel von WoW nachgegangen werden.

4   Soziales Handeln und Soziale Beziehungen im MMORPG

Aus soziologischer Sicht hat die vorgestellte Art der Betrachtung von Kultur vieles gemein mit dem Konzept des Symbolischen Interaktionismus, der Kultur als Produkt von Interaktionen sieht, die einer wechselseitigen Beeinflussung von Individuen und kollektivem gesellschaftlichem Handeln ausgesetzt sind. Dies bedeutet, dass die Spielkultur die Identität und das Verhalten der Spielenden beeinflusst, während die Spielenden und ihr Verhalten die Kultur formen, in der sie agieren (Adams 2005: S. 4). Gleiches gilt für die sozialen Netzwerke, in denen die Akteure verortet sind. Das Handeln der Spielenden ist in MMORPGs in erster Linie soziales Handeln, also auf andere Spielende bezogen. Dieser Aspekt ist für die digitale Spieleforschung ein neuer, da bislang soziales Handeln innerhalb der Spielwelten nur sehr eingeschränkt möglich war. So beispielsweise bei den brettspielähnlichen Varianten von Mario Party (Nintendo), die zwar mit mehreren Spielenden stattfinden, aber soziales Handeln innerhalb der Spielwelt nicht vorsehen. MMORPGs hingegen ermöglichen soziales Handeln nicht nur, sondern fordern es von den Spielenden, da erfolgreiches Bewältigen der Aufgaben (Quests) zum größten Teil nur in der Gruppe möglich ist. Dabei kann es sich um kleine Gruppen von zwei bis fünf Spielenden handeln (für Gruppenquests und Instanzen), oder aber um größere Gruppen von 30 oder mehr Spielenden (für Raids oder Schlachtzüge).

Durch die Notwendigkeit in der Gruppe zu spielen, entstehen innerhalb der Spielkultur soziale Netzwerke verschiedenster Dichte und Qualität, denn die Organisation von Spielgruppen wäre ohne eine entsprechende Struktur enorm aufwendig. Um in einer Gruppe spielen zu können, ist es notwendig, Bekanntschaften zu pflegen, Freundschaften zu entwickeln und diese Beziehungen auf verschiedene Art zu verwalten. Dies ist auf unterschiedlichen Ebenen möglich und erfordert ein hohes Maß an Organisation, die teilweise durch Möglichkeiten der Verwaltung im Spiel vereinfacht wird. Neben Freundeslisten, auf die Mitspieler eingetragen werden, organisieren sich die Spielenden in so genannten Gilden, die teilweise eigene Internetseiten unterhalten, um Termine abzusprechen und in Kontakt zu bleiben. Jede Gilde hat einen Gildenmeister, eine Gildensatzung und einen Gildentresor, in dem Gegenstände oder Geld gelagert werden können, die für alle Mitglieder zugänglich sind. Zusätzlich bietet WoW verschiedene Chatkanäle, vorgefertigte Emotes (sprachliche Äußerungen wie Begrüßungen, Gelächter oder Gähnen) und die Möglichkeit, eigene Makros zu erstellen, die Gestik und Äußerungen verbinden und in einer Sprechblase für Umstehende sichtbar werden. Die Spielgruppen finden sich entweder auf informelle Weise, also beispielsweise durch Chats oder zufällige Treffen, oder aber durch spielinterne, formale Suchfunktionen zusammen. Das Spiel selbst bietet also vielfältige Möglichkeiten zur Organisation sozialer Kontakte auf unterschiedlichen Ebenen und fördert somit die Ausbildung und Erweiterung sozialer Netzwerke innerhalb der Spielkultur.

Empirische Daten aus teilnehmender Beobachtung und fokussierten Interviews in Bezug auf WoW zeigen, dass neue Spielende meist durch Freunde oder Verwandte zum Spiel finden und somit automatisch in bestehende soziale Netzwerke eingebunden werden. Diese werden dann erweitert durch Zufallsbekanntschaften innerhalb der Spielkultur, was von verschiedenen Features des Spiels, wie beispielsweise die Gruppensuchfunktion, Saisonquests oder das PvP-Spiel in Arena oder Schlachtfeld, aktiv unterstützt wird. Die Qualität solcher spielimmanenter *ties* kann stark variieren, wobei sich mit steigender Qualität eine Tendenz zum Übergang zu einer Verbindung zeigt, die über das Spiel hinausgeht. Dann werden bewusst face-to-face Treffen vereinbart und Inhalte thematisiert, die außerhalb der Spielkultur relevant sind. Einig sind sich die Spielenden darüber, dass soziale Kontakte auf Dauer den Reiz des Spiels ausmachen und ein Grund für die Treue zu einem bestimmten Spielsystem sind. Denn ein Wechsel des Systems würde ein Verlassen des gesamten sozialen Netzwerks mit allen Folgen bedeuten (Copier 2003; Hemminger 2009).

Somit gehen soziale Beziehungen innerhalb der Netzwerke häufig über die bloße Pragmatik des Spiels weit hinaus. Viele Spielenden pflegen ihre Kontakte nicht nur aus Notwendigkeit für erfolgreiches Spielen, sondern sind darauf bedacht, auch Inhalte außerhalb der Spielkultur in die *stories* aufzunehmen. Zwar begegnen sich viele Spielende niemals außerhalb der virtuellen Spielwelt, trotzdem werden regelmäßig die Grenzen der Virtualität in Unterhaltungen und Erfahrungen überschritten. So werden im Gildenchat durchaus auch persönliche Probleme oder aktuelle Ereignisse diskutiert. Fußballergebnisse sind dabei ein besonders beliebtes Thema, was regelmäßig Diskussionen im Chat über die Angemessenheit von solchen Äußerungen innerhalb des Spiels auslöst. Oder ein Gildenmitglied, das Profisportler ist, gibt seine Trikotnummer an seine Mitspielenden weiter und schickt ihnen Freikarten für seine Spiele (Hemminger 2009). Hier verschmelzen die virtuelle Welt und die Alltagswelt der Spielenden derart miteinander, dass von einer virtuellen Wirklichkeit gesprochen werden muss.

Das Spiel mit fremden Personen birgt automatisch das Potential zu Erfahrungen, die für die Spielenden hinter der Spielfigur wichtig und relevant sind. Obwohl solche Erfahrungen innerhalb der Spielkultur gemacht werden, stellen sie für die Spielenden signifikante Ereignisse dar (Hemminger 2009). Der Schonraum virtueller Welten kann sowohl Stärken als auch Schwächen einer Person amplifizieren, indem er die Möglichkeit zu Handlungen ohne unmittelbar spürbare Konsequenzen bietet. Es ist einfacher in Spielwelten innere Barrieren zu überschreiten und dies wird von den Spielenden auf verschiedene Weise genützt. Die Nutzer können versuchen, ihre persönlichen Ängste vor sozialem Miteinander zu überwinden, sie können lernen, mit Fremden zu kommunizieren und ihre Hilfe anzubieten. Oder die Spielenden missbrauchen die Hilfsbereitschaft anderer und missachten damit die Regeln des guten Benehmens innerhalb der Spielkultur. Gleichgültig auf welche Weise der virtuelle Spielraum genützt wird, die innerhalb des Spiels gemachten Erfahrungen werden als wirklich und wichtig wahrgenommen. Nicht nur weil sie durchaus spürbare und sichtbare Konsequenzen haben (beispielsweise virtueller Geldverlust und Tod, Geschenke und Postsendungen), sondern auch durch die emotionale Wirkung der Erlebnisse auf die eigene Person. In dem Maße, in dem reale Person und Spielcharakter ineinander verwoben sind, sind auch Alltagskultur und Spielkultur miteinander verknüpft. Spielwelt und Alltagswelt können nicht als streng getrennte Wirklichkeitsausschnitte angesehen werden. Die Räume verschmelzen zunehmend, wenn die Spielwelt durch die virtuelle Realität sozialen Handelns ergänzt wird.

Dieses Verschmelzen der Räume tritt jedoch nicht zwangsweise immer auf, wenn sich ein Nutzer in die Spielwelt einloggt. Die tatsächliche Nutzung von MMORPGs geschieht in verschiedenen Dimensionen, die keineswegs alle das Verschmelzen von Alltagswelt und Spielwelt beinhalten. Jeder Spielende kann verschiedene Dimensionen des Spielens abwechselnd nützen, manchmal vermischen sich auch diese Spieldimensionen in der praktischen Spielanwendung erneut.

Um zu beschreiben, welche unterschiedlichen Dimensionen die tatsächliche Nutzerpraxis von MMORPGs aufweist, wurde das im Folgenden vorgestellte Modell entwickelt. Das Modell ist nicht nur zur Beschreibung der Nutzerpraxis, die bislang häufig vernachlässigt wurde, gedacht, sondern auch zur näheren Untersuchung des komplexen Verhaltens von Nutzern innerhalb der Spielkultur von MMORPGs. Damit könnte es als Grundlage weiterer Forschung, beispielsweise einer systematischen Netzwerkanalyse in MMORPGs, dienen.

5   Vier Ebenen der Nutzerpraxis von MMORPGs

Das folgende Modell ist ein Instrument zur Beschreibung der Nutzerpraxis von MMORPGs. Es erklärt keine Motivationslagen der Nutzer und identifiziert keine Spielertypen, auch wird darin keinerlei Bewertung oder Stufung der Spieldimensionen vorgenommen. Jede der Dimensionen kann alternierend von einem Spielenden genützt werden und in derselben Sitzung des Spiels vorkommen. Zudem gehen die Dimensionen fließend ineinander über und vermischen sich zeitweise. Die Wahl der Dimension durch den Nutzer hängt stark vom jeweiligen Kontext des Spielens ab und kann sich jederzeit ändern. Gemeinsam bilden die vier Dimensionen der Nutzerpraxis die kulturelle Praxis innerhalb der MMORPG Spielkultur (Abbildung 1). Die Darstellung stammt aus dem englischsprachigen

Text der Untersuchung (Hemminger 2009) und wurde der Genauigkeit halber nicht über-setzt.

Abbildung 1:   Ebenen der Nutzerpraxis im Online Rollenspiel

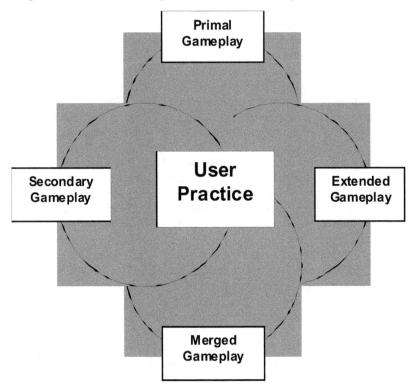

Die vier Dimensionen der Nutzerpraxis werden wie folgt identifiziert:

a. *Primal Gameplay*: Befolgen von Regeln, effektives Nutzen von Spieleigenschaften- und Möglichkeiten und ideale Spielstrategie zum schnellen Erreichen der höchsten Level des Spiels.

b. *Secondary Gameplay*: Das Spiel selbst kann vernachlässigt werden, jedoch werden Spieleigen-schaften wie Chatkanäle benützt, um andere Spielende während des Spie-lens zu erreichen. Das Spiel fungiert als Kommunikationsplattform und virtueller Treffpunkt.

c. *Extended Gameplay*: Die Eigenschaften und Möglichkeiten des Spiels werden zur Vertiefung der Spielerfahrung genützt, beispielsweise Emotes und Makros zum Aus-druck des Verhaltens des Avatars, zum digitalen Rollenspiel.

d. *Merged Gameplay*: Das Spiel wird als öffentlicher Raum genützt, in dem Alltagswelt und Spielwelt sich in einer virtuellen Realität vermischen. In diesem Raum werden echte und alltagsrelevante Erfahrungen gemacht. Die Avatare repräsentieren nicht Per-sonen als Spielende, sondern als reale Persönlichkeiten.

Durch die systematische Beschreibung der Nutzerpraxis von MMORPGs wird die komplexe Beschaffenheit der individuellen Spielerpraxis jedes einzelnen Nutzers deutlich. Das Modell sagt nichts aus über die individuelle Motivation des Spielens in einer bestimmten Dimension; weitere Untersuchungen wären jedoch möglicherweise in der Lage, die bestehenden Kategorien der Spielertypen und Spielmotivationen mit den Ebenen der Nutzerpraxis zu verbinden (e.g. Bartle 1996; Ermi & Märyä 2005; Yee 2005).

Die besondere Leistung des Modells liegt aber in der systematischen Darstellung der Integration von MMORPG Spielkulturen in die Alltagskultur der Spielenden auf der Ebene des Merged Gameplay. Obgleich die Unterscheidung zwischen den spezifischen Ebenen nicht leicht ist und die Entwicklung genauerer Kriterien notwendig sein wird, so wird dennoch deutlich, dass die Spielkultur des MMORPGs keinen abgetrennten Raum darstellt, der vom Alltag der Spielenden hermetisch abgeriegelt ist. Vielmehr müssen die Spielwelten als ein Teil des Alltags untersucht werden, wofür eine genaue Beschreibung der Vorgänge darin notwendig ist. So wird im vorgestellten Modell illustriert, wie in den Dimensionen des Extended, Secondary und Merged Gameplay soziale Interaktionen und stabile soziale Beziehungen wichtige Komponenten der Spielerfahrung sind. Beispielsweise berichten Spielende häufig von persönlichen Begegnungen innerhalb der Spielkultur, die zu einem ganz realen Lerneffekt oder sozialen Interaktionen führen, die in die Alltagswelt integriert werden. So treffen sich Gildenmitglieder teilweise zu gemeinsamen Unternehmungen oder weiten ihre Gespräche thematisch von spielimmanenten Inhalten auf alltägliche Erlebnisse und Probleme aus. Dies spiegelt sich auch in der Spieleentwicklung wieder – so wurde beim Echtzeitstrategie-Spiel ‚Starcraft 2 – Wings of Liberty‘, das auch in einer Online Multi-Player Version gespielt werden kann, von Blizzard die Integration der social networking site ‚Facebook‘ von Beginn an eingeplant. Es wird also auch von Entwicklerseite das Verschmelzen von Spielkultur mit Alltagskultur – denn als solche kann die Nutzung von Facebook inzwischen durchaus bezeichnet werden – aktiv unterstützt (Hemminger 2010; Hemminger/ Schott 2010).

Die Beschreibung der Nutzerpraxis von MMORPGs kann einen grundlegenden Beitrag zur Untersuchung sozialer Netzwerke innerhalb der Spielkultur liefern und Einblick geben in mögliche Veränderungen sozialer Interaktion, die mit der stetigen Weiterentwicklung digitaler Medien auf uns zu kommen könnten. Das Konzept des Merged Gameplay bietet dabei die Möglichkeit, beide Ebenen der kulturellen Eingebundenheit von Akteuren, nämlich in der Alltagskultur und in die Spielkultur, einzubeziehen.

Besonders interessant ist hier die Frage nach der Bedeutung von *stories* für die Interaktionen, da diese aus beiden kulturellen Bereichen stammen können und die Identitäten somit doppelt ausprägen. Wenn sich ein solches narratives Netzwerk aus Geschichten über die Teilnehmenden konstituiert, so finden sich diese Geschichten in der MMORPG Spielkultur demnach auf zwei verschiedenen Ebenen. Zum einen hat jeder Avatar eine individuelle Geschichte und durchspielt verschiedene Geschichten innerhalb des Spiels. Diese werden teilweise durch das Spiel selbst oder durch die Spielenden auf verschiedene Weise dokumentiert, beispielsweise durch Videos bei YouTube. Zum anderen hat jeder Spielende als reale Persönlichkeit eine Geschichte und erlebt Geschichten im Spiel und außerhalb des Spiels, die ebenfalls auf das soziale Netzwerk Einfluss nehmen. Beide Ebenen des narrativen Netzwerks wirken somit wechselseitig aufeinander ein und tragen zur Identitätsbildung der Akteure bei. Die Netzkultur verschmilzt mit der Alltagskultur der Spielenden somit auch aus der Perspektive der Netzwerkforschung.

6   Fazit

Der Zugang zu virtuellen Spielkulturen aus der Perspektive der Netzwerkforschung bildet eine wichtige Grundlage für deren Analyse. Durch den Fokus auf kulturelle Vorgänge und soziale Interaktion ermöglicht der Ansatz einen umfassenden Blick auf die Akteure und deren Einbindung in mehrere Ebenen von sozialem Handeln und Kultur.

Das Verschmelzen von Alltagskultur und Spielkultur in der Nutzerpraxis von MMORPGs ist ein kulturelles Phänomen, das für viele Nutzer bereits selbstverständlich geworden ist. Insbesondere im Alltag Jugendlicher hat die aktive Teilnahme an verschiedensten Online-Kulturen großen Stellenwert. Es handelt sich hierbei nicht um ein passives Einwirken auf den Konsumenten, sondern um einen kreativen, sozialen und komplexen Vorgang, der nicht vom Alltag getrennt bleiben kann. Vielmehr ist die Nutzung von MMORPGs, zumindest in bestimmten Dimensionen der Nutzerpraxis, ein bedeutsamer und erfahrungsreicher Teil des Alltags für die Spielenden. Umso bedenklicher ist demzufolge die übliche Aufarbeitung dieses Phänomens in Wissenschaft, Medien und Politik. Ein undifferenziertes Verurteilen, konsequentes Ignorieren oder sensationsheischende Berichterstattung tragen weder zum Verständnis für problematische Aspekte bei, noch führen sie die Diskussion über den Reiz der Online-Spielkulturen konstruktiv weiter.

Das Web 2.0 mit allen Möglichkeiten und Gefährdungen ist längst Teil unserer Kultur, unseres Alltags geworden. Dies gilt es zu akzeptieren und damit gilt es umzugehen. Kultur prägt den Menschen, aber der Mensch formt auch die Kultur. Es liegt also in unserer gesellschaftlichen Verantwortung, diese neuartige Online-Spielkultur als eine solche wahrzunehmen, sie zu erforschen und sie mit zu prägen. Nur so kann sichergestellt werden, dass dieser Bereich unserer Kultur auf Dauer ein wertvoller und erfahrenswerter Bereich für alle Teilnehmenden sein kann.

7   Literatur

Adams, Suellen 2005: „Information Behavior and the Formation and Maintenance of Peer Cultures in Massive Multiplayer Online Role-Playing Games: A Case Study of City of Heroes" *Proceedings of DiGRA Conference 2005: Changing Views – Worlds in Play.* http://www.digra.org/dl/db/06278.15067.pdf (Zugriff am 02.12.2008).

Bartle, Richard 1996: „Hearts, Clubs, Diamonds, Spades: Players Who Suit Muds" http://www.mud.co.uk/richard/hcds.htm (Zugriff am 30. 10. 2008).

Carr, Diane/ Buckingham, David/ Burn, Andreas & Schott, Gareth 2006: *Computer Games. Text, Narrative and Play.* Cambridge: Polity.

Copier, Marinka 2003: „The other Game Researcher. Participating in and watching the Construction of Boundaries in Game Studies" *Proceedings of DiGRA Level Up Conference* 2003, S. 404-419. www.digra.org/dl/db/05163.46510.pdf (Zugriff am 18.03.08).

Dormans, Joris 2006: „On the Role of the Die: A brief ludologic study of pen-and-paper roleplaying games and their rules" *Game Studies* 6(1). www.gamestudies.org/0601/article/dormans (Zugriff am 19.12. 2007).

Ermi, Laura & Mäyrä, Frans 2005: „Fundamental Components of the Gameplay Experience: Analysing Immersion" *Proceedings of DiGRA Conference 2005: Changing Views – Worlds in Play.* http://www.digra.org/dl/db/06276.41516.pdf (Zugriff am 02.02.2008).

Geertz, Clifford 1983: *Dichte Beschreibung: Beiträge zum Verstehen kultureller Systeme.* Frankfurt a. M.: Suhrkamp.

Hansen, Klaus P. 2003: *Kultur und Kulturwissenschaft*. Basel und Tübingen: A. Francke, 3. Auflage.

Hemminger, Elke 2009: *The Mergence of Spaces. Experiences of Reality in Digital Role-Playing Games*. Berlin: Sigma.

Hemminger, Elke 2010: „Fantasy Facebook. Merged Gameplay in MMORPGs as Social Networking Activities" in: Mitgutsch, Konstantin/ Klimmt, Christoph/ Rosenstingl, Herbert (Hrsg.): *Edges of Gaming. Conference Proceedings of the Vienna Games Conference 2008 – 2009*, Wien: Braumüller.

Hemminger, Elke/ Schott, Gareth 2010: „The Mergence of Spaces. MMORPG User-Practice and Everyday Life" in: Fromme, J./ Unger, A. (Hrsg.): *Computer Games/ Players/ Game Cultures: A Handbook on the State and Perspectives of Digital Game Studies*. Berlin: Springer.

Hendricks, Sean Q. / Williams, J. Patrick & Winkler, W. Keith (Hrsg.) 2006: *Gaming as Culture: Essays on Reality, Identity and Experience in Fantasy Games*. Jefferson: McFarland.

Hepp, Andreas 2009: „Netzwerk und Kultur" http://andreas-hepp.name/ (Zugriff am 12.10.2009).

Hills, Matt 2002: *Fan Cultures*. London: Routledge.

Hollstein, Bettina & Straus, Florian (Hrsg.) 2006: *Qualitative Netzwerkanalyse. Konzepte, Methoden, Anwendungen*. Wiesbaden: VS Verlag.

Holzer, Boris 2006: *Netzwerke*. Bielefeld: Transcript.

Jansen, Dorothea 2003: *Einführung in die Netzwerkanalyse*. Opladen: Leske+Budrich, 2. erw. Auflage.

Jenkins, Henry 1992: *Textual Poachers*. New York/ London: Routledge.

JIM – Studie 2006: *Jugend, Information, (Multi-) Media. Basisuntersuchung zum Medienumgang 12- bis 19-Jähriger*. Stuttgart: Medienpädagogischer Forschungsverbund Südwest, 2. Auflage.

Manovich, Lev 2001: *The Language of New Media*. Cambridge, Massachsetts: The MIT Press.

Salazar, Javier 2005: „On the Ontology of MMORPG Beings: A theoretical model for research" *Proceedings of DiGRA Conference 2005: Changing Views – Worlds in Play*. http://www.digra.org/dl/db/06276.36443.pdf (Zugriff am 28.10. 2008).

Stegbauer, Christian & Rausch, Alexander 2006: *Strukturalistische Internetforschung. Netzwerkanalysen internetbasierter Kommunikationsräume*. Wiesbaden: VS Verlag.

Stegbauer, Christian (Hrsg.) 2008: *Netzwerkanalyse und Netzwerktheorie. Ein neues Paradigma in den Sozialwissenschaften*. Wiesbaden: VS Verlag.

Schelske, Andreas 2007: *Soziologie vernetzter Medien. Grundlagen computervermittelter Vergesellschaftung*. München / Wien: Oldenbourg.

Spradley, James/ McCurdy, David W. (Hrsg.) 1971: *Conformity and Conflict. Readings in cultural anthropology*. Boston: Little, Brown and Company.

Spradley, James/ McCurdy, David W. 1972: *The Cultural Experience. Ethnography in Complex Society*. Prospect Heights: Waveland Press.

Taylor, T. L. 2006: *Play between Worlds. Exploring Online Game Culture*. Cambridge, Massachsetts: The MIT Press.

Turkle, Sherry 1996: „Parallel Lives: Working on Identity in Virtual Space" in: Grodin, Debra/ Lindlof, Thomas R. (Hrsg.): *Constructing the Self in a Mediated World*. Thousand Oaks: Sage, S. 156-176.

Turkle, Sherry 1997: *Life on the Screen. Identity in the Age of the Internet*. London: Orion Books.

Weber, Max 1968: „Die 'Objektivität' sozialwissenschaftlicher und sozialpolitischer Erkenntnis" in: ders.: *Gesammelte Aufsätze und Wissenschaftslehre*. Tübingen: Mohr, S. 146-214.

White, Harrison 1992: *Identity and Control. A Structural Theory of Social Action*. Princeton: Princeton University Press.

Yee, Nick 2005: „Motivations of Play in MMORPGs" *Proceedings of DiGRA Conference 2005: Changing Views – Worlds in Play*. http://www.digra.org/dl/db/06276.26370.pdf (Zugriff am 30. 10. 2008).

Internetquellen

http://www.mmogchart.com/Chart11.html: 05.05.2008.
http://www.mmorpg-research.de/: 05.05.2008.
http://www.blizzard.de/press/080122.shtml: 05.05.2008.

Beyond Impression. Riskante Formen der Selbstpräsentation auf Sozialen Netzwerkseiten am Beispiel von StudiVZ

Gerit Götzenbrucker

1 Einleitung

Soziale Netzwerkseiten (SNS) werden in der Fachliteratur kontrovers diskutiert. Während einerseits die Verführung zu Selbstentblößung mit den Folgen des Verlustes der Privatheit und Kontrolle beklagt wird (Fraunhofer 2008; Lewis/Kaufman/Christakis 2008; Fagel/Nemhad 2008; Fuchs 2009; Burkart 2009; Kübler 2009), prognostizieren Optimisten profitable Möglichkeiten der sozialen Vernetzung, Ausweitung des kulturellen Aktionsradius bis hin zu Kreation von Images und Identitäten (u.a. Quan-Haase/Wellman 2004; Boyd 2006, 2008; Ellison et al. 2007, 2009; Keen 2007; Walther et al. 2008; Krämer/Winter 2009). Im vorliegenden Beitrag sollen die unkonventionellen Selbstäußerungen von Jugendlichen auf der Sozialen Netzwerkseite StudiVZ im Zentrum stehen und ausgelotet werden, welcherart soziales Kapital den Jugendlichen aus Formen der ironischen, gegenkulturellen, peinlichen oder vermeintlich coolen Selbstpräsentation erwächst. Diese Distinktionspraxen stehen nämlich in Opposition zur regelhaft verwalteten und „sauberen" Datenwelt der Erwachsenen.

Es gilt die Frage zu klären, warum Jugendliche trotz erwartbarer Sanktionen zu derart drastischen Mitteln der Selbstdarstellung greifen. Auf einer allgemeinen Diskussion über die Chancen und Risiken von Sozialen Netzwerkseiten aufbauend wird anschließend die Selbstdarstellungspaxis der Jugendlichen aus Kultur- und Netzwerktheoretischer Perspektive beleuchtet, wobei zahlreiche Beispiele aus StudiVZ als Belege dienen.

2 Vom Nutzen und Schaden digitaler Netzwerke

StudiVZ, MeinVZ und SchülerVZ haben im deutschsprachigen Raum aktuell ca. 13 Millionen NutzerInnen. Im Gegensatz zu den erfolgreichsten globalen Services wie Facebook und MySpace beschränken sich die VZ-Netzwerke auf den deutschsprachigen Raum. Gegründet 2005 nach dem Vorbild des ursprünglich als Alumni-Netzwerk geplanten Facebook war StudiVZ im Jahr 2007 mit knapp 6 Millionen NutzerInnen bereits so erfolgreich, dass es die Holtzbrinck Gruppe für kolportierte 100 Millionen Euro erwarb.

Die vorliegende Explorationsstudie beschreibt riskante Kommunikations- und Selbstdarstellungspraktiken von Jugendlichen im Zeitraum der starken Expansion dieser Sozialen Netzwerkseite Ende 2007, als es noch wenig Wissen und Diskussion über die zugrundeliegenden technischen Speichersysteme, Datenerfassungsmöglichkeiten und daraus resultierenden rechtlichen Probleme gab. Heute sind diese Netzwerkseiten aufgrund ihrer Datenerfassungspraxis in die öffentliche Kritik geraten und wurden nicht zuletzt deshalb zu Full Service Plattformen ausgebaut, die neben den ursprünglichen Features des *friending* (Boyd

2006) und der Selbstdarstellung nun auch Medienangebote, digitale Spiele und Unterhaltung integrieren. Was sind nun die Erfolgsrezepte dieser virtuellen Freundschaftsnetzwerke und welche Chancen und Risiken ergeben sich für deren TeilnehmerInnen?

Soziale Netzwerkseiten lassen sich aufgrund der einfachen Verfügbarkeit und niederschwelligen technologischen Anforderungen vorrangig als Instrument der Lebensorganisation von Jugendlichen beschreiben. Dieses *Lifelogging* (Smart et al. 2007) als „Selbsttechnologie" unterstützt das Aufnehmen, Speichern und Verteilen von Lebenserfahrungen zum Zweck der Dokumentation, Selbstnarration, Selbstdarstellung, Reputation und sozialen Vernetzung bis hin zur (Selbst-)Überwachung und vermittelt den Jugendlichen zudem ein Gefühl der Unsterblichkeit. Des Weiteren erlaubt die öffentliche Ausschilderung von Positionen und sozialen Beziehungen („public displays of connections" Doath/Boyd 2004) den Jugendlichen auch Individualität und Selbstfindung (Valkenburg 2009; Park 2009; Lee 2009), indem sie Normen und Werte innerhalb ihrer Jugendkultur abgleichen.

Die technische Architektur von Sozialen Netzwerkseiten ist darauf ausgerichtet, ehemalige FreundInnen oder Bekannte wiederzufinden (Ellison et al. 2007) resp. mit Personen in Kontakt zu treten, die ähnliche Interessen oder Freundeskreise haben. Somit werden – parallel zu persönlichen, engen Freundschaften – eher lose Beziehungen zu einer Art „Online Stamm" zusammengeführt, der unverbindlich auf „bequemer Halbdistanz" (Sloterdijk 2009: 126) gehalten werden kann, aber trotzdem soziale Anschlussfähigkeit garantiert. Darüber hinaus können die Jugendlichen ihre Online-Freunde kontrollieren, da sie (meist uneingeschränkten) Zugang zu deren Profilinhalten haben.

Demgegenüber schaffen Netzwerkeffektgüter wie Sozialen Netzwerkseiten auch Probleme, da sie Verpflichtungscharakter bekommen: Derartige Systeme profitieren nämlich davon, dass möglichst viele (reputierte) Menschen sie benutzen – je mehr, umso wertvoller und wichtiger wird dieser Dienst – und ziehen damit Kapazitäten aus traditionellen Beziehungsmanagementsystemen ab. Außenstehende können so leicht den sozialen Anschluss verlieren.

Zudem verführen SNS als „opake" Technologien (Turkle 1995) zur Preisgabe höchstpersönlicher Daten und Informationen: Die im privaten Raum produzierten intimen Daten werden dem Computer als „Freund" anvertraut, wobei die zugrunde liegenden Speichersysteme und Kontrollmechanismen unsichtbar bleiben. Die Netzwerker haben die Illusion des „unter sich Seins".

Die im Hintergrund von SNS laufenden technischen Datenbanken sind für die TeilnehmerInnen jedenfalls nicht auf den ersten Blick erkennbar. Die *Vernetzungsstrukturen* und *Datenerfassungspraktiken* werden von den Betreibern wissentlich verschleiert. Erst die automatisierten Systemmeldungen (die von den meisten TeilnehmerInnen gar nicht abonniert werden, weil sie ihre Mailbox überschwemmen) enthüllen die wahre Macht der (StudiVZ)-Betreiber und das wahre Ausmaß des Daten-Schattens der NutzerInnen: Sie wissen, wer das Profil besucht und wer Geburtstag hat, was die Freunde gerade machen, welchen Beziehungsstatus sie haben und schlagen praktischerweise auch gleich Mitglieder vor, die man eigentlich kennen müsste. Beispiele für problematische Datenverknüpfungen, Systemeinstellungen und automatisierte Systemmeldungen auf StudiVZ sind Ende 2007 z.B. die öffentliche Sichtbarkeit der Ablehnung einer Freundschaftsanfrage, der Umstand, dass Profile und Namen über Google auffindbar sind, und dass die Voreinstellungen der meisten SNS prinzipiell allen NutzerInnen – auch Nicht-Freunden – einen Blick auf das gesamte Profil gewähren. Einschränkungen der Profil-Sichtbarkeit müssen von den TeilnehmerInnen nämlich selbst vorgenommen werden (Fraunhofer 2008).[1] Fuchs (2009) bestätigt, dass sogar bei Studierenden kaum Wissen über Datenschutz besteht, obwohl dieser als hoher Wert anerkannt wird. So fehlten den befragten Studierenden einerseits mehrheitlich sicherheitsrelevante Strategien zum Selbstschutz im Internet, andererseits meinten sie, dass gerade die Preisgabe von Persönlichem ihre Profile für andere TeilnehmerInnen interessant mache. Die erwartbaren Vorteile scheinen die Nachteile der Verletzung von Privatsphäre und Datenschutz jedenfalls zu überwiegen.

Aus der Sicht von Arbeitgebern, Autoritätspersonen oder KollegInnen bieten diese persönlich gestalteten „digitalen Spiegelbilder" jedenfalls interessante Einblicke in die Persönlichkeit von Profileignern. Da der in Internetdiensten häufig beobachtete Effekt der Pseudonymität hier wegfällt und quasi authentische Selbstpräsentationen gewählt werden, erscheinen diese Profilseiten als relevantes Material für Personen-Checks. Nach einer Exploration von Krämer/Winter (2008) finden sich auf StudiVZ im Jahr 2007 98% echte Profile mit realen Namen und realem Foto. Da in der Arbeits- und Berufswelt vorwiegend auf soziale Integrierbarkeit, Kompatibilität und Integrität von Personen Wert gelegt wird, erscheinen die in der vorliegenden Explorationsstudie erhobenen Selbstdefinitionen eher kontraproduktiv, da sie sich an die eigene Community und nicht an das soziale Feld des Arbeitsmarktes richten. Vor allem in Kombination mit Studienrichtungsverweisen oder Berufsausübungen sind Selbstdarstellungen und Gruppenmitgliedschaften als Stolpersteine für die Karriere einzustufen. Identität im Zeitalter des Web 2.0 ist demnach kein freies Spiel mit Möglichkeiten mehr, sondern „bleibt an einem kleben" (Gasser 2009: 72f).

Soziale Netzwerke, wie sie hier im Rahmen von Sozialen Netzwerkseiten aufgebaut werden, können demnach nicht nur als positive Agglomerationen der Repräsentation sozialen Kapitals eingestuft werden, zumal in digitalen Vernetzungsprozessen auch die „dunklen" Seiten der Vernetzung in Form von *Cyber-Mobbing, Cyber-Bullying* und *Diskriminierung* durchschlagen (Grimm 2009; Smith 2010; Valkenburg 2010; Livingstone 2010). Beispiele dafür sind unwahre Behauptungen zur Einschüchterung, Diffamierung oder Bloßstellung, gezielte sexuelle Belästigung, Identitätsklau, manipulierte Fotos oder Beleidigungen.[2] Dass diese Praktiken schlagartig zunehmen, hat möglicherweise auch den Grund, dass die Systemarchitektur der SNS den moralischen Maßstab – was erlaubt oder verboten ist – innerhalb der sozialen Netzwerke verrückt. SNS ermöglichen zwar keine sehr engen Beziehungen, das technische Vorschlagsystem sorgt aber dafür, dass sich Personen mit ähnlichen Freundeskreisen eher begegnen und Freundschaftsanfragen verschicken resp. positiv bescheiden. Laut der These der *Transitivität von Beziehungen* werden dieselben über das Freundesnetzwerk vermittelt und sind auch mit der Übertragung von Beziehungsattributen assoziiert, woraus folgt, dass sich Menschen in engen Bindungsnetzwerken an ihrem sozialen Umfeld orientieren. (Stegbauer 2008: 115f) Damit lässt sich u.a. erklären, warum die „Beißhemmung" in digitalen Freundschaftsnetzwerken abnimmt und die Zahl der protokollierten Mobbing- und Diskriminierungsfälle jährlich steigen (Grimm 2009).

---

[1] Die Betreiber (insbesondere Facebook) programmierten in den letzten Jahren die Privatsphäre-Einstellungen häufig zu ungunsten der NutzerInnen: beispielsweise indem Profile bei Neueintritt prinzipiell für alle TeilnehmerInnen sichtbar gestalteten, oder die Einschränkung der Sichtbarkeit eines Profils nur mit erhöhtem Arbeitsaufwand gelang, da die Features auf verschiedenen Seiten „versteckten" waren.
[2] Bereits mehr als 40% der Wiener Jugendlichen (Wächter 2009) haben diesbezügliche Erfahrungen in sozialen Netzwerken des Internet gemacht. Laut JIM Studie stieg die Zahl von deutschen Jugendlichen mit negativen Erfahrungen in SNS auf 25% an. Im Jahr 2009 kann beispielsweise jedes dritte Mädchen berichten, dass jemand in ihrem Bekanntenkreis gemobbt wurde oder ähnliche negative Erfahrungen gemacht hat (JIM 2009: 48).

Christakis/Fowler (2010) liefern Belege dafür, dass Akteure aufgrund ihrer Einbettung in soziale Netzwerke (insbesondere durch ihre Freunde, die Freundesfreunde und deren Freunde) notwendigerweise einen Teil ihrer Individualität einbüßen, da soziales Verhalten (wie z.B. Altruismus oder Gewaltbereitschaft) innerhalb dieser Netzwerke „ansteckend" wirkt. Dabei hängt es von der (eher zentralen) Position im Netzwerk ab, wie sehr ein Akteur andere anstecken kann und wie anfällig Akteure für Ansteckung sind.

Zudem kann sich in Freundschaftsnetzwerken auch insofern *negatives soziales Kapital* entwickeln, als sich der Verpflichtungscharakter gegenüber dem Freundes-Netzwerk dermaßen erhöht, dass kaum Alternativen oder Außenbeziehungen möglich sind. Die Anforderungen, gruppeninterne Hilfestellungen zu leisten, steigen ebenso wie das Maß an sozialer Kontrolle. (Portes 1998: 15ff) So kann es durch den instrumentellen Einsatz von sozialem Kapital in Freundschaftsnetzwerken zu einem Missbrauch von Solidarität und Vertrauen kommen.

Beispielsweise ist es in StudiVZ nicht ausgeschlossen, dass kompromittierende Inhalte (z.B. Fotos von Freunden auf Studentenheim-Parties) einer sehr breiten Öffentlichkeit zugänglich gemacht werden. Die problematische Verknüpfung von Fotos mit Nutzerprofilen, ohne die abgebildeten Personen um Erlaubnis zu fragen, kann jedoch zu nachhaltigen Imagebeschädigungen führen. Deshalb müssen die Profile, um solche „Verlinkungs-Attacken" abzuwehren, ständig aktualisiert und bereinigt werden, wobei anzumerken ist, dass Ende 2007 die Bitte um „Entlinkung" vom Gutwillen des Verlinkers abhängt, obwohl es sich um eine Verletzung des Persönlichkeitsschutzes und Verletzung der Rechte am eigenen Bild handelt. Nicht minder beliebt ist die Diffamierung durch ordinäre oder untergriffige Pinwandkommentare, wobei sich Peinlichkeit und Bloßstellung auf StudiVZ zu einer Art sportlichem Wettkampf auswachsen.

Der vorliegende Beitrag gibt Einblicke in die hemmungslose Kommunikationskultur und Selbstdarstellungspraxis deutschsprachiger Jugendlicher/Studierender, die sich dem Motto „So peinlich wie möglich"[3] verpflichtet fühlen. Zum einen wird auf theoretischer Ebene das *Spiel mit Sprache und Bildern* als Ausdruck von Jugendkultur betrachtet, das einerseits Abgrenzung von der etablierten Erwachsenenwelt signalisiert, andererseits innerhalb der Community Aufmerksamkeit und Respekt erzeugt. Zum anderen wird der Aufbau von *sozialem Kapital* als interessengeleitete Handlung von Jugendlichen betrachtet, das nicht nur durch Selbstäußerung und Selbstbeschreibung, sondern auch durch Zuschreibung entsteht. Denn: provokantes Verhalten erfordert Reaktionen und schafft Images.

3   Sprache als Distinktion auf Sozialen Netzwerkseiten

Nutzerprofile auf Sozialen Netzwerkseiten können als spezieller Ausdruck einer Jugendkultur im Sinne von distinkter Praxis betrachtet werden und schließen sowohl den (zeichen-)sprachlichen als auch bildlichen Ausdruck mit ein. Die Äußerungen von Jugendlichen implizieren mitunter Meinungen und Handlungsaufforderungen abseits gängiger gesellschaftlicher Normen, die auf das Establishment abzielen und bisweilen jenseits der Vernunft liegen.

StudiVZ erscheint den jugendlichen NutzerInnen, die sich zum Großteil aus Studierenden deutschsprachiger Universitäten rekrutieren, vor allem in der Anfangszeit 2005 bis

---

[3] Zitat aus einem StudiVZ Profil.

2007 als unzensurierter Raum für phantasievolle Entfaltung, gegenkulturelle Positionen und Exzess. Im Unterschied zum damaligen amerikanischen Alumni-Netzwerk Facebook, das von Beginn an strengere Nutzer-Kontrollen vornahm, oder zu internationalen Netzwerken wie MySpace mit musikzentrierter Ausrichtung, erschien StudiVZ als offener, rechtsfreier Raum und Spielplatz für eine vergleichsweise breite, bildungsaffine Nutzerschicht mit vielfältigen thematischen Interessen.

Der strukturalistischen Position gemäß ist Kultur als Zusammenhang von Zeichen und Symbolen aufzufassen. Moderne Kulturtheorien (u.a. Flusser 1999) schließen auch Bilder als Zeichen mit ein („iconic turn") und interpretieren die Lebenswelt als Zeichenuniversum von Verweisen und Bezügen. Sprache und Bilder sind demzufolge „kultureller Text" und nicht nur Mittel der Kommunikation, sondern strukturierend für das menschliche Verständnis von Welt/Lebenswelt. Zeichen, Symbole, Sprache erzeugen Sinn und begründen Kultur – die als Geflecht symbolischer Beziehungen anzusehen ist und in unserem speziellen Zusammenhang auf den Ausdruck von Jugendkultur in Form der Gestaltung und Bewertung von Profilen auf sozialen Netzwerkseiten verweist.

Jugendkulturen sind sprachlich geprägt von Jargons[4], die als Distinktionsmittel zur Kommunikation innerhalb der in sozialen Communities des Internet angesiedelten jeweiligen Jugendsubkultur dient und nicht nur Eingeweihte von Außenstehenden abgrenzt, sondern auch Teil der Identitätsbildung der Jugendlichen ist. In diesem Zusammenhang kann festgehalten werden, dass nicht nur neue soziale Netzwerke auf der Basis von technischen Möglichkeiten entstehen (wie SNS), sondern innerhalb dieser sozialen Netzwerke auch kulturelle Inhalte für diese Technologien verhandelt werden. (Fuhse 2010 in diesem Band) Als Beispiele können in StudiVZ die sexuelle Freizügigkeit[5] oder die Definition von diskriminierenden Äußerungen als „cool" herangezogen werden.

StudiVZ ist somit als sozialer Kosmos zu definieren, in dem sich Jugendliche mittels eines stark an Ironie und Zynismus[6] angelehnten „Soziolektes" von „gemeinen" NutzerInnen dieser Plattform resp. der Erwachsenenwelt abgrenzen und zu diesem Zweck sowohl Sprache als auch Bilder nutzen oder als „Waffe" einsetzen.

In Jugendkulturen werden sozialkritische Haltungen häufig durch Spott, Selbstironie oder Zynismus ausgedrückt. Großegger (2004) spricht von einem „ironic turn" resp. dem „Bedürfnis nach dem Ausschildern von Positionen". Diese Praxis ist offline bereits seit mehr als zehn Jahren anhand von Message-T-Shirts, Logo-Parodien, absurden Bandnamen & Songtexten sowie TV-Comicserien wie „South Park" zu beobachten. Die von Jugendlichen entworfenen „Sprachspiele" (im Sinne Wittgenstein'scher Gedankenexperimente[7]) sind, dem Humorforscher William F. Fry zufolge eine Möglichkeit, die verwirrende, komplexe und über weite Strecken auch disharmonische erlebte Wirklichkeit zu ironisieren und negativ Erlebtes auf Distanz zu halten: so sind beispielsweise die Ironisierung von Sex und Gewalt als Angriff auf Scheinmoral und Konservativismus zu deuten. Die Jugendkulturforschung geht davon aus, dass Ironie als Bildungsschichtphänomen vorwiegend in Jugend-

---

[4] Jargon im Sinne von nicht-standardisierter Sprachvarietät

[5] Diese Promiskuität war von den Netzwerkbetreibern nicht intendiert und wurde in späteren Policies ausdrücklich verboten.

[6] Ironie ist hinter Ernst versteckter Spott, mit dem das Gegenteil des Gemeinten ausgedrückt wird, aber die wirkliche Meinung durchblicken lässt. Zynismus hingegen beschreibt eine bissig, pietätlose, schamlos spöttische Haltung. In StudiVZ sind zum Erhebungszeitpunkt 2007 fast ausschließlich Studierende „immatrikuliert".

[7] Sprachspiele sind von der Sprache des Alltags zu unterscheiden. Sie sind zwar nicht in sich geschlossen, aber haben eine bestimmte Verwendung und Funktion innerhalb einer bestimmten Lebensform.

szenen und Kulturen auftritt, in denen höhere Bildungsschichten überrepräsentiert sind, da Ironie Abstraktionsvermögen und Sprachkompetenz erfordert, d.h. die intellektuelle Fähigkeit, den Subtext zu lesen, erfordert.[8] Ebenso zeugen Elemente der Vulgärsprache und eine Überhöhung von Sex-, Alkohol- und Drogenexzessen als Formen der stilisierten Übertreibung von der Abgrenzung gegenüber der etablierten Erwachsenenwelt. Fäkalsprache im Besonderen imitiert dabei weniger einen speziellen Soziolekt der Unterschicht, sondern präsentiert sich als sozial überformtes Oberschichtphänomen, u.a. in Form von Reimen, wie auch der Wortwitz im Hip Hop beispielsweise „Gesellschaftskritik im Tarnkleid der Reimskillz" (jugendkultur.at) verpackt.

So gesehen funktionieren Distinktionshandlungen von Jugendlichen resp. in Jugendkulturen auch über das Prinzip „Distanzierung durch Humor", wobei die Expressionen weit über den Scherz und die Parodie hinausgehende ironische bis zynische Gesellschaftskritik zur Betonung der eigenen Freiheiten sind, die aber nur selten zu Kunstformen wie der Satire stilisiert werden.

4   Soziales Kapital in digitalen Beziehungsnetzwerken

Soziale Netzwerkseiten mit all ihren Optionen der Selbstdarstellung und Vernetzung mit Freunden und Bekannten unterstützen die distinkte Praxis von Jugendlichen v.a. hinsichtlich ihres Prestige (des Aufstiegs in der Community) und des Beziehungmanagements. Nicht nur die Kontakte an sich, sondern auch die Inhalte und Zwecke der Kontakte (der semantische Raum) sind relevant für die Reputation; Es geht z.B. darum, „angesagte" Freunde zu haben oder im „Club der originellen Sprüche" zu sein.

Derart Anforderungen lassen sich mittels der Plattform StudiVZ relativ einfach erfüllen, ohne hohe soziale Kosten tragen zu müssen: Die Teilnahme ist zwar bisweilen zeitaufwändig, da die Profile möglichst aktuell gehalten werden müssen, jedoch selbst bestimmt und am „Projekt des schönen Lebens" orientiert. Was sind nun die Potenziale der sozialen Beziehungen, wie sie Jugendliche auf Sozialen Netzwerkseiten pflegen?

Soziale Beziehungen (ob romantische Partnerschaften, Freundschaften oder lose Bekanntschaften) sind insgesamt Bestandteile des sozialen Kapitals von Akteuren, welches – als Reputationssystem betrachtet – soziale Sicherheit bietet. Bourdieu (1983) zufolge ist es die Summe aller Beziehungen, die ein Individuum oder eine Gruppe – real oder virtuell – binden kann, um ein dauerhaftes Netzwerk von mehr oder weniger institutionalisierten, wechselseitigen Kontakten und sozialer Anerkennung aufzubauen und zu erhalten. Das schließt sowohl Unterstützung, Hilfeleistung und Anerkennung, als auch Wissen, den Zugang zu Informationen oder Unterhaltung mit ein. Soziales Kapital ist jedoch – als Gegenentwurf zu ökonomischem und Humankapital – nicht unmittelbar im Besitz von Akteuren, sondern ist direkt an die Existenz anderer Personen gebunden und wandelt sich in Abhängigkeit von den aktuell aktivierten direkten und indirekten Beziehungen zu denselben.

Soziale Beziehungen sind jedoch nicht gleich zu setzten mit sozialem Kapital: Sie lassen sich je nach speziellem sozialen Kontext in soziales Kapital umwandeln oder nicht. Dabei kann das Potenzial von sozialen Beziehungen unterschiedlich genutzt werden: Einer-

---

[8] Zynismus und Ironie als Lebenseinstellung belegen auch die Shell Jugendstudien 2002 und 2006: beispielsweise galt im Jahr 2002 Harald Schmidt als der beliebteste Fernsehmoderator und „South Park" als eine der beliebtesten Fernsehserien.

seits durch den strategischen Aufbau von Beziehungen, oder durch Praktiken von Zuschreibungen und Deutungen (was auf die symbolischen Qualitäten des sozialen Kapitals verweist, Hollstein 2007: 54). In StudiVZ werden sich beispielsweise Beziehungen zu Lehrern oder Arbeitgebern nur schwer in soziales Kapital umwandeln lassen, weil sie einem anderen sozialen Kontext (mit eigenen Regeln) angehören.

Der Aufbau von sozialem Kapital wird im vorliegenden Beitrag als instrumentelle Handlung (im Gegensatz zu intrinsischen Motiven der Normerfüllung und Gruppensolidaritäten, Portes 1998: 8) definiert, die eine Akkumulation von Bindungen zum Ziel hat, die sich idealerweise auch reziprok ausgestalten. Solidaritäten von Akteuren fußen bei instrumentellem Interesse auf *Vorteilen* wie beispielsweise einer erhöhten Reputation, Ruhm oder Definitionsmacht – wie sie auch von den StudiVZ-TeilnehmerInnen angestrebt wird. Soziales Kapital (im Sinne von sozialen Beziehungen und Zuschreibungen/Deutungen) verschafft also Vorteile, wenn StudiVZ als Markt für Tauschbeziehungen angesehen wird: Akteure tauschen ihre Güter und Ideen (Sprüche, Reime, Fotos, Kontakte, Interessen etc.) und lukrieren mehr oder weniger Anerkennung.

In StudiVZ werden soziale Netzwerke zuerst auf der Basis von Bekanntheit, Gemeinsamkeiten oder ähnlicher Herkunft geschaffen: selbe Uni, selber Freundeskreis, Attribute wie „Studienabbrecher" oder Interesse X. Die Beziehungswerbung funktioniert – abseits konventioneller Anbahnungsrituale – häufig mittels origineller, exzentrischer Selbstdarstellung, wobei die Empfehlstrukturen des technischen Kerns von Sozialen Netzwerkseiten diesen Darstellungspraxen durchaus entgegenkommen: Grenzwertiges, Ordinäres oder Verbotenes kann (u.a. aufgrund der Nachrichtenwerte „Sensationalismus" und „Negativität") sehr schnell und effektiv mittels Freundeslisten, Pinnwandeinträgen oder Fotoverlinkungen distribuiert werden.

Anerkennung basiert auch auf der Aktivierung von Ressourcen – beispielsweise dem Hinweis auf Club-Mitgliedschaften (z.B. „Germania Burschenschaft"), einflussreiche Freunde oder die Zugehörigkeit in einer angesehenen Gruppe (z.B. als Medizinstudent auf die zukünftige Mitgliedschaft in der Gruppe der „Götter in Weiß") und signalisiert Sozialkapital mittels Selbstzuschreibung. Hierbei wird mittels Signalfunktion (z.B. Selbstportraits mit Attributen wie Bier, Flaggen, Sexspielzeug) um Kapital geworben, indem man/frau sich „ins rechte Licht" rückt. Diese Selbstdarstellungen generieren im Gegenzug Zuschreibungen aus der StudiVZ Community.

Probleme ergeben diese Selbstdarstellungen und Zuschreibungen, wenn sie das Zeichenuniversum resp. den Deutungsraum der jeweiligen Jugendlichen verlassen und in einem anderen sozialen Kontext gelesen werden. Dabei gehen – aufgrund der Unkenntnis der Codes und Jargons – die ironischen Facetten und Deutungsumkehrungen der Jugendkultur verloren. Die Jugendlichen wissen, dass derartige Äußerungen oder Verhaltensformen an der Universität oder am Arbeitsplatz nicht geduldet würden, und suchen vermeintliche Rückzugsorte (im Internet) auf, um sich dementsprechend auszuleben.

Die Netzwerke der Jugendlichen sind rund um einen Kern enger Beziehungen resp. persönlicher Freundschaften angelegt, und breiten sich darüber hinaus eher lose aus (u.a. Golder et al. 2006). Der Systemarchitektur von SNS ist es aber zu schulden, dass diese Netzwerke nicht divers im Sinne von vielfältig und heterogen sind, sondern mittels Empfehlsystemen eher Personen mit ähnlichen Attributen versammeln. So gesehen entstehen auch in StudiVZ verschiedene „Lager" oder Subkulturen, die ihre Deutungsmacht auch unter Zuhilfenahme von Mobbing und Diskriminierung einfordern. Hier zeigen soziale

Netzwerke ihre negative Seite (vgl. Portes 1998), da ein hohes Maß an Verbindlichkeiten und sozialem Druck innerhalb der Netzwerke nicht nur Solidaritäten im Handeln entstehen lässt, sondern – durch Abgrenzung von Außen – auch Kapital schmälernd und ausgrenzend wirken kann. (Wer streitet sich schon gerne mit Hooligans über Frauenrechte?)

So gesehen beeinflussen die Netzwerke, in die Jugendliche eingebunden sind, auch ihr soziales Handeln. Soziales Kapital kann demnach in einer Spannweite von individueller Ressource bis hin zu einem kollektiven Gut (von Gruppen, Szenen, Jugendkulturen) definiert werden. Die nachfolgend präsentierten Ergebnisse einer im November 2007 durchgeführten Explorationsstudie zur Selbstdarstellungs-, Zusschreibungs- und Vernetzungspraxis von Jugendlichen auf StudiVZ geben Einblicke, wie weit Jugendliche im „Kampf" um Reputation und Anerkennung gehen, und welche Mittel sie zur Steigerung ihres Sozialkapitals einsetzen.

5   StudiVZ – Analyse riskanter Selbstdarstellungspraxis in ausgewählten Profilen

5.1   Portrait des virtuellen Freundschaftsnetzwerks

StudiVZ wurde Ende Oktober 2005 mit dem „Ziel der Etablierung einer Netzwerkkultur an europäischen Hochschulen" nach dem Vorbild von Facebook gegründet. Bereits zwei Jahre später nutzten 5,6 Millionen Deutsche und Österreicher die Plattform und produzierten ca. 6 Milliarden Seitenaufrufe pro Monat.[9] Die nachfolgende Gründung von SchülerVZ und MeinVZ machte die StudiVZ-Community zur größten deutschsprachigen Social Network & Foto-Community in Europa.

Mitte November 2007 war innerhalb der Netz-Community noch wenig von Datenschutz-Problemen und Verletzungen von Persönlichkeitsrechten zu vernehmen: Die Jugendlichen wähnten sich in einem Freiraum, der abgekoppelt vom realen, physischen Leben keinen Einfluss auf ihre persönlichen Lebensverläufe oder Karrieren zu haben schien. Auch waren die Nutzer von StudiVZ zum damaligen Zeitpunkt relativ jung: In Österreich waren 23% zwischen 14 und 19 Jahre alt und 61% zwischen 20 und 29, was einem Anteil von 84% unter 30 Jährigen entspricht (Mara 2009).

Im Folgenden sind die wichtigsten und für den Untersuchungsteil relevanten Features beschrieben: Auf StudiVZ erstellen und verwalten NutzerInnen ein sog. persönliches *Profil*, das in den meisten Fällen ihr eigenes und kein Fake-Profil ist – ganz im Gegensatz zu den häufig gefälschten Identitäten in Chats und Webforen. Ein eingeschränktes Profil, das nur für Freunde oder spezielle Nutzerkreise sichtbar ist, existiert nach der Anmeldung jedoch nicht; die NutzerInnen müssen dies aktiv betreiben (Fraunhofer 2008). Das *persönliche Profil* besteht aus einer Reihe soziodemografischer Daten und Angaben zum Lebensstil wie beispielsweise Geschmacksrichtungen, Beziehungsvorlieben und politischer Einstellung. Diese Kategorien sind u.a. durch Voreinstellungen vorgegeben wie: Kommunist, Sehr Links, Grün, Mitte Links, Liberal, Konservativ, Mitte rechts, Unpolitisch, Rechts oder Kronloyal – wobei in einer Auswertung von Fritsch (2006) die Kategorien „Unpolitisch" und „Kronloyal" die stärksten waren. Auch im Zusammenhang mit dem Berufsbild/Arbeit gibt es – humoristisch überformte – Voreinstellungen, z.B. „Untertan", „Obdachlos" oder „Uneingeschränkter Herrscher". In StudiVZ und generell auf sozialen Netzwerkseiten wird

---

[9] www.studivz.net/about_us/1 und www.ivwonline.de/ausweisung2/search/angebot.php

nicht selten auch die sexuelle Orientierung angegeben, was v.a. von Gay-Communities praktiziert wird (siehe dazu Jernigan/Mistree 2009). Das persönliche Profil ist mit einem (Haupt-)*Foto* und Angaben zur Person ausgestattet. Die Rubrik *Meine Fotos* bietet ausgedehnte Möglichkeiten der Selbstpräsentation, zumal Fotos auch mit anderen Profilen relativ frei verlinkt werden können. Die Kategorie *Meine Freunde* zeigt die Verbindungen zu den bestätigten Freunden an, die 2006 bei einem Durchschnittwert von 43 Freunden lagen (Fritsch 2006). Eine Durchsicht relevanter Studien bestätigt, dass die Anzahl der Freunde mit zunehmender Zugehörigkeitsdauer wächst (Daxner/Mayer 2007; Krämer/Winter 2008; Mara 2009; Stagl 2009; Bayersburg 2009). Die *Pinwand* ist ein für alle einsehbares öffentliches Gästebuch, auf dem kurze Einträge wie Grußbotschaften hinterlassen werden. Auch diese Funktion trägt einiges zur Reputation eines Profileigners bei. *Meine Gruppen* listet sowohl Gruppen auf, die der User selbst gegründet hat, als auch jene, zu denen eine Mitgliedschaft besteht. Die große Zahl an Gruppenmitgliedschaften (Mara 2009) verweist auf die große Bedeutung dieser Kategorie für die Selbstdarstellung.

Mittels *Suche/Supersuche* können einzelne StudiVZ Profileigner gefunden oder nach speziellen Suchfragen (z.B. Beziehungsstatus, Wohnort etc.) aufgelistet werden. (Fraunhofer 2008) Die meisten Profile sind im November 2007 noch prinzipiell für alle zugänglich.

Laut StudiVZ *Statuten 2007* müssen die NutzerInnen volljährig sein und dürfen nur einmal immatrikulieren, wobei die Daten im Registrierungsformular „vollständig und korrekt" auszufüllen sind. Erwünscht sind diverse Zusatzinformationen zur Person und rege Kommunikationstätigkeit, die das Nutzerprofil detaillieren und so wertvoller für Zielgruppenmarketing machen. Zudem sollen sich die NutzerInnen gesittet benehmen und gute Umgangsformen pflegen. Diese sind in einem sog. *Verhaltenskodex* niedergeschrieben (Auszug):

> „Es obliegt den Nutzern, dass die von ihnen verwendeten Texte, Bilder, Grafiken und Links nicht gegen geltende Gesetze verstoßen und keine Rechte Dritter verletzen. Es ist überdies verboten, Gewaltdarstellungen, sexuelle, diskriminierende, rassistische, verleumderische oder sonstige rechtswidrige Inhalte oder Darstellungen hoch zu laden. Die Markierung/Verlinkung von Bilddateien darf nur unter Einwilligung des Dritten erfolgen."

5.2 Exploration in StudiVZ

Die explorative Analyse von über 600 StudiVZ Profilen gibt Einblicke in die „Schattenseiten" der Selbstdarstellungs- und Vernetzungspraxis von Jugendlichen. Im November 2007 wurden – noch vor Änderung der AGB – gezielt Profile mit sog. „problematischen" Inhalten aufgesucht.[10] Es sollte nach selbstschädigenden Äußerungen, Selbstentblößung der eigenen Person aber auch nach Bloßstellung, Cybermobbing und Diskriminierung Ausschau gehalten werden, wobei Diskriminierung nicht nur Vorurteile und Stereotype einschloss, sondern auch Rassismus und Wiederbetätigung.

Prinzipiell ist zwischen ernstgemeinten Beiträgen und ironischen Überformungen resp. Satire zu unterscheiden: So ist das Profil eines männlichen Pädagogikstudenten, der sich als Skinhead mit Glatze im Profilfoto abbildet und dessen gesamte Selbstbeschreibung konsi-

---

[10] 120 Studierende der Publizistik- und Kommunikationswissenschaft an der Universität Wien suchten gezielt nach diffamierenden Äußerungen und Besonderheiten in öffentlich zugänglichen StudiVZ Profilen und lieferten je fünf Beispiele.

stent auf Sympathie für die rechtsextreme Szene verweist (Gruppenmitgliedschaften in „Deutsche Soldaten sind Helden und keine Mörder" oder „Mir stinken die Linken") von einer Gruppe wie der „Deutschen Apfelfront" abzugrenzen, die als Satire auf rechtsgerichtete, nationale Bewegungen in Deutschland zu verstehen ist: Die Ikonographie ist rot/schwarz, abgebildet sind exzessive Saufgelage auf Musikfestivals und die Mode der Protagonisten ist von schwarzem Leder und rot-weißen Armschleifen dominiert.

Als Ergebnis dieser Exploration lässt sich festhalten, dass sich zwar in der überwiegenden Zahl der aufgesuchten Profile keine anstößigen, kompromittierenden Inhalte fanden – wobei der Aspekt des Ausverkaufs persönlicher Daten und Rechte außer Acht gelassen wurde, die Studierenden dennoch im Schnitt innerhalb einer halben Stunde Suche in StudiVZ mindestens fünf selbstschädigende oder diskriminierende Profile ausfindig machen konnten. Da es sich hier um eine qualitative Exploration handelt, wurden Fallbeispiele gesammelt und auf die statistische Datenauswertung verzichtet. Die vorliegende Dokumentation verweist jedoch häufiger auf männliche Täterschaft (Sex, Gewalt) und weibliche Opferrollen (Diskriminierung).

5.3   StudiVZ-Profilseiten als „Aushängeschild"

Hier wurde eine große Bandbreite von dilettantischen bis hin zu sehr aufwändig bearbeiteten Fotos oder vermeintlich „coolen" *Abbildungen* gesichtet: nacktes Hinterteil, Glatzkopf von hinten, nackter Oberkörper ohne Kopf, als Burschenschafter, Death Metal Fan, mit Feuerwaffen, Bier aus Schlauch trinkend, rauchend oder überhaupt nur als verrauchtes Bild oder mit Message-Shirt „Wenn ich sterbe dann besoffen" etc. Auch die *Selbstbeschreibungen* liegen oftmals außerhalb der gesellschaftlichen Norm, wie sie vom „Establishment" oder der Arbeitswelt definiert ist: „Schwuchtel in blauem Hemd", „Faule Sau" oder „Hans Wurstinger".

Jobbeschreibungen werden zumeist einer Vorauswahl (Scroll-Menü) entnommen: Häufig finden sich die Bezeichnungen Zeittotschläger, Untertan, Tochter etc. Die persönlichen Interessen der Profileigner sind ebenfalls aus einer vorgegeben Liste (Scroll-Menü) wählbar oder können frei eingetragen werden. Vorgegeben ist beispielsweise: Weltherrschaft, Omas umschupfen, Sexomaten, Jim Beam, vor Kindergärten Drogen verkaufen oder Kannibalismus.

Unter den *Lieblingszitaten* finden sich „Scheisst der Papst in den Wald?" oder „Ja, gib's mir" aber auch Texte, die sprichwörtlich die Runde machen, wie z.B. die ironisierende Darstellung eines typischen studentischen Tagesablaufes (die auf mehreren Profilen gefunden wurde).

Unter *Clubs/Vereine* ist auch ein „Al Kaida-Club" zu finden. Auch Straffälliges wie z.B. Wiederbetätigung findet sich in den Selbstbeschreibungen: So ist ein männlicher Pädagogikstudent mit sichtlich geschorener Glatze Mitglied der Gruppe „Deutsch-Österreich, du herrliches Land!" Die ebenfalls aus einem Scroll-Menü auszuwählende *politische Richtung* wird in mehr als der Hälfte der untersuchten Profile angegeben.[11]

---

[11] Derart bisweilen vielleicht „nicht ganz ernst gemeinte" Äußerungen entpuppen sich jedoch als sehr problematische Inhalte, da sie trotz Löschung durch die Profileignern im Online Archiv des Betreibers bestehen bleiben und so prinzipiell gegen die Personen verwendet werden können.

Diese Ausschilderung von Positionen schafft für die Jugendlichen nicht nur Anschluss an Gleichgesinnte, sondern auch Abgrenzung gegenüber anderen Jugendkulturen in StudiVZ und dem Establishment generell. Durch extreme Positionen nach dem Motto „Traust dich nie!" werden Anknüpfungspunkte für die Generierung von sozialem Kapital geschaffen, wobei manche Akteure (in unserem Fall Provokateure) einen höheren Rücklauf ihrer Investitionen zu verzeichnen haben als andere. Vor allem im Hinblick auf Fotos zeigt sich diese distinkte Praxis jugendlicher Gegenkultur.

5.4 Ein Bild sagt mehr als.....

Ein deutscher Student namens Theo hat beispielsweise besonders viele Sauffotos von sich gesammelt. Die Gruppe „Schneedel-Bauer" lichtet sich vorzugsweise mit nacktem Geschlechtsteil nach dem Bau eines solchen (z.B. Penis aus Schnee) ab. Zudem gibt es Alben mit relativ harmlosen Nacktaufnahmen „Flitzen ist ne Leidenschaft", aber auch sexistischer Selbstdarstellung u.a. von Homosexuellen und (semiprofessionelle) Pornografie, obwohl dies in Punkt 11 des StudiVZ-Verhaltenkodex eindeutig unerwünscht ist. Die neuen AGB 2008 verbieten solcherart Darstellungen.

Eine Nutzerin beklagt auf ihrer Profilsite: „Verlinkte Fotos stellen mich dar, als hätte ich ein Alkoholproblem." Auch ein im Zuge der Exploration aufgespürtes Foto, auf dem sich zwei junge Frauen innig küssen, ist als prekär einzustufen. In Bildergalerien von (zumeist männlichen) Nutzern finden sich auch Fotos von nackten Körperteilen, Tätowierungen, Geschlechtsteilen und sogar Nacktfotos von Kleinkindern.

Diffamierende, ordinäre oder untergriffige Pinwandkommentare sind ebenfalls keine Seltenheit: Hier finden sich Einträge wie „Du wurdest gerade gepimmelt" (samt Penis-Icon), „Scheiß ... an" (ebenfalls mit illustrierender Zeichnung) oder „scherzhaft" gemeinte Beschuldigungen „Du hast nicht Syphillis sondern Chlamydien". Diese Beleidigungen richten sich fast ausschließlich an Frauen, die generell häufiger Opfer beleidigender und diskriminierender Bildveröffentlichungen sind. (Grimm 2009)

5.5 Minenfeld StudiVZ-Gruppen

Auch Gruppengründungen und die Wahl der Gruppenzugehörigkeiten sollen den NutzerInnen Reputation im „Universum der Peinlichkeiten" und scherzhaft distinkten Verballhornung bringen. Es geht einerseits um die Gründung einer attraktiven Gruppe, der sich möglichst viele Mitglieder anschließen, andererseits um die Selbstpositionierung mittels Gruppenzugehörigkeit. Abermals geht es um Distinktion und die strategische Werbung um Anerkennung innerhalb der Community. Dabei schaffen Obszönitäten, Extreme u.ä. einerseits Aufmerksamkeit, andererseits generieren sie Anerkennung und liefern aufgrund wohlwollender Rückmeldungen resp. positiver Zuschreibungen auch Identifikationsfolien für die Jugendlichen. Diese Selbstwirksamkeit vermittelt Sicherheit und Vertrauen – und ist die Basis für soziales Kapital.

Es finden sich hauptsächlich (satirisch überformte) Gruppen zum Thema *Alkohol* (Saufen ist Urlaub im Kopf; Auch ohne Spaß kann man Alkohol haben; Dicht ins Dunkel; Ein Rausch im Schädel macht das Leben edel; Ich glühe härter vor als du Party machst etc.), *Drogen und Sucht* (Koks und Nutten; Keine Nacht ohne Drogen; Zum Entspannen gibt's Opium, Die anonymen Wettsüchtigen; Drogen machen sexy etc) sowie *Sex* (Free Sex, Ich hatte Sex mit Charlotte Konrad etc.), zu *sexueller Orientierung* (Schwule Vegetarier, Gayromeo...) und multipel *Antikonventionellem* (Rauchen Saufen Rumhuren; Titten, Ärsche und Koks; Gruscheln is doof, ich will ficken; Reinraus; Scheiße, dass man Bier nicht ficken kann!!! etc.) Generell sind in der Kategorie Sex auch gehäuft Fotos einsehbar; In einem Fall finden sich unter „Fetisch Frauenfüße" ca. 50 Fotos.

Viele Gruppen zielen jedoch auch auf die explizite *Diskriminierung* von Frauen[12] und anderen gesellschaftlichen Gruppen: Frauen an die Macht. Macht Kaffee, macht Essen, macht Sauber; Frauen wollt ihr mehr Rechte? Hier sind wir!; Frauen studieren nicht, Frauen malen aus und unterstreichen bunt; Ich hasse Sozialschmarotzer; 100% Anti-Bayern; Gegrillt wird auf dem Rost und nicht auf schwulen Alutatzerln; Lieber tot als Bachelor etc. Oftmals gepaart mit *politischen Inhalten*: Wir sind keine Antisemiten, aber gegen israelische Politik; Lieber ein rechter Recke als ein linker Zecke; Hömma – ich komm aus Kroatien, nicht aus Yugoslavien; AntiGRAS AntiVSSTÖ Anti KSV; Saufen gegen links – prost; Das Böse hat eine Farbe: ROSA etc. Auch Gruppen zu sehr rechten, nationalen politischen Parteien und rechtsextremistischen Gruppierungen haben tausende StudiVZ Anhänger.

Anti-Demokratisches, Extremismus und Wiederbetätigung bilden jedenfalls wahrnehmbare Komplexe (Freiheit für Südtirol; Deutsche Burschenschaft; Deutsch-Österreich, du herrliches Land!; Ja, Hitler hat Fehler gemacht; Hitler war ein Emo; Nazifisten und Amüsierfaschismus; Waffenstudenten in Innsbruck) wie auch Pro-Kriegsverbrecher- oder Al Kaida-Gruppen.

Gewalt als thematische Rahmung von Gruppen äußert sich in Inhalten wie „Schlägertypen" „Hooligans Deutschland", „Gewalt ist eine Lösung" oder „Wo Gewalt nicht hilft, hilft mehr Gewalt". *Aggression* (Ich liebe Knarren, weil ich euch hasse; Ja zur Todesstrafe; Psychopathen etc.) und *Autoaggression* (Selbstmörder; Ich hab Neigungen zur Selbstzerstörung u.a.) sind ebenfalls zu finden. Das offene Ausschildern von Gewaltbereitschaft und problematischer oder verbotener politischer Einstellungen ist eine zumeist männliche Attitüde.

Zudem sind Verweise auf *Lebensstil und Einstellungen* gruppenbildend (Ich kann beides – arbeiten und schlafen; Nova Rock 2007 – angeblich war ich auch dabei; Ich bin nicht faul, ich manage meine Ressourcen nur suboptimal; Lieber Gras rauchen als Heu schnupfen; Auf der Suche nach dem geringst möglichen Maß an Verantwortung; Wer aufräumt ist zu faul zum Suchen; Fünf Minuten dumm stellen spart oft eine Stunde Arbeit; Das Geld is ja nich weg, es ist nur woanders); Ebenso wie der Ausdruck von *Persönlichkeitsfacetten* (Überlebende/einer Schule; Schlecht gelaunt und nekrophil; Sozial verkrüppelt; Ich bin Sadist und das ist gut so; Wer fauler ist als ich ist tot; Internetsüchtig; Psychisch krank durch Hirnwixen etc.)

Vor allem in Kombination mit Studienrichtungsverweisen oder Berufsausübungen sind Selbstdarstellungen und Gruppenmitgliedschaften als interessant einzustufen: Sei nett zu mir, ich könnte bald deine Medikamente mischen ... ; Ein Turnusarzt ist Mitglied der

---

[12] Wikipedia berichtet: „Auf die Meldung bedenklicher Gruppen und Profile durch Benutzer der Plattform wurde nicht immer in der von den Kritikern erwarteten Form reagiert. So wurde am 23. November 2006 bekannt, dass eine Gruppe *nur für Männer* mit dem Ziel, jeden Monat die schönste Studentin zu wählen, existierte. In dem Gruppenforum wurden auch öffentlich in den Profilen angegebene Daten wie Name, Hochschule oder Bilder von einzelnen Studentinnen gepostet. Auf Beschwerden diesbezüglich hat studiVZ nicht mit einer Löschung reagiert."

Gruppe „Ich bin für die Frauenbewegung, sie muss nur rhythmisch sein", ein Pädagogik-student raucht gerne Joints, ein Jurastudent gibt als politische Richtung „Kommunist" an, ein Marketing-Absolvent outet sich als „RZB-Mitarbeiter, der gerne Karibik-Geschäfte macht"; eine Theologie/Germanistikstudentin küsst betrunken zwei Frauen; ein Bankange-stellter brüstet sich mit hohem Alkoholkonsum und Wasserpfeiferauchen; ein Beamter ist sehr stolz darauf, seinen Job schlecht zu machen; ein Lehrer ist auf einem Bild beim exzes-siven Alkoholkonsum zu sehen; ein Heeressportler feiert ebenfalls Trinkgelage, ein Koch meint „besoffen besser Auto zu fahren", eine Kindertherapeutin zeigt sich in Reizwäsche und eine Sachbearbeiterin ist Mitglied der Gruppe „Sexy Büroschlampen". Ein Medizin-student, Mitglied in über 40 Gruppen rund um das Thema Sex, schlägt sogar vor, ein eige-nes SexVZ zu gründen.

Gruppenzugehörigkeiten in StudiVZ sollen jedenfalls auf Persönlichkeitsfacetten ver-weisen. In der Studie von Mara (2009) gibt ein knappes Drittel der befragten NutzerInnen an, Mitglied in über 40 StudiVZ-Gruppen zu sein, wobei deutsche NutzerInnen mehr Mit-gliedschaften als die Österreichischen haben. Je narzisstischer StudiVZ Nutzer veranlagt sind, desto eher wählen sie Gruppen aus dem Bereich „Sex/Erotik" und desto eher zählen sie selbst zu den Gruppengründern. Insgesamt sind nach Ansicht der Befragten jene Grup-pen, die Gemeinsamkeiten zum Ausdruck bringen (gleicher Name, gleiche Herkunft, glei-che Schule etc.) am beliebtesten, gefolgt von „Persönlichen Vorlieben/Abneigungen" und so genannten „Insider"-Gruppen. Am wenigsten Zuspruch finden Gruppen zum Thema Politik und Religion. In der Studie von Krämer/Winter (2009) sind die untersuchten Nutze-rInnen durchschnittlich Mitglieder in 28 Gruppen, wobei die meisten dieser Gruppen auf Unterhaltung abzielen. Ernsthafte Themen wie Politik sind kaum zu finden. Stiglhuber (2009) weist nach, dass es geschlechtspezifische Unterschiede bei der Gruppengründung gibt: Junge Frauen gründen Gruppen eher zur positiven Selbstdarstellung, wobei v.a. Wert auf einen aufwändigen Gruppennamen gelegt wird. Sie sind häufiger Mitglieder in Gruppen und beteiligen sich auch eher aktiv als männliche Nutzer.

6   Resümé und Ausblick

Soziale Netzwerkseiten wie StudiVZ haben nachweislich hohes Verführungspotenzial: die vorliegenden Ergebnisse der Exploration verweisen auf die Bereitschaft von Jugendlichen, private, intime und auch selbstschädigende Informationen über die eigene Person beden-kenlos preiszugeben oder problematische Standpunkte ganz bewusst auszuschildern. Das liegt nicht nur an dem Selbstdarstellungsdrang von Jugendlichen, sondern auch an der Un-durchsichtigkeit des zugrundeliegenden technischen Systems: Wer diese Daten noch sehen darf, wo und wie lange sie gespeichert werden und welche Aspekte mittels Suchmaschinen ausspioniert und ausgelesen werden können, sind den meisten NutzerInnen nicht bewusst (Lakits 2009; Fuchs 2009).

Das liegt zumeist an den alles überstrahlenden (als praktisch empfundenen) Vorteilen dieser All-in-One Plattformen: Sie dienen der Lebensorganisation, unterstützen die über-sichtliche Bündelung sämtlicher Online Aktivitäten und helfen, mit Freunden und Bekann-ten Kontakt zu halten.

Bezüglich der Selbstdarstellungspraxen von Jugendlichen sind jedoch differenzierte Betrachtungen angebracht: Einerseits sind die hochgeladenen Bilder, Texte oder gewählten

Gruppennamen als distinkte Zeichen zu verstehen, die in Jugendkulturen zumeist den eigenen Freiraum unterstützen und zur Abgrenzung von der prüden Erwachsenenwelt beitragen
sollen, andererseits sind sie ein technisches Vehikel, das eines ihrer Hauptbedürfnisse unterstützt: nämlich die Suche nach (neuen) Freunden und generell nach sozialen Kontakten
(Tully 2000). Auf dieser Suche nach Anerkennung und sozialen Beziehungen setzen Jugendliche ihr verfügbares soziales Kapital strategisch ein – bestehende Freundschaften und
Mitgliedschaften werden gezielt in Szene gesetzt. Das führt bisweilen auch dazu, dass her-
abwürdigende bis straffällige Äußerungen zur Beziehungswerbung und Steigerung der
eigenen Reputation eingesetzt und auch Feindseligkeiten offen ausgelebt werden. Gemes-
sen an der Gesamtzahl der untersuchten 600 Profile nehmen diese harten Fälle (z.B. Wiederbetätigung) aber keinen allzu großen Raum ein. Die Exploration zeigt auf, was 2007 im
Rahmen von StudiVZ und Sozialen Netzwerk Plattformen generell möglich war. Aktuell
befassen sich sowohl Gesetzgeber als auch Gerichte mit der steigenden Zahl von Diskrimi-
nierungs-, Mobbing- und Stalkingfällen in digitalen Netzwerken. In Österreich wurde ein
Anti-Stalking Gesetz erlassen, und Diskriminierungen werden zumeist als medienrechtliche
Verletzung des Persönlichkeitsrechtes, Verletzung des Rechtes am eigenen Bild oder straf-
rechtlich als Ehrenbeleidigung und üble Nachrede abgeurteilt. Gesetzeswidrige Inhalte
können seit 2008 bei den StudiVZ Betreibern gemeldet und deren Löschung beantragt werden.

Abbildung 1:   Startseite von *hatebook*

Die SNS-Parodie Hatebook[13] offenbart diese aufgeführten Problembereiche unverblümt:
Nach dem Motto: „The enemies of your enemies are your friends" ist die Hatebook-
Community eingeladen, Lügen über Personen zu verbreiten, sie zu beleidigen oder zu ver-
leumden. In Hatebook gibt es keine Privatsphäre-Einstellungen; jedes Detail wird der Com-

---

[13] Die englischsprachige Site kommt aus Hamburg. Dahinter steckt Nils Andres, Geschäftsführer der Marktfor-
schungsagentur Komjuniti und Gründer von MyNeighborhood.net.

munity in Echtzeit offenbart, z.B. sind alle E-Mails zugänglich und die Äußerungen der Mitglieder werden öffentlich aufgeführt (Abbildung 1).

Diese „dark side of networking" soll demonstrieren, dass sich ehemals positive Beziehungen (Freundschaften, romantische Partnerschaften, Geschäftsbeziehungen etc.) schnell ins Gegenteil verkehren können, denn Soziale Netzwerkseiten wie StudiVZ haben aufgrund der technischen Netzwerkstruktur ein hohes Mobilisierungspotenzial.

Literatur

Bayersburg, Frederic 2009: *Selbstdarstellung auf Social-Network-Plattformen am Beispiel MySpace*, Wien, Magisterarbeit.

Boase, Jeffrey/Wellman, Barry 2004: „Personal Relationships. On and Off the Internet" http://chass.utoronto/ca/~wellman/publications/persoonal_relations/PR-Cambridge-Boase-Wellman-ch2-final-doc.htm.

Bourdieu, Pierre 1983: „Ökonomisches Kapital, kulturelles Kapital, soziales Kapital" in: Reinhard Kreckel (Hg.): *Soziale Ungleichheiten. Soziale Welt*, Sonderband 2, Göttingen: Schwartz, 183-198.

Boyd, Danah 2006: „Friends, Friendsters, and Top 8: Writing community into being on social network sites" *First Monday* 11(12); http://firstmonday.org/issues/issue11_12/boyd/index.html.

Boyd, Danah 2008: „Why youth (heart) ♥ social network sites: the role of networked publics in teenage social life" in David Buckingham (Ed.): *Youth, identity, and digital media*, Cambridge: MIT Press, 119-142.

Boyd, Danah 2009: „Research on Social Network Sites." Collected Papers online. http://www.danah.org/SNSResearch.html.

Burkart, Günter 2009: „Mediale Selbstthematisierungen und Inszenierungen von Privatheit. Soziologische Aspekte der Strukturwandels der Bekenntniskultur" *MERZ – Medien und Erziehung: Selbstentblößung und Bloßstellung in den Medien* 2, 22-31.

Christakis, Nicholas A./Fowler, James H. 2010: *Connected! Die Macht sozialer Netzwerke und warum Glück ansteckend ist*. Frankfurt/Main: S. Fischer.

Daxner, Stefanie/Mathias Mayer 2007: *Computervermittelte Kommunikation über MySpace unter besonderer Berücksichtigung von Soziabilität und Selbstdarstellung*, Wien, Diplomarbeit

Donath, Judith 2007: „Signals in Social Supranets" *Journal of Computer Mediated Communication* 13 (1); jcmc.indiana.edu/vol13/issue1/donath.html.

Donath, Judith /Boyd, Danah 2004: „Public Displays of Connection" *BT Technology Journal* 20(4), 71-82.

Ellison, Nicole B./Steinfeld, Cliff/Lampe, Charles 2009: „Social Network Sites and Society: Current Trends and Future Possibilities" *Interactions* Jan/Feb, 6-9.

Ellison, Nicole B./Steinfeld, Cliff/Lampe, Charles 2007: „The Benefits of Facebook ‚Friends': Social Capital and College Students' Use of Online Social Network Sites" *Journal of Computer Mediated Communication* 12(4); http://jcmc.indiana.edu/vol12/issue4/ellison.html.

Flusser, Vilém 1999: *Ins Universum der technischen Bilder*, Göttingen: European Photography.

Fogel, J./Nemhad, E. 2008: „Internet and network communities: Risk taking, trust, and privacy concerns" *Computers in Human Behavior* 25, 153-160.

Fraunhofer Institut 2008: *Privatsphäreschutz in Soziale-Netzwerke-Plattformen*, Darmstadt.

Fritsch, Hagen 2006: „StudiVZ – inoffizielle Statistikpräsentation"; http://studivz.irgendwo.org.

Fry, William F. 1999: Interview im *SZ Magazin* No. 14, 2006, 105-132.

Fuchs, Christian 2009: *Social Networking Sites and the Surveillance Society, A critical Case Study of the Usage of StudiVZ , Facebook, and MySpace by Students in Salzburg in the Context of Electronic Surveillance*, Salzburg/Austria: Research Report by IT&S Center.

Gasser, Urs 2009: „Die Identität wird klebrig" Interview in *SZ Wissen* 4/09, 72-73.

Golder, Scott/Wilkinson, Dennis/Huberman, Bernardo 2007: „Rhythms of Social Interaction: Messaging within a Massive Online Network" http:www.hpl.hp.com/research/idl/papers/facebook/facebook.pdf.

Grimm, Petra 2009: „Bloßstellung und Diffamierung Jugendlicher im Internet" *MERZ – Medien und Erziehung: Selbstentblößung und Bloßstellung in den Medien* 2, 28-31.

Großegger, Beate 2004: „Slightly Ironical", Vortrag auf der Tagung von www.jugendkultur.at.

Hauck, Miriam 2007: „Wer keine Werbung will, fliegt" *Sueddeutsche.de* am 14.12.2007; http://www.sueddeutsche.de/computer/842/427598/text/.

Hollstein, Betina 2007: „Sozialkapital und Statuspassagen – Die Rolle von institutionellen Gatekeepern bei der Aktivierung von Netzwerkressourcen" in: Lüdicke, Jörg/Diewald, Martin (Hg.): *Soziale Netzwerke und soziale Ungleichheit*, Wiesbaden: VS, 53-83.

Horn, Sebastian 2007: „Facebook – Virtueller Nebenschauplatz der Gegenwart" *Zeitschrift für Medienpsychologie* 19, 126-129.

JIM 2009: *Medienpädagogischer Forschungsverbund Südwest*, online unter http://www.mpfs.de

Integral 2008: „AIM Consumer. Austrian Internet Monitor. Kommunikation und IT in Österreich" www.integral.co.at/dImages/AIM_Consumer_-_Q1_2008.

Jernigan, Carter/Mistree, Berham 2009: „Gaydas: Facebook friendships expose sexual orientation" *First Monday* 14(10).

Jones, H./Soltren, J.H. 2005: „Facebook: Threats to Privacy. Student paper at Messachusetts Institute of Technology" http:ww.swiss.ai.mit.edu/classes/6.805/student-papers/fall05-papers/facebook.pdf.

Keen, Andrew 2007: *The Cult of the Amateur. How Today's Internet is Killing Our Culture*, New York: Currency.

Kübler, Hans Dieter 2009: „Außenorientiert „mediogen", narzisstisch – Medienkonstrukte oder Sozialisationstypen? Einige Sondierungen" *MERZ – Medien und Erziehung: Selbstentblößung und Bloßstellung in den Medien* 2, 14-21.

Krämer, Nicole C./Winter, Stephan 2008: „Impression Management 2.0. The Relationship of Self Esteem, Extraversion, Self Efficacy, and Self-Presentation Within Social Networking Sites" *Journal of Media Psychology* 20(3), 106-116.

Lakits, Sonja 2009: *Ich habe nichts zu verbergen. Eine empirische Studie über das Privatsphären-Verhalten von Facebook-NutzerInnen in Hinblick auf die Identitätskonstruktion und die Vorratsdatenspeicherung*, Wien, Magisterarbeit.

Lee, Sook Jung 2009: „Online Communication and Adolescent Social Ties: Who benefits more from Internet use?" *Journal of Computer-Mediated Communication* 14 (3), 509-531.

Lewis, K./Kaufman, J./Christakis, N. 2008: „The Taste for Privacy: An Analysis of College Student Privacy Settings in an Online Social Network" *JCMC* 14(1), 79-100

Livingstone, Sonia 2010: „e-Youth Policy Implications" Presentation at the e-Youth Conference, Antwerp 27-29 of May.

Mara, Martina 2009: *Narziss im Cyberspace: Zur Konstruktion digitaler Selbstbilder auf der Social Network Site studiVZ*, Biozenburg: Verlag Werner Hüsbusch.

MERZ – Medien und Erziehung 2009: *Selbstentblößung und Bloßstellung in den Medien 2.*

Misoch, Sabina 2004: *Identitäten im Internet. Selbstdarstellung auf privaten Homepages*, Konstanz: UVK.

Muise, Amy/Christofides, Emily/Desmarais, Serge 2009: „More Information than You Ever Wanted: Does Facebook Bring Out the Green-Eyed Monster of Jealousy?" *Cyber Psychology & Behavior* 12, 441-444.

Park, Namsu/Kee, Kerk F./Valenzuela, Sebastian 2009: „Being immersed in social networking environment: Facebook Groups, uses and gratifications, and social outcomes" *Cyber Psychology & Behavior* 12, 1-5.

Portes, Alejandro 1998: „Social Capital: Its Origins and Applications in Modern Sociology" *Annual Review of Sociology* 24, 1-24.

Quan-Haase, Anabel/Wellman, Barry 2004: „How does the Internet affect social capital?"

http://chass.utoronto/ca/~wellman/publications/internetsocialcapital/Net_SC-09.htm.

RapLeaf (Ed.) 2007: „Statistics on Google's Open Social Platform End Users and Facebook Users. Business" http://rapleaf.com/compan_press_2007_11_12.html.

Sloterdijk, Peter 2009: Zitat in „Falsche Freunde" *Der Spiegel* 10/09, 118-131.

Smith, Peter 2010: „Research on Cyberbullying: Challanges and Opportunities" Presentation at the e-Youth Conference, Antwerp 27-29 of May.

Stagl, Katrin 2009: *Friends 2.0. Der Einfluss von Social Network Sites auf soziale Beziehungen und daraus resultierende Veränderungen für das Kommunikationsverhalten zwischen FreundInnen am Beispiel Facebook*, Wien, Magisterarbeit.

Stegbauer, Christian 2008: „Weak und Strong Ties. Freundschaft aus netzwerktheoretischer Perspektive" in: Christian Stegbauer (Hg.): *Netzwerkanalyse und Netzwerktheorie. Ein neues Paradigma in den Sozialwissenschaften*, Wiesbaden: VS, 105-119.

Stiglhuber, Johanna 2009: *Geschlechtspezifische Selbstdarstellung auf StudiVZ am Beispiel von Gruppengründungen und –mitgliedschaften*, Wien, Bakkakaureats-Arbeit,

Tully, Claus 2000: *Mensch – Maschine – Megabyte. Sozialisation in ungleichen technischen Welten. Ein Beitrag zur Technik als konstruktives Element kulturellen Alltags*, Deutsches Jugendinstitut, München.

Turkle, Sherry 1995: *Life on Screen. Identity in the Age of the Internet*, New York: Touchstone.

Valkenburg, Patti M. 2010: „Adolescents and Internet Communication: Attraction, Opportunities, and Risks" Presentation at the e-Youth Conference, Antwerp 27-29 of May.

Valkenburg, Patti M./ Peter, Jochen 2009: „Social Consequences of the Internet for Adolescents" Amsterdam; http://www.psychologicalscience.org/journals/cd/18_1_inpress/Valkenburg.pdf.

Walther, Joseph B. 1992: „Interpersonal Effects in Computer-Mediated Interaction: A Relational Perspective" *Communication Research* 19, 52-90.

Walther, Joseph B. 1996: „Computer-Mediated Communication: Impersonal, interpersonal, and hyperpersonal Interaction" *Communication Research* 23, 3-43.

Walther, Joseph B./Van der Heide, Brandon/Kim, Sing-Yeon/Westerman, David/Tom Tong, Stephanie 2008: „The Role of Friends' Appearance and Behavior on Evolutions of Individuals on Facebook: Are We Known bat he Company we keep?" *Human Communication Research* 24, 28-49.

Wächter, Natalia 2009: „Adolescents in the Web 2.0 and on Social Networking Sites. A Survey" Paper presented at Cyberspace 09, Brno 20th to 21st November.

Wellman, Barry/Haase, A./Witte, J. & Hampton, K. 2001: „Does the Internet increase, decrease, or supplement social capital? Social networks, participation, and community committment" *Behavioral Scientist* 45(3), 436.

Nestwärme im Social Web. Bildvermittelte interaktions-zentrierte Netzwerke am Beispiel von *Festzeit.ch*

Jürgen Pfeffer, Klaus Neumann-Braun, Dominic Wirz

1 Einleitung: Die Realität der Internet-Kommunikation – ein Forschungsdesiderat.

Manuel Castells lässt sein bereits 2001 [2005] veröffentlichtes Buch *Die Internet-Galaxie* mit dem Kapitel „Das Netzwerk ist die Botschaft" beginnen und fasst zusammen, dass,

> „obwohl das Internet so allgegenwärtig ist, [...] die Einsicht in seine Sprache und die Zwänge, die von ihm ausgehen, nicht sehr weit über den Bereich strikt technologischer Angelegenheiten hinaus[geht]. [...] Diese relative Leerstelle an zuverlässigen Forschungen ist der Ideologie und dem Tratsch zugute gekommen" (Castells 2005: 11).

Und er fährt fort:

> „Die Medien, die darauf aus sind, eine besorgte Öffentlichkeit informiert zu halten, aber nicht über die autonome Fähigkeit verfügen, gesellschaftliche Entwicklungstendenzen mit der nötigen Stringenz zu beurteilen, schwanken zwischen Berichten über die staunenswerte Zukunft, die sich auftut, und der Verfolgung des Grundprinzips des Journalismus: Nur schlechte Nachrichten sind es wert, darüber zu berichten." (Ebd.)

Der Blick auf die Medienberichterstattung der vergangenen (fast) zehn Jahre zu Internet-Themen im Horizont von Boulevard-Format und Wissenschaftsjournalismus zeigt die weiter bestehende Aktualität von Castells Diagnose: Reißerische Titel wie „Ausziehen 2.0" (Die Zeit 2008), „Nackt unter Freunden" sowie „Fremde Freunde" (beide: Spiegel 2009) oder „Facebook-Epidemie" (Weltwoche 2009) zieren die Frontblätter auch des gehobeneren deutschsprachigen Journalismus. Weiterhin wird in klassischer Weise um öffentliche Aufmerksamkeit gebuhlt, indem Sehnsüchte nach Erotik und Sex bedient sowie Ängste vor Fremdem und Krankheit geschürt werden. Nur vereinzelte Beiträge ragen in erhellender Weise aus diesem Balken-Journalismus heraus, so beispielsweise der Essay von Gerald Wagner in der F.A.Z. (2009), in welchem er sein Modell einer gefühlten „Soziologie des Facebook" vorstellt. Sein Modell hebt sich vor allem dadurch ab, dass es technische Neuerungen – statt sie hinsichtlicher ihrer Eventualitäten reflexartig zu problematisieren – im Kontext alltäglicher Handlungspraxen verortet. Meistens aber werden derzeit „technologische Angelegenheiten" (Castells) aus einer kriminologischen Sicht thematisiert: Musik- und Film-Download (Urheberrechtsverletzung), Datendiebstahl (Persönlichkeitsrechtsverletzung) oder kommerzieller Datenhandel (Ausspähung der Privatheit).

Das überaus forcierte Entwicklungstempo des Internets hat es diesen ‚journalistischen Schnellschüssen' leicht, der fundierten wissenschaftlichen Forschung hingegen schwer gemacht. Lange Zeit bestand ein eklatanter Mangel an erhellenden empirischen Studien. Erst in jüngster Zeit liegen erste umfassende Surveys zur Realität der Internet-Kommunikation im deutschsprachigen Raum (Schmidt/Paus-Hasebrink/Hasebrink 2009;

Prommer et al. 2009; Wächter/Jäger/Triebswetter 2009) wie im englischsprachigen Raum (Boyd 2008; Ellison 2008; Hargittai/Hinnant 2009; Ito et al. 2009; Palfrey/Gasser 2008; Ofcom-Studie 2008) vor. Der Fokus dieser Studien liegt in der Regel auf den Altersgruppen der Kids, Teens, Twens und jungen Erwachsenen, die zum einen als technologieaufgeschlossen (Early Adopters) gelten, zum anderen aber – insbesondere die Jüngeren – als durch ein entsprechendes Gatekeeping ,zu Schützende' betrachtet werden (klassisch: Schutzbefohlene), was im ersten Fall zu Forschungsfinanzierungen seitens der Wirtschaft und im zweiten seitens der öffentlichen Hand führt. Weitere Altersgruppen und Spezialkulturen werden bspw. im Rahmen von Netzwerk-Studien analysiert, die sich einzelnen Plattformen (z.B. Wikipedia, Stegbauer/Rausch 2009, Stegbauer/Bauer 2008) und einzelnen Kommunikationsfor(m)en (z.B. News- und Chatgroups, Heintz 2000, oder Mailinglisten, Stegbauer 2001) annehmen.

Der vorliegende Beitrag reiht sich in die Untersuchungsperspektive der oben genannten Survey-Studien ein und ist Teil des SNF-Projekts *Jugendbilder im Netz*.[1] Dieses hat zum Ziel, die Identitäts- und Beziehungsarbeit Jugendlicher unter Einfluss neuer, technikgestützter Tools, den sogenannten Social Network Sites (SNS), zu beschreiben. Dass auf SNS neben der Sprache vor allem den visuellen Darstellungsformen ein hoher Stellenwert zukommt, ist die Grundannahme des Projekts, der auch dieser Beitrag folgt. Fotografien Jugendlicher sollen demnach in ihrer Rolle als identitäts- und beziehungsstiftende Komponenten in Medien untersucht werden. Die Überlagerung privater, an einen informellen Kreis adressierter Kommunikation durch öffentliche, an ein disperses Massenpublikum gerichtete Kommunikation schafft indes einen hybriden Raum der Selbstinszenierung, in dem sich Strategien öffentlicher und privater, formeller und informeller sowie globaler und lokaler Kommunikation verschränken. In welchem Maß folgt die Online-Kommunikation ihren eigenen Strukturen (ist sie quasi selbstzweckhaft), inwieweit stellt sie aber eine Verlängerung (und Wiederholung) von Offline-Strukturen dar? Wie nahe steht das, was auf SNS geschieht, den Handlungspraktiken des Offline-Alltags? Im Spannungsfeld dieser (allgemein formulierten) Fragen kommt dem Umgang mit Bildern eine besondere Bedeutung zu. Neben der Frage, welche Inhalte in welcher Art und Weise eingestellt werden (dazu Autenrieth 2010 und Astheimer/Schmidt/Neumann-Braun 2010), interessiert vor allem, wer mit wem und wie oft vermittels des Bilderanschauens, -zeigens und -sammelns online in Kontakt kommt. Während die inhaltlichen Bilderanalysen des SNF-Projekts qualitativ ausgerichtet waren, versucht der vorliegende Beitrag, die Bilderwelten in einer Verbindung von qualitativen und quantitativen Methoden zu beschreiben.

Im Ansatz knüpft die Untersuchung an eine bereits vorliegende qualitative Pilotstudie (Neunmann-Braun/Wirz 2010) an und orientiert sich *gegenstandbezogen* an folgenden vier oben genannten Fluchtpunkten: Erstens werden Social Network Sites – hier das Beispiel Festzeit.ch (s.u.) – fokussiert, zweitens die Frage der Quantität, Qualität und Stabilität von Interaktionen zwischen User-/innen, drittens die Verankerung des User-Handelns auf den SNS in lebensweltlichen Strukturen (Offline/Online-Verschränkung) sowie viertens Form, Funktion und Bedeutung der von den Usern selbst eingestellten und distribuierten Fotografien für den Aufbau und Erhalt dieser Interaktionen. Insbesondere der letzte Aspekt ver-

[1] Das vom Schweizerischen Nationalfonds (SNF) geförderte Projekt *Jugendbilder im Netz* wird am Institut für Medienwissenschaft der Universität Basel unter der Leitung von Prof. Dr. Klaus Neumann-Braun durchgeführt und hat eine Laufzeit von drei Jahren (2008–2010; Projektkennzeichnung 100012-118290; www.netzbilder.net).

dient Aufmerksamkeit, da im Netz generell, aber auch im Speziellen auf den SNS, überaus viel und in tragender Weise mit und über Bilder, Fotos, Clips kommuniziert wird.

In *konzeptioneller resp. methodologisch-methodischer* Sicht orientiert sich die Studie argumentationsstrategisch *an der kultur- und sozialwissenschaftlichen Perspektive* im Horizont der Theorietraditionen von Philosophischer Anthropologie (Helmuth Plessner), Phänomenologie (Schütz), Theorie sozialen Handelns und der Kultur sensu Max Webers und deren Weiterentwicklungen im Symbolischen Interaktionismus (George H. Mead; Erving Goffman) sowie der Ethnomethodologie (Harold Garfinkel) und der Konversationsanalyse (Harvey Sacks). Menschen stellen in ihren Handlungen Sinn und Bedeutung und damit Welt her. Kultur wird begreifbar als ein Geflecht von symbolischen Beziehungen, das wie ein ‚Text' interpretiert, ‚gelesen' werden kann und muss. Clifford Geertz hat diesen Gedanken im Titel seines Buches *Dichte Beschreibungen* (1983) zum Ausdruck gebracht: Die Untersuchung von Kultur(en) „ist daher keine experimentelle Wissenschaft, die nach Gesetzen sucht, sondern eine interpretierende, die nach Bedeutungen sucht" (1983: 9). Diese (hier nur angedeutete) Theorierahmung ermöglicht eine kulturtheoretisch orientierte, sozial-konstruktivistische Sicht auf Strukturen und Prozesse der hier digital basierten Kommunikation.

Die Rekonstruktion von Handlungs- und Bedeutungsstrukturen legt eine *sachorientierte* Interpretationshaltung nahe, die auf Ideologisierungen jedweder Art zu verzichten hat. Da das Netzwerkkonzept „zwischen Mikro- und Makroebene angesiedelt" ist (Hollstein 2006) und oft auch mit dem englischen Begriff ‚Community' vermengt wird, ist Vorsicht geboten, da Elemente von Vergesellschaftung und Vergemeinschaftung unkontrolliert in Verknüpfung geraten. Um der Falle einer expliziten resp. impliziten Ideologisierung im Spannungsfeld von Utopie und Dystopie zu entgehen, wird im Weiteren der Begriff des Aggregats verwendet. Inhaltlich ist hier nicht gedacht an dessen Verwendung in der Informatik (Stichwort: Domain-Driven Design), sondern vielmehr in der Philosophie, wo der Begriff eine lange Tradition hat und in der aktuellen philosophischen Terminologie (im Gegensatz zum Begriff des Organismus (Teleologie) oder dem des Systems (Zweck)) ein Ganzes aus innerlich zunächst nicht verbundenen Teilen bezeichnet (Regenbogen/Meyer 1998). Auf der Grundlage dieser formal gehaltenen Definition lässt sich in geradezu radikaler Offenheit empirisch analysieren, welche Elemente – Techniken, Akteure, Kommunikationsmittel – zu welchen (Interaktions-)Strukturen und Prozessen oder mit einem Begriff der formalen Soziologie: „sozialen Gebilden" (Leopold von Wiese) führen – eine Sichtweise, die insbesondere von der spezifischen Kommunikationskonstellation der SNS Festzeit.ch gefordert wird.

Die aufwändige Analyse der zahlreichen und vielfältigen Aktivitäten auf der SNS Festzeit.ch macht es notwendig, auf computergestützte *Methoden der Netzwerkanalyse* zurückzugreifen. Ausgangspunkt der Netzwerkanalysen sind die Online-Aktivitäten von Usern mit Bildern, insbesondere die Tatsache, dass sie durch gemeinsame Aktivitäten im Umkreis derselben Bilder indirekt miteinander in Kontakt kommen (können). Mit diesem Ansatz sollen User also nicht direkt verknüpft werden (wie dies in Freundeslisten der Fall ist), sondern rekonstruktiv entlang technischer Artefakte (Spuren ihrer Aktivitäten). Ein Vergleich mit den direkten Verbindungen der Freundeslisten steht dann in einem zweiten Analyseschritt an.

Analysiert werden also in erster Linie bimodale Netzwerke[2] bestehend aus Usern der SNS und Bildern, die von den Usern hochgeladen und verlinkt werden. Erzeugt werden diese Netzwerke durch (automatisierte) Betrachtung sämtlicher Bilder ausgewählter Zeitspannen sowie der Aktivitäten der User mit diesen Bildern. Die so erhobenen Netzwerke werden mit standardisierten quantitativen Methoden der Netzwerkanalyse (vgl. Wassermann/Faust 1995) ausgewertet wie z.B. der Komponentenanalyse oder der Aktivitätsanalyse. Durch die Betrachtung von drei verschiedenen Zeitspannen können zudem longitudinale Analysen durchgeführt werden wie z.B. Untersuchungen auf Kontinuität der Akteure und der Aktivitäten.

Die methodische Konzeption der Studie verknüpft spezifische netzwerkanalytische Methoden mit Analysemethoden der Kultur- und Sozialwissenschaft. Es wurde argumentiert, dass, um möglichen Ideologisierungen vorzubeugen, im Kontext der hiesigen Ausführungen der Begriff des Aggregats verwendet wird, sobald reale soziale Gebilde zum Bezugspunkt der Interpretationen gemacht werden. Im Gegenzug bleibt der Begriff des ,Netzwerks' den rechnerisch erzeugten Modellen (Desiderate von Bild-Aktivitäten) vorbehalten – dies, ohne das Netzwerk nach inhaltlichen oder funktionalen Beziehungsqualitäten (vgl. dazu den Überblick bei Hollstein 2006) aspektualisieren zu wollen (zu den Grenzen quantitativer Netzwerkanalysen vgl. etwa Franke/Wald 2006 oder Hollstein 2006). Im Horizont dieser Begriffsexposition stellt sich die Frage, unter welchen Voraussetzungen die beiden Begriffe und damit Gegenstandsaspekte aufeinander bezogen werden können. Die spezifische Strukturiertheit der online errechneten Netzwerke lässt sich nicht unbesehen auf den Kontext realer Aggregate beziehen; die Netzwerke können zunächst nicht mit Offline-Beziehungen zwischen den Usern gleichgesetzt werden. (Wie unzulässig eine Gleichsetzung – und überhaupt der Anspruch, ,reale' Netzwerke zu rekonstruieren – wäre, hat an anderer Stelle schon Boyd (2009) nachgewiesen.)

Ein Vergleich (im Sinne eines interpretativen Schlusses) wird möglich, wenn man sowohl die online aufgefundenen Netzwerke auf ihre Strukturen (Gradverteilung, Dichte, Stabilität) überprüft, als auch die Bildinhalte berücksichtigt, entlang derer die Netzwerke entstehen. Auf diese Weise rücken Erklärungen über den Zusammenhang von Online- und Offline-Welt in Reichweite. Kann zudem ausgeschlossen werden, dass eine spezifische Online-Technik (kommunikationsstrukturelle Besonderheiten der SNS) maßgebenden Anteil am Zustandekommen der Netzwerke hat, sind Rückschlüsse von Online-Netzwerken auf die Beschaffenheit (möglicher) sozialer Offline-Aggregate denkbar. Als je konturierter und stabiler sich die Online-Netzwerke erweisen, desto größer ist die Wahrscheinlichkeit, dass die Verbindungen nicht den (wie noch zu zeigen sein wird) ungeordneten Bilderwelten von Festzeit.ch geschuldet sind, sondern in ihren Strukturen sozialen Aggregaten der Offline-Welt folgen. Die Begriffe ,Netzwerk' und ,Aggregat' stehen dann in folgendem Verhältnis zueinander: Sie unterscheiden sich hinsichtlich ihres Fokus auf Online- bzw. Offline-Phänomene, berühren sich aber im Punkt ihrer Strukturen (vorausgesetzt, diese sind ausreichend konturiert und stabil). An diesem Punkt wird eine Interpretation der online erhobenen Daten anhand klassischer Theoreme der (Medien-)Soziologie methodisch haltbar. Der in radikaler Offenheit konzipierte Aggregatbegriff kann anschließend anhand der Erkenntnisse konkretisiert werden, die aus der oben erwähnten qualitativen Pilotstudie

---

[2] Da die Knoten des Netzwerkes in zwei Gruppen geteilt sind und jede Linie ausschließlich Knoten der einen Gruppe mit Knoten der anderen Gruppe verbindet, kann man zudem von einem bipartiten Netzwerk sprechen (Wassermann/Faust 1995).

vorliegen. Hierbei sind Aussagen zu den Bildinhalten von Bedeutung; z.B., ob es sich um Bilder von Interessengruppen (Fans) handelt oder von Freundescliquen.

Ziel der Untersuchung ist es, im Rahmen einer Einzelfallstudie (Festzeit.ch) aus den Aktivitätsspuren der User die Beschaffenheit/Qualität eines Interaktionsgefüges herauszuarbeiten, das in besonderer Art und Weise *nicht* durch das technische System vorbestimmt ist. Wie sich zeigen wird, folgen die Netzwerke der Ordnung des Offline-Lebens. Dadurch, dass dieselben User, die schon offline miteinander in Kontakt stehen, sich online aktiv suchen und aktiv Bilder austauschen, wiederholen sich die offline gewachsenen Strukturen im Kontext der Online-Aktivitäten. Diese Interaktionsgefüge werden im vorliegenden Fall über Bilder rekonstruiert; und anhand der Bilder lässt sich zeigen, dass die Freundes(!)gruppen klein sind (Nestwärme). Damit wird ein Beitrag zur Frage der Vergesellschaftung und Vergemeinschaftung auf SNS und darüber hinaus im Social Web geleistet.

Im Folgenden wird die untersuchte SNS Festzeit.ch und vor allem die darauf stattfindende bildvermittelte Kommunikation vorgestellt. Abschnitt 3 konstruiert Netzwerke aus Festzeit.ch und stellt quantitative Analysen an, welche im Schlussteil zusammengefasst, diskutiert und mit Ergebnissen der vorausgehenden qualitativen Studien verglichen werden.

2   Die bildvermittelte Kommunikation auf *Festzeit.ch*

Beim Schweizer Portal Festzeit.ch handelt es sich um eine SNS, die sich in mancherlei Hinsicht deutlich von Facebook, den VZ-Diensten und anderen Portalen unterscheidet. Zum einen zählt Festzeit.ch mit rund 120.000 registrierten Usern (Festzeit 2010) zu den Zwergen unter den SNS, zum anderen ist die Plattform kaum international, ja nicht einmal national verbreitet, sondern lokal auf den Großraum Basel beschränkt, wo sie insbesondere von Jugendlichen und jungen Erwachsenen frequentiert wird (vgl. dazu die Daten[3] bei Autenrieth/Bänziger 2010). Ursprünglich war Festzeit als Party-Portal konzipiert worden, war also ähnlich wie Tilllate.com einem bildzentrierten „Schaulaufen in der Öffentlichkeit" verschrieben (dazu Hobi/Walser 2010: 90; vgl. auch Astheimer 2010: 166f.). Mittlerweile haben sich andere Themenschwerpunkte herausgebildet, die über die bloße Dokumentation und Kommentierung von Party-Geschehnissen hinausweisen. So werden mehrheitlich Bilder aus persönlichen Lebenskontexten eingestellt: z.B. Fotos aus dem Freundeskreis, vom Familienurlaub oder der Klassenfahrt.[4] Um solche Bilder und Themen rankt sich in der Folge die (Anschluss-)Kommunikation auf Festzeit – was die Plattform *inhaltlich* in die Nähe genuiner SNS rückt. Die entscheidende kommunikationsstrukturelle Beobachtung ist nun, dass auf Festzeit *technisch gesehen* kaum typische SNS-Funktionen implementiert worden sind: Festzeit-User kennen keine Statusmeldungen. Sie können ihren Freunden keine Rund-/Massennachrichten verschicken und sich auch nicht gegenseitig an die Pinnwand schreiben. Stattdessen steht auf Festzeit ein radikalisierter Bildgebrauch im Vordergrund. Teilweise substituieren die Bilder andere Kommunikationsmodalitäten; so gehören

---

[3] Die Umfragen, die den Daten zugrunde liegen, waren repräsentativ für die Schweiz und fanden im Rahmen des Forschungsprojekts *Jugendbilder im Netz* statt (vgl. Anmerkung 1).

[4] Eine Sichtung von insgesamt 30.000 Festzeit-Bildern aus einer zusammenhängenden Zeitspanne ist aktuell Teil weiterführender Untersuchungen. Ein erstes Zwischenergebnis soll die hier angeführten Beispiele untermauern: Rund drei Viertel der Bilder weisen einen klar privaten Bezug auf. Mit ‚privat' ist hier und im Folgenden gemeint, dass Bilder eigeninitiativ und ohne kommerzielles Interesse von einem einzelnen Akteur hergestellt wurden. In diesem Sinne sind auch Bilder einer Klassenfahrt als ‚privat' zu klassifizieren.

zum Festzeit-Repertoire ‚Bilder', die Statements zeigen wie z.B. „das dümmste Fach [an der Schule] ist…". Von dieser Frage provoziert, platzieren andere User dann ihre Namensschilder[5] wahlweise auf den im Bild gezeigten Vorschlägen wie „Geografie", „Französisch", „Mathematik" etc. Kurz: Persönliche Themen werden angeregt und sie laden zum Mitmachen ein. Dass diese SNS-typischen Aktivitäten *ausschließlich* im Umgang mit Bildern erfolgen können, ist eine der Besonderheiten von Festzeit.[6]

Für die weiteren Überlegungen ist nun bedeutsam, in welchem Grad die Kommunikation auf Festzeit öffentlich bzw. teilöffentlich ist. Gegen außen hin – also für Nicht-Mitglieder – ist die Plattform nur ausschnittweise erreichbar; eine Registrierung ist erforderlich, um die Inhalte der User sehen zu können. Auf der Plattform selbst – also für Mitglieder – ist dann prinzipiell alles einsehbar, was an Inhalten eingestellt und kommentiert wird.[7] Im Zusammenspiel von bildzentrierten Aktivitäten und einer prinzipiellen Öffentlichkeit scheint eine weitere Besonderheit von Festzeit auf: die Art und Weise, wie die Bilder den Usern zugetragen werden. Sie werden protokollartig und gegenchronologisch in drei großen Listen hintereinander gereiht: Eine Liste zeigt die neuesten Bilderuploads, eine weitere die kürzlich hinzugefügten Verlinkungen, eine die neuesten Kommentare der User. Besonders häufig betrachtete Bilder erscheinen zudem in den Festzeit-Charts (beliebteste Bilder der letzten 24 Stunden, der letzten Woche, des letzten Monats usf.). In einer Woche rauschen so gut und gerne 40.000 Bilder (!) an einem einzelnen User vorbei; manche davon mehrmals, weil sie bei jedem neuen Kommentar und jeder neuen Verlinkung wieder oben in der jeweiligen Liste eingereiht werden.

Angesichts dieser Voraussetzungen drängt sich ein Blick auf die Nutzungspraxis auf. Aus der Perspektive des Users betrachtet, stellt sich Festzeit als gewaltiger Strom von Bildern dar, durch welchen aktiv navigiert werden kann – und muss. Relevant wird dieser Punkt im Kontrast zu Facebook: Facebook trägt dem User alle Inhalte i) verstärkt technisch vermittelt an (z.B. in den „Neuigkeiten" und „Höhepunkten" aus dem eigenen Freundeskreis), bereitet sie ii) auf (selektierend und zusammenfassend) und regelt iii) deren Zugänglichkeit entlang von Freundeslisten bzw. Gruppen. Solche Einflussfaktoren technischer Natur kennt Festzeit nicht. Was die 5.000 neuen Bilder (Festzeit 2010), die durchschnittlich pro Tag den Weg auf die Plattform finden, an Anschlusskommunikation provozieren, lässt sich folglich unmittelbar(er) auf eine Orientierungsleistung und aktive Relevanzsetzung der User zurückführen.

---

[5] ‚Namensschilder' sind *tags* (siehe unten: Abbildung 1), die auf Bildern platziert werden können. Sie zeigen die Nicknames der User und entsprechen so gesehen den von Facebook und anderen SNS bekannten ‚Verlinkungen'. Auf Festzeit werden sie aber in einer Weise zweckentfremdet, wie man sie z.B. auch auf SchülerVZ beobachten kann: Namensschilder dienen nicht nur dazu, die Präsenz des Users auf dem Bild auszuweisen; sie werden auch auf Stars, Markenlogos oder Objekten platziert, mit denen der User sich identifizieren will. Auch das oben beschriebene Schulfach-Voting fällt in den Verwendungsbereich der Namensschilder. Im Folgenden wird der Verständlichkeit halber konsequent der Begriff ‚Verlinkung' verwendet. Er soll dem Umstand Rechnung tragen, dass mit einem Namensschild versehene Bilder auf die Profilseite des jeweiligen Users und dort ins persönliche Fotoalbum ‚verlinkt' werden. Namensschilder bzw. Verlinkungen können also auch zum Bildersammeln eingesetzt werden.
[6] Der kreative Umgang mit Bildern substituiert letztlich die technisch-funktionalen ‚Defizite'; er schafft auf der einstigen Party(bilder)-Plattform ein an SNS angelehntes Umfeld, was einer eigentlichen Umnutzung gleichkommt. Dass eine solche ‚Umnutzung' kein Einzelfall ist, hat Jana Herwig am Beispiel der Instant-Messaging-Plattform Twitter beobachten können (vgl. Herwig 2010).
[7] Ausgenommen davon ist eine rudimentäre Form von User-to-User-Nachrichten.

Vor diesem Hintergrund hat die oben erwähnte qualitative Pilotstudie (Neumann-Braun/Wirz 2010) nun untersucht, inwieweit Festzeit-User die uneingeschränkten (und überbordenden) Möglichkeiten ausschöpfen, mit anderen Plattform-Mitgliedern oder eingestellten Inhalten (Bildern) selbstbestimmt zu interagieren und zu kommunizieren. Im Analysefokus steht also eine fast einmalige Praxis: Rezipienten sehen sich einem ununterbrochenen Bilderstrom ausgesetzt, dem sie sich eher passiv-rezeptiv (Bilder nur anschauen) oder aktiv-kommunikativ zuwenden können: Im letzteren Fall markieren sie mithilfe von Kommentaren und Verlinkungen ihr Interesse an einer Kommunikation. Diese Aktivitäten wiederum dokumentieren die Spuren von Kommunikationen auf dem Portal, das nicht zuletzt auch aufgrund der hohen lokalen Sättigung (rund 120.000 User aus dem Großraum Basel) sowie der offen zugänglichen Kommunikationspraxis Rückschlüsse auf die Verschränkung von Offline- und Online-Kontexten ermöglicht. In der Pilotstudie kristallisierte sich das Ergebnis heraus, dass sich zahlenmäßig überschaubare Freundescliquen, die sich bereits aus Schule und Freizeit kennen, auf Festzeit.ch über ihre Alltagsthemen wie Schulausflüge, Lehrer usw. austauschen. Als Folge scheint der hyperoptionale Cyberspace des Social Web *thematisch* gesehen in nicht unerheblicher Art und Weise entzaubert, und auch mit Blick auf die oft ausgerufene große weite ‚global world‘ deutet sich eine Relativierung an: Die Kommunikationsgemeinschaften scheinen zum einen eher klein als groß, zum anderen manifestieren sie sich nicht als virtuelle Communitys, sondern vielmehr als eine Verlängerung der Offline-Freundescliquen ins Netz hinein. Damit wäre die SNS weniger als Raum zur (Neu-)Vernetzung, denn als zusätzliches Kommunikationsmedium zu beschreiben.

Abbildung 1:   Ein Bild auf Festzeit.ch mit Kommentaren und Verlinkungen

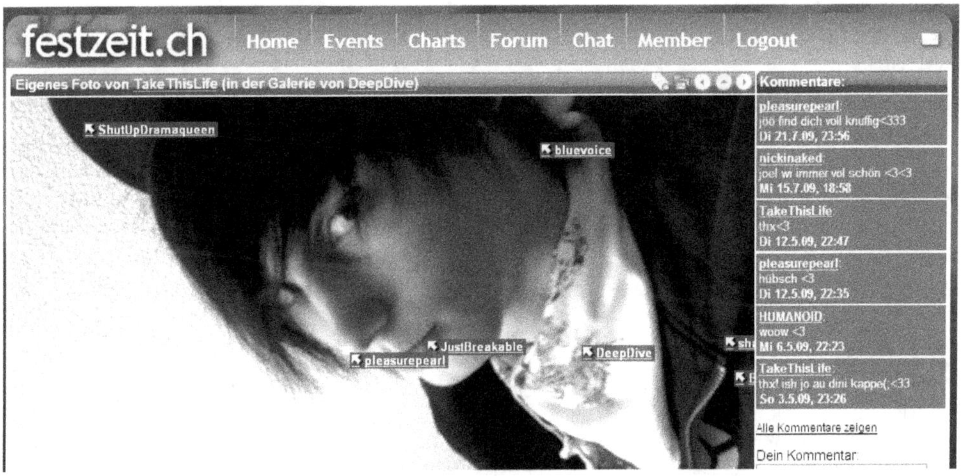

Ziel der vorliegenden Arbeit ist es, die qualitativen Ergebnisse der Pilotstudie (Neumann-Braun/Wirz 2010) durch quantitative Analysen zu untermauern oder anzuzweifeln. Während die Pilotstudie auf einer dem Beobachter zugänglichen Strukturebene ansetzte und angesichts der Nutzungspraxis den Stellenwert von Freundescliquen hervorhob, bringen die nachfolgenden Netzwerkanalysen eine neue Strukturebene ins Spiel, die sich nur rechnerisch erschließt. Indem die Bilderspuren systematisch ausgewertet werden, soll erstens festgestellt werden, ob die Netzwerke aus tatsächlichen (wahrgenommenen) Kontakten bestehen[8] – wodurch es plausibel würde, von Interaktionsgefügen zu sprechen, statt von einer Anhäufung ungerichteter Bildaktivitäten Einzelner. Zweitens sollen die Netzwerke auf ihre Stabilität hin geprüft werden, was in der Folge Rückschlüsse auf dahinterstehende Offline-Freundescliquen ermöglicht.

3   Die Netzwerke von Festzeit.ch

3.1 Netzwerk aus Usern und Bildern

Den Besonderheiten von Festzeit entsprechend stehen für die Erhebungen die Aktivitäten der User im Kontext der Bilder im Zentrum (siehe Abbildung 1). Von ,Aktivitäten wird vorläufig deshalb gesprochen, weil die wechselseitige Bezugnahme der User nicht in jedem Fall gegeben ist.[9] Die Kommentare und Verlinkungen gehen im Minimum aus zufälligerweise gemeinsamen (auch deutlich zeitversetzten) Aktivitäten hervor und weisen im Maximum auf identitäts- oder beziehungsrelevante Bildergespräche hin. Dem ungeachtet kann entlang der Aktivitäten ein Netzwerk bestehend aus Bildern und Usern modelliert werden – User verbinden durch ihre Aktivitäten Bilder, und Bilder verbinden dadurch User (siehe Abbildung 2). Diese – vorerst noch unspezifischen – Verbindungen können als Graphen bzw. 2-Mode-Netzwerke (vgl. z.B. Jansen 2003; Wassermann/Faust 1995) betrachtet und analysiert werden.

3.2 Erzeugung der Netzwerke

Als Basis für die späteren Analyseschritte werden drei Netzwerke von Festzeit.ch mit der beschriebenen 2-Mode Struktur erzeugt. Dafür werden drei Zeiträume zu je 14 Tagen mit einem Abstand von je sechs Monaten herangezogen. Jedes Bild ist mit Datum und Uhrzeit des Hochladens versehen. Auch Kommentare sind so einem eindeutigen Zeitpunkt zuzuordnen. Anders ist dies jedoch mit Verlinkungen auf den Bildern, diese haben keine Zeitmarkierungen. Daher wird als entscheidendes Kriterium dafür, ob eine User-Aktivität in einen bestimmten Zeitraum fällt oder nicht, der Zeitpunkt des Hochladens des Bildes verwendet. Die Netzwerke stellen somit alle User-Aktivitäten mit Bildern dar, die innerhalb

---

[8] Ein methodisch gesehen ähnliches Vorgehen haben in jüngster Zeit Stegbauer/Rausch (2009) anhand der Online-Enzyklopädie ,Wikipedia' erprobt (vgl. auch Stegbauer/Bauer 2008). Sie erzeugten Netzwerke, indem sie die Mitarbeit einzelner Wikipedianer an Artikeln bzw. deren Beteiligung an Diskussionen auswerteten. Stegbauer/Rausch haben darauf hingewiesen, dass „mit Hilfe eines bimodal erzeugten Types of Tie […] man in der Regel keine Aussage über das tatsächliche Zustandekommen eines Kontakts machen" könne (2009: 148). Das gilt im Prinzip auch für die Interaktionen im Umfeld der Bilder auf Festzeit.ch. Etwas relativiert wird die Kontaktunwahrscheinlichkeit dadurch, dass im vorliegenden Fall eher Aushandlungsprozesse mit konkretem Bezug zum Sozialleben denn abstrakte Fragestellungen zu einzelnen Artikeln erforscht werden. Dennoch ist es für die Interpretation wichtig, die erzeugten Netzwerke nicht vorschnell als ,Beziehungsnetze' zu klassifizieren, sondern sie vorerst als Möglichkeitsraum für Interaktionen zu verstehen.

[9] Eine systematische Herleitung der „Bedeutsamkeit bimodaler Netzwerke" hinsichtlich der „Chance, gegenseitig in Kontakt zu kommen", leisten Stegbauer/Rausch (2009), dort in Weiterentwicklung der Idee von Davis et al. (1941).

der definierten Zeitspannen hochgeladen wurden. Tatsächlich können die User-Aktivitäten aber auch außerhalb dieser Zeitspannen (also danach) stattgefunden haben.[10]

Abbildung 2:   2-Mode-Netzwerk aus Bildern (Quadrate) und Usern (Kreise)

In Tabelle 1 findet sich eine Übersicht über die Erhebungsphasen der Netzwerke, die zum besseren Verständnis der anschließenden Auswertungen im Folgenden erklärt werden. Die Zeiträume erstrecken sich jeweils von Samstag, 0:00 Uhr, bis zum übernächsten Freitag, 24:00 Uhr, also über genau 14 Tage. Die Erhebung der Daten erfolgte rückwirkend, indem zwischen dem 10. Oktober 2009 und dem 17. November 2009 die Bilder der fraglichen drei Perioden aufgerufen wurden. Dabei diente die fortlaufende chronologische Nummerierung der Bilder, die sogenannte ‚ID‘, als Orientierungspunkt. Sie stellt sicher, dass die Bilder zur untersuchten Periode zählen. Die ID-Bandbreiten der Phasen finden sich in der dritten Zeile der Tabelle. Die großen Differenzen zwischen der Anzahl der IDs und derjenigen der tatsächlichen Bilder lassen sich zum Teil damit erklären, dass User ihre Bilder wieder entfernen (z.B. weil diese nicht mehr aktuell sind oder keine Resonanz gefunden haben). Die Anzahl der aktiven User beschreibt, wie viele User mit Bildern des jeweiligen Beobachtungszeitraumes aktiv waren. Die Differenz zwischen der Anzahl der Aktivitäten und den User/Bilder-Verbindungen ergibt sich durch Mehrfachaktivitäten von Usern auf einzelnen Bildern. Die Zeile ‚Bilder der Interaktion‘ gibt die Anzahl der Bilder wieder, an denen von mindestens zwei Usern Aktivitäten registriert wurden; neben dem Hochladen also mindes-

---

[10] Dem Umstand, dass zum Zeitpunkt der Erhebung die Bilder aus Phase 1 schon beinahe ein Jahr online gestanden hatten, während die Bilder aus Phase 3 verhältnismäßig ‚frisch‘ waren, wurde mit einer Vergleichsprobe Rechnung getragen. Anhand der Zeitdauer, die durchschnittlich zwischen dem Hochladen der Bilder und den einzelnen Kommentaren verstreicht, konnte festgestellt werden: 50% der Kommentare erfolgen innerhalb von 3,4 Tagen nach deren Upload, 70% der Kommentare innerhalb von 14,2 Tagen. Es kann also davon ausgegangen werden, dass der Großteil der Interaktivitäten in die Untersuchung eingeflossen sind.

tens eine Aktivität eines anderen Users. Diese Bilder erzeugen das Netzwerk, da sie User untereinander verbinden. Das aktive Netzwerk zeigt die Anzahl der Bilder, der Interaktion sowie die User, die damit verbunden sind.

Die User und Bilder bilden die Knoten der untersuchten Netzwerke. Die Kanten der Netzwerke stellen die Aktivitäten der User mit den Bildern dar. Im Folgenden finden sich deskriptive quantitative Auswertungen mit Methoden der sozialen Netzwerkanalyse (Wassermann/Faust 1995), welche den Zusammenhang des Gesamtnetzwerkes und die Aktivitäten der User beleuchten sollen. An erster Stelle steht eine Komponentenanalyse (z.B. de Nooy et al. 2005).

Tabelle 1: Erzeugung der Netzwerke

	Phase 1	Phase 2	Phase 3
Erhebungsphase	01.11.2008 14.11.2008	02.05.2009 15.05.2009	30.10.2009 13.11.2009
Erhebungszeitraum	10.–12.10.2009	11.–13.11.2009	17.–19.11.2009
Bilder-IDs	11352740- 11496877	13090054- 13218403	14684686- 14783182
Anzahl der IDs	144.137	128.349	98.496
Anzahl der Bilder	71.207	70.419	63.754
Anzahl der aktiven User	30.410	26.673	22.242
Anzahl Aktivitäten der User mit Bildern	253.535	266.582	284.151
Anzahl unterschiedlicher User-Bilder-Verbindungen	188.714	195.698	189.028
Bilder der Interaktion	34.592	35.565	32.606
Anzahl User pro Interaktionsbild (ø)	4,4	4,5	4,8
aktives Netzwerk	29.339 User 34.592 Bilder	25.732 User 35.565 Bilder	21.068 User 32.606 Bilder

3.3 Komponenten

Zwei Knoten in einem Netzwerk gelten als *erreichbar*, wenn es einen Weg vom einen zum anderen Knoten gibt, der über verbundene Knoten und Kanten führt (Wassermann/Faust 1995). Eine Knotenmenge, in der so sämtliche Knoten zueinander erreichbar sind, wird als *zusammenhängend* bezeichnet. Diese zusammenhängende Knotenmenge kann *Komponente* genannt werden, wobei die größte Komponente die *Hauptkomponente* ist. Untersucht man nun die Größe dieser Komponenten bzw. der Hauptkomponente, erhält man Antwort auf die Frage der Bedeutung von separierten Subgruppen, welche im Falle von Festzeit.ch auf soziale Aggregate hindeuten würden, die keinerlei Kontakte mit anderen Teilen des Netzwerkes pflegen. Dies ist bei den vorliegenden Netzwerken jedoch nicht der Fall. In jedem Netzwerk der drei Phasen befinden sich zwischen 96,9% und 97,8% der User in der jeweiligen Hauptkomponente. Die restlichen User verteilen sich auf jeweils mehr als 260 Komponenten, von denen die größte lediglich aus 10 Usern besteht. Im Vergleich zu den Hauptkomponenten der drei Netzwerke, die aus jeweils mehr als 20.000 Usern und über 30.000 Bildern bestehen, zeigt sich die Bedeutungslosigkeit dieser kleinen Komponenten.

Als Schlussfolgerung der Komponentenanalyse kann festgehalten werden, dass auf Festzeit.ch keine Nebenkomponenten vorhanden sind, die nicht auf irgendeine Weise direkt oder indirekt mit den anderen Komponenten in Verbindung stehen. Die große Anzahl von sehr kleinen Nebenkomponenten zeigt zudem, dass so gut wie jede Aktivität eines Users mit Bildern anderer User zu einer Verbindung mit der Hauptkomponente führt. Der Eindruck eines umfassenden Zusammenhanges des Netzwerkes von Festzeit.ch kann durch eine weitere Maßzahl verstärkt werden: Im Durchschnitt ist jeder User durch 3,4 Bilderschritte[11] von allen anderen getrennt. Die „Small World" (vgl. Milgram 1967; Watts/Strogatz 1998) von Festzeit.ch ist also tatsächlich sehr klein. Diese kurzen Distanzen der User untereinander – man kann hier auch von einer hypothetischen ‚Makro-Nähe' sprechen[12] – werden tendenziell durch Markt- und Konsumbilder (z.B. von Musik-Stars) erzeugt, wie aus den folgenden Detailanalysen hervorgeht.

Abbildung 3:   Bilder mit den meisten Interaktionen verschiedener User

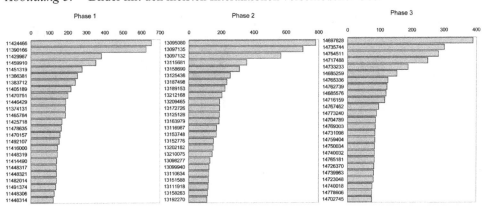

3.4 Bilder mit den meisten Interaktionen

Wie in Tabelle 1 gezeigt, sind mit jedem Interaktionsbild im Schnitt 4,4 bis 4,8 User zugange. Die Aktivitäten sind jedoch nicht normalverteilt um die Mittelwerte. Stattdessen gibt

---

[11] Zur Erklärung: Einen Bilderschritt von User A entfernt sind jene User (Kreis 1), welche auf denselben Bildern Aktivitäten zeigen wie User A. Zwei Bilderschritte von A entfernt sind jene User (Kreis 2), die auf Bildern agieren, auf denen A selbst nicht direkt aktiv ist, dafür andere User aus Kreis 1, usw.

[12] ‚Hypothetisch' ist diese Nähe deshalb, weil keineswegs davon ausgegangen werden kann, dass sie in ihrer Struktur von den einzelnen Usern wahrgenommen wird und dergestalt für deren Online- oder Offline-Handeln relevant werden könnte.

es sehr viele Bilder mit wenigen Aktivitäten und sehr wenige mit vielen Aktivitäten. Abbildung 3 zeigt Rankings der Bilder mit den meisten verschiedenen aktiven Usern.

Die Nummern stellen dabei die IDs der Bilder auf Festzeit.ch dar und können über folgenden Link direkt eingesehen werden (wobei ‚ID' durch die jeweilige Nummer zu ersetzen ist): *http://www.festzeit.ch/viewpic.php?id=ID*. Abbildung 4 zeigt die Top-3-Bilder jeder Phase. Dabei ist zu sehen, dass – abgesehen von dem einen auf die Schule bezogenen Bild – die Bilder von Markt-, Medien- und Konsumeinflüssen geprägt sind. Diese Bilder sind demnach – obwohl oft selbst produziert – *nicht* privat (im Sinne von eigeninitiativ), sondern Variationen von populären Vorlagen. Es kann gezeigt werden, dass gerade diese nicht-privaten Bilder die meisten Aktivitäten aufweisen, obwohl, wie oben angeführt, der Großteil der Bilder von Festzeit.ch letztlich privater Natur ist. Betrachtet man die mit den Bildern aus Abbildung 4 verlinkten User, kann man feststellen, dass insbesondere weibliche User mit diesen Bildern zugange sind. Diese (und wahrscheinlich auch viele der anderen nicht-privaten Bilder) sprechen demnach bestimmte (in gewissen Eigenschaften homogene) Zielgruppen an, wobei die einzelnen an den Aktivitäten beteiligten User aus unterschiedlichen ‚Regionen' (vgl. dazu den Abschnitt der User/User-Interaktionen) des Gesamtnetzwerkes stammen. Die nicht-privaten Bilder verflechten demnach fast sämtliche User von Festzeit.ch eng miteinander und konstruieren die oben erwähnte hypothetische ‚Makro-Nähe'.

Abbildung 4:   Die Top 3 der am meisten verlinkten Bilder aus jeder Phase der Erhebung

3.5 Aktivität der User

Jeder User in den drei beobachteten Netzwerken hat zu einer bestimmten Anzahl von Bildern Verbindungen; diese Anzahl wird als Grad bezeichnet werden. Die aktivsten

User in den beobachteten Zeiträumen finden sich in Phase 1. Das Extrem markieren zwei User, die Aktivitäten mit 1.257 bzw. 1.122 Bildern zeigen. Betrachtet man die Profile derjenigen User, die in mindestens einer der drei Phasen mehr als 250 Bildaktivitäten haben, so ist am auffälligsten, dass ca. 50% über 40 Jahre alt sind. Es handelt sich dabei um sehr anonym geführte Profile ohne persönliche Bilder oder um Profile mit falschen Altersangaben[13]. Überdies scheint Festzeit tatsächlich auch abseits der Gruppe der Jugendlichen und jungen Erwachsenen Anwendung zu finden: hier insbesondere als Fotoarchiv (mit teilweise mehreren Tausend Bildern pro User).[14] Beide Beobachtungen geben einen Eindruck, wie diejenigen intensiv aktiven User zu charakterisieren wären, die – was zu einem wesentlichen Teil der Fall ist – nicht aus der zu erwartenden Altergruppe stammen.

Betrachtet man die Aktivitäten sämtlicher User in den beobachteten Zeiträumen, kann man einen durchschnittlichen Grad von 6,2 ermitteln. Die Aktivitäten mit Bildern sind also – bedenkt man, wie einfach eine Verlinkung hergestellt ist – überraschend selten. Da 29,7% der User nur einen Grad von 1 aufweisen, liegt eine stark rechtsschiefe Verteilung vor. Tatsächlich ist die Schieflage so stark, dass die Gradverteilung der von Barabàsi/ Albert (1995) beschriebenen „scale-free power-law"-Verteilung nahekommt. Abbildung 5 zeigt die Gradverteilungen in Log/Log-Darstellung. Darin ist gut zu sehen, dass sehr viele Knoten einen Grad von 1 haben und sehr wenige einen hohen Grad. Ein beträchtlicher Teil der Aktivitäten auf Festzeit.ch wird demnach von einer kleinen Anzahl der User generiert, wohingegen die große Mehrheit der User ein überschaubares Aktivitätsniveau pflegt.

Abbildung 5:   Gradverteilungen der Netzwerke der drei Phasen in Log/Log-Darstellung

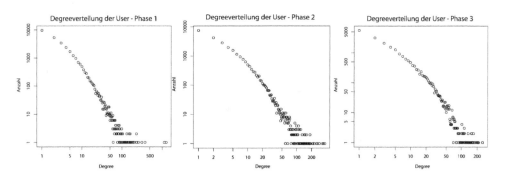

---

[13] Die Falschangaben sind teilweise nicht von ungefähr zu hoch, was aus einer technischen Eigenheit bei der User-Registrierung hervorgehen dürfte: So wird der Jahrgang über eine Dropdown-Liste erfasst, in der nur Einträge zwischen 1950 und 1999 zur Auswahl stehen. Da die Angabe des Alters ein Pflichtfeld darstellt, sieht sich jeder, der seinen korrekten Jahrgang nicht preisgeben will, zu einer Falschangabe genötigt. In der Dropdown-Liste ist der oberste, direkt und unkompliziert zu selektierende Eintrag die Jahreszahl 1950 (während zur Auswahl aktueller Jahreszahlen umständlich ans Ende der Dropdown-Liste gescrollt werden muss). Diese Besonderheit macht die Jahreszahl 1950 zum Quasi-Standardwert. Demnach stehen im Jahr 2010 die angeblich 60-Jährigen im Verdacht, im Zuge einer Informationsverweigerung oder aus benutzerökonomischen Gründen den Jahrgang auf den (nichtssagenden) Wert von 1950 eingestellt zu haben.

[14] Der Spitzenwert, der im Rahmen der Erhebung ermittelt wurde, liegt bei über 39.000 eigenen und fremden (verlinkten) Bildern (vgl. Anmerkung 5), die eine einzelne Userin auf ihrem Profil zur Schau stellt.

3.6 Netzwerk indirekter User/User-Interaktionen

Transformiert man das oben beschriebene 2-Mode-Netzwerk aus Usern und Bildern derart, dass User dann miteinander direkt verbunden werden, wenn sie zumindest an einem Bild gemeinsam Aktivitäten zeigten, entsteht ein 1-Mode-Netzwerk der aktiven Festzeit-User. Die Bilder werden aus diesem Netzwerk entfernt.

In diesen 1-Mode Netzwerken aus den drei Phasen hat jeder User im Durchschnitt Interaktion über Bilder mit 96,2 anderen Usern. Der Median liegt mit 21 jedoch weit darunter. Diese überraschend hohen Zahlen entstehen in erster Linie aus einem Artefakt, das aus der Transformation eines 2-Mode-Netzwerkes in ein 1-Mode-Netzwerk resultiert: Die Transformation führt dazu, dass bei Bildern, mit denen z.B. 250 User interagieren, jeder dieser 250 User mit den 249 anderen verbunden wird – ein einzelnes Bild mit hohem Grad generiert also sehr hohe Werte bei einer großen Anzahl von Usern. An dieser Stelle Rückschlüsse auf die Beschaffenheit von Aggregaten ziehen zu wollen, wäre demnach verfrüht. Stellvertretend sei in dieser Beziehung auf die Bilder aus Abbildung 4 verwiesen: Gerade diese Bilder – sie provozieren Grad-Werte von 400 und mehr – scheinen eine gewisse Eigendynamik entwickelt zu haben. Je häufiger ein Bild angeschaut, verlinkt oder kommentiert wurde, desto öfter und prominenter wird es künftig anderen Usern angetragen: Es erscheint immer wieder aufs Neue in den Listen und an erster Stelle in den Bildercharts („the rich get richer"). Das Bild erlangt also infolge der Listen und Charts technisch bedingt eine gesteigerte Präsenz.[15] In dem Maße, in dem technische Eigenheiten der Plattform an Bedeutung gewinnen, muss auch die Frage, wer mit wem auf den Bildern aktiv wird, mit technischen Mechanismen enggeführt werden. Demnach müssen die Konstellationen von mehreren Hundert aktiven Usern pro Bild letztlich als ‚zufällig gewachsen' klassifiziert werden. Ausgehend von dieser Konstellation auf Offline-Aggregate zu schließen, wäre methodisch problematisch, wie einführend gezeigt werden konnte.

Stegbauer/Rausch (2009) haben am Beispiel der Online-Enzyklopädie Wikipedia dargelegt, inwiefern über potenziell *zufällige Kreuzungen* der Aktivitäten auf *tatsächliche Kontakte* zwischen einzelnen Akteuren – in ihren Untersuchungen: den „Kern" von Wikipedia – zu schließen wäre.[16] Zu diesem Zweck haben sie drei unterschiedliche Netzwerke erhoben und hinterher dergestalt reduziert, dass nur Verbindungen im Überschneidungsbereich aller drei Netzwerke berücksichtig wurden. Der Vorteil einer Reduktion liege darin, dass die Chance, einen tatsächlichen Kontakt aufzuzeigen – und damit indirekt eine Art von sozialer Beziehung –, erhöht würde (ebd.). Das Verfahren, das sowohl auf einen inhaltlichen wie auch methodologischen Erkenntnisgewinn ausgerichtet war, konnte für die vorliegenden Bedingungen nicht eins zu eins übernommen werden.

Im vorliegenden Fall konnte dem Phänomen potenziell *portaltechnisch* stimulierter, unspezifischer User/User-Verbindungen aber entgegengewirkt werden, indem nur jene

---

[15] Auf Festzeit.ch ist diese Eigendynamik nur für einen sehr kleinen Teil der Bilder in Betracht zu ziehen (vgl. die Ausführungen zu Abbildung 4), wobei auf die dahinterstehenden Mechanismen – ab wann und weswegen ein Bild von dieser Spirale erfasst wird – an dieser Stelle nicht weiter eingegangen werden kann. Wichtig ist indes die Feststellung, dass ab dem Zeitpunkt, zu dem ein Bild sich in den Top-Charts hält, eine portalspezifische Struktur dieses Bild vom Strom der Bilder abhebt.

[16] Auf die bei Stegbauer/Rausch wegweisende Fragestellung, inwiefern die Zugehörigkeit zum „Kern" mit bestimmten formalen Positionen einhergeht (z.B. dass die User im „Kern" tendenziell Wiki-Administratoren sind), soll an dieser Stelle nicht weiter eingegangen werden. Eine Analyse von Positionen steht nicht im Fokus der vorliegenden Arbeit.

User/User-Aktivitäten gezählt wurden, welche über mindestens zwei Bilder gemeinsam erfolgt sind. Die Prämisse, die dabei unterstellt wird, ist die folgende: Je häufiger zwei User im Kontext unterschiedlicher Bilder gemeinsam aktiv sind, desto wahrscheinlicher wird, dass diese Aktivitäten zielgerichtet erfolgen.[17] Über alle drei Erhebungsphasen hinweg fallen so 89,5% der Verbindungen weg. Durch die Reduktion um die ‚Einmal-ist-keinmal‘-Verbindungen hat das Netzwerk an Stabilität gewonnen. Mit dieser Anpassung hat sich die Chance erhöht, dass im Netzwerk tatsächliche Kontakte und damit Kommunikationsspuren abgebildet werden. Die User können folglich als Interaktionspartner bezeichnet werden. Wie sich zeigt, ist in den erhobenen und aufbereiteten Netzwerken eine durchschnittliche Zahl von 10,1 stabilen Interaktionspartnern zu verzeichnen.

In diesem Stadium der Auswertung kann ein Blick auf die wesentlichen Verbindungen und Strukturen geworfen werden. Die reduzierten Netzwerke der User/User-Verbindungen (mit mindestens zwei gemeinsamen Bildern der Interaktion) bestehen trotzdem noch aus im Schnitt 127.000 Kanten und 25.000 Knoten pro Netzwerk. Im Rahmen einer gedruckten Publikation ist es daher praktisch unmöglich, diese Netzwerke sinnvoll zu visualisieren. Ein bewährtes Mittel, das hohe Ausmaß an nicht darstellbarer Komplexität zu reduzieren, ist, Knoten und/oder Kanten der Netzwerke zu reduzieren. Im vorliegenden Fall wurden iterative Kantenreduktionen nach Kantenwerten durchgeführt und qualitativ visuell die Entscheidung für einen cut-off von 10 getroffen. Es wurden also nur jene User/User-Verbindungen belassen, welche einen Linienwert von mindestens 10 aufweisen – wenn also mit mindestens 10 Bildern gemeinsame Aktivitäten in den jeweiligen Beobachtungszeiträumen stattgefunden haben. Abbildung 6 zeigt zudem (als weiterer Reduktionsschritt zur Verbesserung der Darstellbarkeit) nur Komponenten mit mindestens 10 Usern[18]. Es verbleiben gut sichtbare Zonen höherer Dichte, von denen einige eigene Komponenten sind und andere zusammenhängend die große Hauptkomponente bilden.[19]

---

[17] So insistieren auch Stegbauer/Rausch darauf, „dass dort, wo Beziehungen im Spiel sind, ein stärkeres Engagement der Teilnehmer zu verzeichnen ist" (2009: 152).
[18] Durch das Löschen eines wesentlichen Teils der Kanten durch die Reduktion des Netzwerkes auf mindestens 10 gemeinsame Aktivitätsbilder entstehen viele kleine Komponenten – auch viele Isolate (Knoten ohne Nachbarn).
[19] Zur Layout-Anordnung und zur Visualisierung von Netzwerken siehe z.B. Pfeffer 2008.

Abbildung 6:   Starke Subgruppen und Komponenten der User/User-Interaktion in den drei
                  Phasen

Phase 1   Phase 2   Phase 3

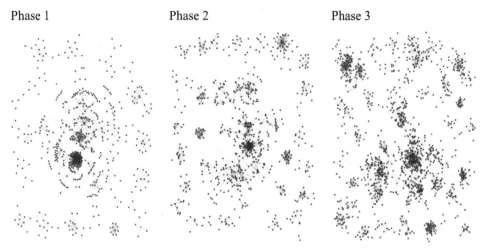

Indem die Linienwerte der Interaktion erhöht wurden, hat sich abermals die Möglichkeit
verringert, dass User zufällig bzw. von der Technik beeinflusst gemeinsam im Umfeld
derselben Bilder (wiederholt) aktiv geworden sind. Dadurch rückt nun eine Interpretation
dieser Zonen in Kontexten der Offline-Welt in Reichweite: Die Zonen deuten auf die eingangs vermuteten sozialen Aggregate hin. In der Schlussdiskussion wird versucht werden,
sie näher zu spezifizieren. Im Hinblick auf diese Interpretation sollen die Zonen aber zunächst auf ihre Stabilität im Längsschnitt der drei Phasen überprüft werden.

3.7 Kontinuität der Akteure

Durch einen Vergleich der User-Listen aus den drei Phasen der Analyse kann die Kontinuität der Aktivität der User ermittelt werden. Vergleicht man die User der ersten mit jenen der
zweiten Phase, so erkennt man, dass von den 30.410 aktiven Usern in Phase 1 noch 61,2%
in Phase 2 aktiv sind. Ähnlich verhält es sich zwischen Phase 2 und Phase 3, hier verbleiben 61,0% in der aktiven Gruppe. Vergleicht man die Phasen 1 und 3 miteinander, zeigt
sich, dass nach einem Jahr noch 49,3% der engagierten User weiterhin aktiv waren. Somit
hat Festzeit innerhalb eines Jahres jeden zweiten aktiven User verloren. Demgegenüber
steht ein Zuwachs an neuen aktiven Usern von 32,6%. Von den 22.242 aktiven Usern in
Phase 3 sind demnach etwas über zwei Drittel bereits ein Jahr davor aktiv gewesen.

Gegenläufig zu diesem Rückgang verändert sich die Stabilität der Interaktionen: Diese
steigt von 8,2 stabilen Interaktionspartnern in Phase 1 auf 10,8 bzw. 11,8 in Phase 2 und 3.
Ähnlich verhält es sich mit den Usern in den im vorherigen Abschnitt errechneten stark
strukturierten Zonen: Absolut steigt die Zahl von 566 involvierten Usern in Phase 1 auf
1310 in Phase 3; im Verhältnis zum Rückgang der ‚normal' aktiven User bedeutet dies eine
Verdreifachung von 1,9% auf 6,2%. Fasst man diese Zahlen zusammen, so erhält man fol-

genden Eindruck: Gelegenheits-User scheinen auszuscheiden, während die aktiven User verstärkt in Erscheinung treten.[20]

3.8 Vernetzung durch Freundeslisten

In der Einleitung wurde darauf insistiert, dass die bildzentrierten Netzwerke User *indirekt* verbinden. Neben der gemeinsamen Interaktion rund um Bilder existiert auch auf Festzeit die von klassischen SNS her bekannte Möglichkeit der direkten Verbindung über Freundeslisten. In diesem Fall artikulieren User ihre Verbindungen in Eigenregie und bewusst *als Verbindung* (zur Bedeutung, die Freundeslisten für das Identitäs-, Beziehungs- und Informationsmanagement der User haben, vgl. Schmidt 2009). Der Vorgang der Freundschaftsanbahnung sieht dabei wie folgt aus: Die Anfragen gehen von einem User aus und können vom Angefragten einseitig oder reziprok bestätigt werden. Eine Freundschaft muss auf Festzeit zwar immer von beiden Seiten autorisiert, aber – anders als auf den meisten SNS – nicht zwangsweise in beide Richtungen abgebildet werden.[21] Demnach sind sowohl gegenseitige als auch einseitige Freundschaftswahlen im Netzwerk zu erwarten.

Im Gegensatz zur sehr geringen Anzahl von stabilen Interaktionspartnern ist die Anzahl der User in den Freundeslisten groß. Für diesen Vergleich wurden zu den Usern der Phase 3 zusätzliche Daten erhoben. Im Schnitt hat jeder der 22.242 erfassten User zum Zeitpunkt der Erhebung 200,6 Freunde in seiner Liste eingetragen. Dies übersteigt die aus Studien bekannten durchschnittlichen Zahlen bei Facebook bei Weitem (Autenrieth/Bänziger (2010) nennen für die Schweiz 125, Facebook (2010) spricht von weltweit 130 Freunden).

Die oben genannten 22.242 aktiven User aus Phase 3 haben mit ihren knapp 4,5 Mio. Freundeseintragungen Kontakt zu 87.168 Usern, also zu ca. drei Vierteln der knapp 120.000 insgesamt zum Erhebungszeitpunkt der dritten Phase registrierten User. Unterteilt man die Freundeslisten in die Gruppe der aktiven User aus Phase 3 und in die anderen, kann man feststellen, dass 55,3% der 4,5 Mio. ‚Freunde‘ aus der Gruppe der aktiven User stammen, obwohl diese nur ca. ein Viertel der registrierten User ausmachen. Aktive User vernetzen sich demnach zu einem überproportional hohen Anteil untereinander. Die Freundeslisten der ermittelten aktiven User setzen sich also nicht aus ‚Karteileichen‘ zusammen, sondern sind hinreichend deckungsgleich mit den aktiven Akteuren der Plattform.

Um die Frage der Reziprozität, also der Wechselseitigkeit, in den Freundeslisten beantworten zu können, muss das Netzwerk auf die aktiven User der analysierten dritten Phase reduziert werden. Mit den Daten, die über diese User zusätzlich erhoben wurden, lässt sich untersuchen, ob sich zwei ‚Freunde‘ jeweils gegenseitig in den Listen führen. Bei 89,1% ist dies der Fall. Der Ablauf der Freundschaftsanbahnung, welcher durch die Webseite vorgegeben ist, führt demnach dazu, dass nur jede zehnte Freundschaftsbeziehung nicht reziprok konstituiert wird. Entsprechend kann dieser Aspekt für die weiteren Interpretationen vernachlässigt werden.

---

[20] So weisen auch Autenrieth/Bänziger darauf hin, dass „Festzeit […] eine auffallend hohe Prozentzahl bei den ‚Heavy‘-Usern" (2010: 59f.) hat.
[21] Unter funktionalen Gesichtspunkten sind die Freundeslisten auf Festzeit auch deswegen von Bedeutung, weil sie technisch gesehen die einzige Möglichkeit darstellen, die ‚Bilderflut‘ zu filtern. Implementiert sind die Filter „Fotos deiner Freunde" und „Kommentare deiner Freunde" (ausführlich dazu: Neumann-Braun/Wirz 2010). Wie bereits erwähnt sind jedoch Zugangsbeschränkungen (im Sinne von Privacy-Einstellungen) auf Basis der Freundeslisten nicht möglich.

Vergleicht man die Freundeslisten mit den 1-Mode-Netzwerken der User/User-Interaktionen aus dem ersten Teil der Analysen, erkennt man, dass lediglich 22,4% der Interaktionspartner auch in der Liste der Freunde der entsprechenden User aufscheinen. Kreuzen sich die Aktivitäten der User im Umkreis der Bilder, hat dies also nicht zwingend eine Freundschaftsanbahnung zur Folge – und umgekehrt gehen die Aktivitäten auch nicht zwingend mit einer schon bestehenden Freundschaft einher. Vergleicht man jedoch nur die stabilen Interaktionspartner, also jene, bei denen es zumindest zwei gemeinsame Aktivitäten im Beobachtungszeitraum gegeben hat, steigt der Anteil derer, die sich auch in den Freundeslisten finden, schon auf 53,2%. Bei mindestens zehn gemeinsamen Bildaktivitäten befinden sich letztlich 89,0% der Interaktionspartner in den Freundeslisten.

Dieser Vergleich lässt den Schluss zu, dass die Freundeslisten auf Festzeit.ch um einiges restriktiver ausgestaltet sind, als es die Kreuzungen des Online-Handelns vermuten lassen. Umgekehrt ist das Online-Handeln aber nicht prinzipiell breiter gefasst, sondern es deckt sich mit den Freundeslisten, sobald eine gewisse Interaktionshäufigkeit unterstellt wird.

4   Fazit, Diskussion und Ausblick

Die vorliegende Arbeit hat am Beispiel des Schweizer Portals Festzeit.ch die *Aktivitäten* zwischen Usern quantitativ ausgewertet. Ziel war es, die Relevanz handlungsleitender Offline-Strukturen auch online nachweisen zu können. Eruiert werden sollte zuerst eine Systematik im Datenverkehr: Interagieren mehrheitlich einzelne User miteinander – und immer die gleichen? Oder wechselnd alle mit allen? Die Ergebnisse wurden weiterhin mit den Einträgen in den Freundeslisten der User verglichen. Hier interessierte, inwieweit das faktische Online-Handeln mit den abgebildeten ‚Freundschafts‘-Beziehungen korrespondiert. Zur Anwendung kamen Verfahren der Netzwerkanalyse. Sie machten sich die Eigenheit von Festzeit zunutze, dass multiloge Kommunikation in besonderem Maße über Bilder vermittelt erfolgt. Die Netzwerke wurden erzeugt, indem ausgehend von gemeinsamen Bildaktivitäten (Kommentare, Verlinkungen) User mit anderen Usern in Verbindung gebracht wurden. Unter Einbezug der Erkenntnisse aus qualitativen Voruntersuchungen können zusammenfassend folgende Schlussfolgerungen gezogen werden:

Das Datenmaterial zeigt, dass sich Bildaktivitäten auf Festzeit.ch sowohl in einem nahen als auch in einem erweiterten Umfeld abspielen. Entscheidender Faktor ist die Häufigkeit, mit der User gemeinsam im Kontext der Bilder in Erscheinung treten. Werden einmalige ‚Begegnungen‘ außer Acht gelassen, so kreuzen sich die Aktivitäten eines Users im Durchschnitt mit überschaubaren 10,1 anderen Usern.

Diese latente ‚Nähe‘ deckt sich mit der Wahrnehmung SNS-aktiver Jugendlicher und junger Erwachsener, die im Rahmen einer qualitativen Studie in Gruppendiskussionen zur SNS-Nutzung befragt wurden.[22] Eines der in den Diskussionen am meisten und am kontroversesten besprochenen Portale war die SNS Festzeit. Sie wurde, sofern bekannt, als ‚Basler Angelegenheit‘ wahrgenommen. Es ließe sich also argumentieren, dass ein offline exis-

---

[22] Die Gruppendiskussionen erfolgten im Rahmen des eingangs erwähnten SNF-Projekts *Jugendbilder im Netz* (vgl. Anmerkung 1). Beigezogen wurden Jugendliche und junge Erwachsene zwischen 12 und 24 Jahren, die angegeben hatten, auf SNS aktiv zu sein. Sie hatten ihren Lebensmittelpunkt in der Schweiz, mehrheitlich im Großraum Basel.

tierendes, von Lokalität geprägtes Beziehungsgeflecht die User untereinander verbindet (indirekt kennt jeder jeden) und dieses Beziehungsgeflecht in der Verlängerung der Online-Welt reproduziert wird (indirekt interagiert jeder mit jedem, direkt 10,1 User miteinander). Die Ausgangsfrage, welche User mit den Bildern online wie umgehen, müsste konsequenterweise auf die Herkunft bzw. die Gemeinschaft der (direkt oder indirekt bekannten) Interaktionspartner zurückgeführt werden. Das Netzwerk wäre folglich als Effekt von Offline-Strukturen zu verstehen. Was den Radius des regelmäßigen User-Handelns betrifft, zeichnet sich ein identisches Bild ab.

Wie wenig die Portalarchitektur von Festzeit das Handeln technisch vorstrukturiert, konnte in Teil 2 aufgezeigt werden. Sofern sich das Handeln also nicht ‚zerstreut‘, ist eine Orientierungsleistung beim User zu suchen. Tatsächlich traten in den weiteren Analysen Zonen von sich wechselseitig aneinander orientierenden Usern hervor, sobald die Variable ‚Häufigkeit der gemeinsamen Aktivitäten‘ erhöht wurde. Diachron betrachtet waren diese Zonen zwar nicht vollkommen stabil, die Veränderungen liegen aber innerhalb des Erwartbaren: Während insgesamt ein Rückgang an aktiven Usern zu verzeichnen ist, hat sich der Anteil intensiv aktiver User verdreifacht, ohne dass sich die Anzahl stabiler Interaktionspartner entsprechend markant verändert hätte. (Man kann diese Entwicklung als fortschreitende Spezialisierung der Portalaktivitäten in Richtung einer SNS deuten: Die aktiven User – mutmaßlich SNS-User – werden stärker eingebunden, während die gelegentlichen – mutmaßlich Party-Portal-User – nach und nach ausscheiden.)

Zusammen lassen es die vier Argumente *Lokalität, Kommunikationsstruktur, Interaktionshäufigkeit* und *Stabilität* unwahrscheinlich erscheinen, dass die aufgefundenen, klar strukturierten Zonen primär aus dem Online-Handeln hervorgegangen sind. Mit zunehmender Interaktionshäufigkeit kristallisieren sich Strukturen heraus, die im Bereich dessen liegen, was die Pilotstudie an Erklärungsansätzen vorgeschlagen hatte: Eine Ordnung wird erstens gewährleistet durch einen auf einen lokalen Kommunikationsraum begrenzten Rahmen (Lokalität statt Globalität) und zweitens durch die präexistenten Interessenstrukturen und Kommunikationsdynamiken bestehender Offline-Aggregate: nämlich der Peergroups und Schulklassen der User.

Bedeutsam war nun weiter, dass sich die intensiven gemeinsamen Interaktionen zu 89% unter ‚Freunden‘ abspielen. In ihren intensiven Interaktionen stehen die User quasi vollständig unter Beobachtung des für sie relevanten Kreises von Online-Freunden. Gleichzeitig ist das Online-Handeln aber deutlich näher (11,8 User[23]), als es die Freundeslisten (200,6 User) suggerieren. Nur ein Kern der Freundeslisten ist darin involviert.

Um diesen Kern näher spezifizieren zu können, würde es sich lohnen, mehr über die Beschaffenheit der Freundeslisten zu wissen. Ergebnisse aus breit abgestützten Untersuchungen sind für die vorliegende Fragestellung bis zum jetzigen Zeitpunkt nicht verfügbar.[24] Jan-Hinrik Schmidt weist allgemein auf die implizite „Norm" hin, wonach auf SNS Privatpersonen (anders als Prominente) „das Beziehungsmanagement zumindest dem Prinzip nach auf die eigenen sozialen Netzwerke auszurichten" haben (2009: 88f.). Konkretere Einschätzungen

---

[23] Der hier geltend gemachte Wert von 11,8 stabilen Interaktionspartnern entstammt der dritten Phase, zu der auch die Daten aus der Erhebung der Freundeslisten vorliegen.

[24] Nennenswert ist allenfalls eine Untersuchung mit netzwerkanalytischen Methoden, die Feizy/Wakeman/Chalmers (2009) zu MySpace vorgelegt haben. Sie berücksichtigen in ihrer Arbeit u.a. die Vernetzung in Freundeslisten, um die Vertrauenswürdigkeit („real" oder „fake") von Online-Profilen vorherzusagen. Aufgrund der zu unterschiedlichen Spezifitäten der Portale MySpace und Festzeit ist diese Studie für die vorliegende Fragestellung jedoch nicht weiter fruchtbar zu machen.

für den deutschsprachigen Raum lässt eine explorative Studie zu, die Alexandra Frenkel (2008) anhand des Portals StudiVZ durchgeführt hat. In den Freundeslisten von Studierenden machte sie einen „sehr große[n] Anteil lockerer und inaktiver Beziehungen" aus (Frenkel 2008: 116). Das Design ihrer qualitativen Netzwerkanalyse ermöglichte es, diese Beziehungen nach ihrer Herkunft zu spezifizieren. Tatsächlich seien die Online-‚Freunde' – unabhängig davon, ob es sich um enge, lockere oder gar inaktive Beziehungen handelt – im Wesentlichen Bekannte aus der Offline-Welt: Bekannte aus der Schule, Kommilitonen oder Arbeitskollegen, ehemalige Mitbewohner und Nachbarn, Familienmitglieder und (Ex-)Partner. Angesichts dieser Einschätzung erscheinen die Freundeslisten gleichsam als Logbücher vergangener und gegenwärtiger Interaktionspartner der *Offline*-Welt.

So gesehen gewinnt auch der Kern der Freundeslisten an Konturen. Ist schon die Zusammensetzung der Freundeslisten an sich an die Offline-Welt gekoppelt, dann gilt dies gleichermaßen für die im Rahmen der Listen online aktiv gepflegten ‚Freundschaften'.[25] Sie müssen in Bezug zu einem aktuell relevanten Offline-Umfeld gedacht werden. Für Jugendliche definiert sich dieses aktuelle Umfeld über die Peergroup bzw. die Schule. An diesem Punkt – im klar definierten Fokus einer gewissen Regelmäßigkeit – fällt der charakteristische Offline-Bezug der Freundeslisten mit den an den Bildern kristallisierenden Interaktionsstrukturen zusammen.[26] Eine Beschreibung dessen, *was* online *wie* verhandelt wird, muss sich also stärker als bisher angenommen an Bereichen des Offline-Lebens orientieren. So fungiert für Jugendliche und Adoleszente auch online die Peergroup als Instanz, von der das Handeln toleriert bzw. sanktioniert wird / werden muss (vgl. Boyd 2008: 293ff.). Entsprechend kann sich die Online-Welt, sobald sich ihr tragender/stabiler Teil unter Beobachtung von realen, aktuellen Bezugspersonen konfiguriert, nicht allzu weit von Normen und Mustern des Offline-Lebens entfernen. Die Anliegen und Praktiken, die normalerweise im Umfeld der Peergroup face-to-face prozessiert werden, sind folglich auch für die Online-Kommunikation in Betracht zu ziehen: Unterstellt werden muss eine den Lebensprozess der Gruppe begleitende Kommunikation, die mit und anhand von Bildern implizit der „Außenabgrenzung (A), Erwartungsstrukturierung/Binnendifferenzierung (B) und Gruppenbewusstseinsbildung (C)" zuträglich ist; das sind mehrheitlich „[aufgabenentlastete] Interaktionen mit hoher Identitäts- und Beziehungsrelevanz bei gleichzeitiger Routinisierung und Ritualisierung" (dazu grundlegend: Schmidt 2004, hier 366ff.). Beispiele hierzu liefert die eingangs zitierte qualitative Pilotstudie (Neumann-Braun/Wirz 2010): Einzelne Bilder und die jeweilige Anschlusskommunikation konnten einen Hinweis darauf geben, inwiefern ein unernster Kommunikations*stil* (gemäß Schmidt 2004 das „übergeordnete Strukturprinzip" der Peergroup-Kommunikation) auf Festzeit auch online[27] praktiziert wird. So werden einerseits Bilder bedeutender Sehenswürdigkeiten im exklusiven Verstehenshorizont der

---

[25] Eine Umfrage unter 110 amerikanischen College-Studierenden hat gezeigt, dass „on average, half (49%) of their top face-to-face friends were also their top social networking site friends" (Wächter et. al. 2009: 72). Da auch diese Studie einen großen Anteil von MySpace-Usern aufweist (88%), können die Zahlen hier nicht mehr als einen Hinweis auf die Verhältnisse auf Festzeit.ch geben.

[26] Über das Verhältnis, in dem die online verhandelten Beziehungen zur Gesamtzahl der offline relevanten Beziehungen stehen, lässt sich an dieser Stelle verständlicherweise keine Aussage treffen.

[27] Inwiefern die basalen Elemente der (face-to-face) Interaktion – körperliche Präsenz, Gestik, Stimme und Sprache – auch online zur Geltung kommen können bzw. substituiert und modifiziert werden, zeigen Astheimer/Neumann-Braun/Schmidt am Beispiel der SNS Facebook (Astheimer et al. 2010, dort in Auseinandersetzung mit Geser 1990).

Freundesclique verortet, andererseits erwachsen in der Anschlusskommunikation (auf den ersten Blick) belanglose Bilder zum gemeinsamen ‚kommunikativen Erlebnis‘.

Vor diesem Hintergrund erhält das Bild einer „gefühlten Soziologie der ‚Nähe‘", das Gerald Wagner am Beispiel von Facebook skizzierte, Konturen. Selbst auf einer SNS wie Festzeit, deren Kommunikationsstruktur in radikaler Weise entgrenzt ist, weisen die Kommunikationsspuren der User darauf hin, dass der Offline-Welt entstammende Aggregate der Nähe *online* als Orientierungsgröße fungieren.

Was bedeutet es aber, wenn die Kommunikationsspuren zugleich über die Grenzen der Freundeslisten (und damit potenziell über die Grenzen realweltlicher Aggregate) hinaus weisen? Ein abschließender Ausblick soll dieser Frage Rechnung tragen. Die Fragestellung entspringt der Beobachtung, dass bestimmte *Bildinhalte* besonders anschlussfähig zu sein scheinen (vgl. Abbildung 4). Anschlussfähig heißt: Überdurchschnittlich viele User fühlen sich zu Bildaktivitäten (Kommentar, Verlinkung) aufgefordert und zwar auch dann, wenn sie ansonsten weder mit demjenigen interagieren, der das Bild eingestellt hat, noch mit den anderen sich dort verlinkenden Usern zugange sind. Solche ‚zufällig-gemeinsamen‘ Bilder erweitern den Radius der möglichen Kommunikation rechnerisch gesehen auf ein Umfeld von durchschnittlich 96,2 User; hiervon gehören 4 von 5 Usern zu einem Beziehungskontext *außerhalb* der Freundeslisten. Diese Bilder durchwandern die Plattform in einer Weise, dass im erhobenen Netzwerk keine nennenswerten „structural holes" (Burt 1992) mehr auszumachen sind. Es scheint, als würden im Sog bestimmter Bilder, unterstützt durch die entgrenzte Kommunikationsstruktur von Festzeit, unbekannte oder nur indirekt bekannte User zusammenrücken. Ein Hinweis auf die dahinterstehenden Inhalte, dem an dieser Stelle jedoch nicht weiter nachgegangen werden kann, geben die ‚Bilder‘ aus Abbildung 4.

Was im Rahmen dieser Arbeit eine heuristisch hergeleitete Gegenüberstellung bleiben muss, nämlich die Unterscheidung von anschlussfähigen und weniger anschlussfähigen Bildern, soll im Rahmen weiterer systematischer Untersuchungen auf netzwerkstrukturierende Momente überprüft werden. Bilder aus einem privaten Zusammenhang, so die These, wirken auf Außenstehende exkludierend, während sie das nahe Umfeld verstärkt zu einer Handlung auffordern. Anhand dieser Bilder wäre ggf. ein Netzwerk zu modellieren, das selbst bei einmaligen gemeinsamen Interaktionen Strukturen mit vielen kleineren, klar separierten Zonen aufweist. Demgegenüber müsste sich im Kontext spezifischer Markt-, Medien- und Konsumbilder ein andersartig strukturiertes, eher weit verzweigtes Netzwerk abzeichnen. Vor diesem Hintergrund wäre auf der Ebene der Aggregatbildung der *Bildinhalt* als weitere strukturierende Größe zu untersuchen, um den Blick auf das Online-Handeln der User bzw. die Freundeslisten um eine weitere, differenzierende Perspektive zu ergänzen.

Quellen

Forschungsliteratur

Astheimer, Jörg 2010: „Doku-Glamour. (Semi-)Professionelle Nightlife-Fotografie und ihre Inszenierungen" in: Neumann-Braun, Klaus / Astheimer, Jörg (Hrsg.): *Doku-Glamour im Web 2.0. Party-Portale und ihre Bilderwelten.* Baden-Baden: Nomos. S. 163–185.
Astheimer, Jörg / Neumann-Braun, Klaus / Schmidt, Axel 2010: „MyFace. Formen und Funktionen von Porträtbildern auf Social Network Sites" in: Neumann-Braun, Klaus / Autenrieth, Ulla Patricia (Hrsg.): *Freundschaft und Gemeinschaft im Social Web.* Baden-Baden: Nomos.

Autenrieth, Ulla Patricia 2010: „Myself. Myfriends. Mylife. Myworld. – Foto-Alben auf Social Net-
    work Sites und ihre kommunikative Bedeutung für Jugendliche und junge Erwachsene" in:
    Neumann-Braun, Klaus / Autenrieth, Ulla Patricia (Hrsg.): *Freundschaft und Gemeinschaft im
    Social Web*. Baden-Baden: Nomos.
Autenrieth, Ulla Patricia / Bänziger, Andreas 2010: „Konkurrenzverhältnisse. Nutzungsvergleich von
    Party-Portalen mit Freundschaftsnetzwerken (Facebook & Co.)" in: Neumann-Braun, Klaus /
    Astheimer, Jörg (Hrsg.): *Doku-Glamour im Web 2.0. Party-Portale und ihre Bilderwelten*. Ba-
    den-Baden: Nomos. S. 53–73.
Barabási, Albert-László / Albert, Reka 1999: „Emergence of Scaling in Random Networks" *Science*
    286. S. 509–512.
Boyd, Danah 2008: *Taken Out of Context. American Teen Sociality in Networked Publics*. PhD Diss.,
    University of California-Berkeley, School of Information. URL:
    http://www.danah.org/papers/TakenOutOfContext.pdf
Boyd, Danah 2009: *Would the Real Social Network Please Stand up?*
    http://www.zephoria.org/thoughts/archives/2009/07/28/would_the_real.html [August 2009].
Burt, Roland 1992: *Structural Holes*. Cambridge: Harvard University Press.
Castells, Manuel 2005 [2001]: *Die Internet-Galaxie. Wirtschaft und Gesellschaft*. Wiesbaden: VS
    Verlag.
Davis, Allison / Gardner, Burleigh B. / Gardner, Mary R. 1941: *Deep South. A Social Anthropologi-
    cal Study of Caste and Class*. Chicago: University of Chicago Press.
Ellison, Nicole B. 2008: „Introduction to Social Network Sites" in: Salaway, Gail / Caruso, Judith B.
    (Hrsg.): *The ECAR Study of Undergraduate Students and Information Technology*, 2008 (Re-
    search Study, Vol. 8). Online verfügbar unter: http://www.educause.edu/ecar.
Feizy, Roya / Wakeman, Ian / Chalmers, Dan 2009: „Are Your Friends Who They Say They Are?
    Data Mining Online Identities" in: *Crossroads. The Association for Computing Machinery
    (ACM) Student Journal*. Issue 16.2. S. 19–23.
Franke, Karola / Wald, Andreas 2006: „Möglichkeiten der Triangulation quantitativer und qualitativer
    Methoden in der Netzwerkanalyse" in: Hollstein, Betina / Straus, Florian (Hrsg.): *Qualitative
    Netzwerkanalyse. Konzepte, Methoden, Anwendungen*. Wiesbaden: VS Verlag. S. 153–176.
Frenkel, Alexandra 2008: *Freundschaftsnetzwerke und ihre Bedeutung. Eine qualitative Untersu-
    chung der Beziehungsqualität der online dokumentierten Kontakte in Freundschaftsnetzwerken
    am Beispiel des Social-Networking-Dienstes StudiVZ*. Magister-Arbeit (unveröff.). Frankfurt
    a.M.: Johann Wolfgang Goethe-Universität / Fachbereich Gesellschaftswissenschaften.
Fuhse, Jan 2008: „Netzwerke und soziale Ungleichheit" in: Stegbauer, Christian (Hrsg.): *Netzwerk-
    analyse und Netzwerktheorie. Ein neues Paradigma in den Sozialwissenschaften*. Wiesbaden:
    VS-Verlag. S. 79–90.
Geertz, Clifford 1983: *Dichte Beschreibung. Beiträge zum Verstehen kultureller Systeme*. Frankfurt
    a.M.: Suhrkamp.
Geser, Hans 1990: „Die kommunikative Mehrebenenstruktur elementarer Interaktionen" *Kölner
    Zeitschrift für Soziologie und Sozialpsychologie* 42, S. 207–231.
Hargittai, Eszter / Hinnant, Amanda 2008: „Digital Inequality. Differences in Young Adults' Use of
    the Internet" *Communication Research* 35(5). S. 602–621.
Heintz, Bettina 2000: „Gemeinschaft ohne Nähe? Virtuelle Gruppen und reale Netze" in: Thiedeke,
    Udo (Hrsg.): *Virtuelle Gruppen. Charakteristika und Problemdimensionen*. Wiesbaden: VS
    Verlag. S. 188–218.
Herwig, Jana 2010: „Twitter. Microblogging und die Verhandlung des Sozialen im Web 2.0" in:
    Neumann-Braun, Klaus / Autenrieth, Ulla Patricia (Hrsg.): *Freundschaft und Gemeinschaft im
    Social Web*. Baden-Baden: Nomos.
Hobi, Nina / Walser, Rahel 2010: „Karma-Competition. Kommunikationsanalyse der Party-Portale –
    am Beispiel von Tilllate" in: Neumann-Braun, Klaus / Astheimer, Jörg (Hrsg.): *Doku-Glamour
    im Web 2.0. Party-Portale und ihre Bilderwelten*. Baden-Baden: Nomos. S. 75–100.

Hollstein, Betina 2006: „Qualitative Methoden und Netzwerkanalyse – ein Widerspruch?" in: Hollstein, Betina / Straus, Florian (Hrsg.): *Qualitative Netzwerkanalyse. Konzepte, Methoden, Anwendungen*. Wiesbaden: VS Verlag. S. 11–35.

Ito, Mizuko et al. 2010: *Hanging Out, Messing Around and Geeking Out: Kids Living and Learning with New Media*. Cambridge / Massachusetts / London: MIT Press.

Jansen, Dorothea 2003: *Einführung in die Netzwerkanalyse. Grundlagen, Methoden, Forschungsbeispiele*. Opladen: Leske + Budrich.

Nooy, Wouter de 2005: *Exploratory Social Network Analysis with Pajek*. Cambridge: University Press.

Ofcom-Studie 2008: *Social Networking. A Quantitative and Qualitative Research Report into Attitudes, Behaviours and Use*. Online verfügbar unter:
http://stakeholders.ofcom.org.uk/binaries/research/media-literacy/report1.pdf

Pappi, Franz Urban / König, Thomas / Knoke, David 1995: *Entscheidungsprozesse in der Arbeits- und Sozialpolitik. Der Zugang der Interessengruppen zum Regierungssystem über Politikfeldnetze: ein deutsch-amerikanischer Vergleich*. Frankfurt a.M.: Campus Verlag.

Pfeffer, Jürgen 2008: „Visualisierung sozialer Netzwerke" in: Stegbauer, Christian (Hrsg.): *Netzwerkanalyse und Netzwerktheorie. Ein neues Paradigma in den Sozialwissenschaften*. Wiesbaden: VS Verlag. S. 231–238.

Prommer, Elizabeth et al. 2009: *„Real life extension" in Web-basierten sozialen Netzwerken. Studie zur Selbstrepräsentation von Studierenden in studiVZ* Potsdam. Online verfügbar unter:
http://www.mediaculture-online.de/fileadmin/bibliothek/prommer_selbstpraesentation/ Medienwiss_Forschungsbericht_studivz.pdf [Stand: März 2010]

Milgram, Stanley 1967: „The Small World Problem" *Psychology Today* 1. S. 60–67.

Neumann-Braun, Klaus / Wirz, Dominic 2010: „*Fremde* Freunde im Netz? Selbstpräsentation und Beziehungswahl auf Social Network Sites – ein Vergleich von Facebook.com und Festzeit.ch" in: Hartmann, Maren / Hepp, Andreas (Hrsg.): *Die Mediatisierung der Alltagswelt*. Wiesbaden: VS Verlag. S. 163–182.

Palfrey, John / Gasser, Urs 2008: *Born Digital. Understanding the First Generation of Digital Natives*. New York: Basic Books.

Regenbogen, Arnim / Meyer, Uwe 1998: *Wörterbuch der Philosophischen Begriffe*. Hamburg: Felix Meiner Verlag.

Stegbauer, Christian 2001: *Grenzen virtueller Gemeinschaft. Strukturen internetbasierter Kommunikationsforen*. Wiesbaden: Westdeutscher Verlag.

Stegbauer, Christian / Bauer, Elisabeth 2008: „Nutzerkarrieren in Wikipedia" in: Zerfaß, Ansgar / Welker, Martin / Schmidt, Jan (Hrsg.): *Kommunikation, Partizipation und Wirkungen im Social Web*. Köln: Halem. S. 186–204.

Stegbauer, Christian / Rausch, Alexander 2009: „Grenzen der Erfassung = Grenzen von Netzwerken? Schnittmengeninduzierte Bestimmung von Positionen" in: Häußling, Roger (Hrsg.): *Grenzen von Netzwerken*. Wiesbaden: VS. S. 133–154.

Schmidt, Axel 2004: *Doing peer-group. Die interaktive Konstitution jugendlicher Gruppenpraxis*. Frankfurt a.M.: Peter Lang.

Schmidt, Jan-Hinrik 2009: *Das neue Netz. Merkmale, Praktiken und Folgen des Web 2.0*. Konstanz: UVK.

Schmidt, Jan-Hinrik / Paus-Hasebrink, Ingrid / Hasebrink, Uwe 2009: *Heranwachsen mit dem Social Web. Zur Rolle von Web 2.0-Angeboten im Alltag von Jugendlichen und jungen Erwachsenen*. Berlin: Vistas.

Waechter, Natalia et al. 2009: „The Use of Social Networking Sites and Their Relation to Users' Offline Networks" in: Riha, Daniel / Maj, Anna (Hrsg.): *The Real and the Virtual*. Oxford: Inter-Disciplinary Press. E-Book. S.67–76.

Wächter, Natalia / Jäger, Bernhard / Triebswetter, Katrin 2009: „Internetnutzung und Web 2.0 Nutzung von Jugendlichen in Wien" Forschungsbericht des Österreichischen Instituts für Jugendforschung im Auftrag der Stadt Wien. Fachbereich Jugend/Pädagogik. Online verfügbar unter:

http://vipja.wordpress.com/2009/12/23/internetnutzung-und-web-2-0-nutzung-von-jugendlichen-in-wien/

Wagner, Gerald 2009: „Eine Soziologie des Facebook" *Frankfurter Allgemeine Zeitung*, 14.10.2009, S. N3.

Wasserman, Stanley / Faust, Katherine 1995: *Social Network Analysis. Methods and Applications.* Cambridge: Cambridge University Press.

Watts, Duncan J. / Strogatz, Steven 1998: „Collective dynamics of small world networks" *Nature* 393. S. 440–442.

Zeitungen/Zeitschriften

Der Spiegel 2009: Fremde Freunde. Heft 10/2009, daraus der Artikel „Nackt unter Freunden", S. 118–131.

Weltwoche 2009: Die Facebook-Epidemie. Heft 3/2009, daraus der Artikel „Facebook: Sternstunden der Menschheit", S. 24–28.

Die Zeit Campus 2008: „Ausziehen 2.0" Abgerufen unter http://www.zeit.de/campus/2008/03/online-netzwerke und http://www.zeit.de/online/2008/24/bg-ausziehen?page=1 [Stand: März 2010]

Online-Belege

Festzeit 2010: http://www.festzeit.ch/infos.php?show=stats [Stand: März 2010]

Netzbilder 2010: http://www.netzbilder.net/projektbeschreibung/ [Stand: März 2010]

Facebook 2010: http://www.facebook.com/press/info.php?statistics [Stand: März 2010]

Mediatisierte Kommunikationskultur und der Wandel von Beziehungsnetzen im Jugendalter. Die Bedeutung des Mobiltelefons für Beziehungen, Identität und Alltag

Iren Schulz

1   Einleitung

Bereits in den 80er Jahren durchgeführte Studien verweisen darauf, dass Medien im Alltag von Jugendlichen fest verankert sind und für die Anbahnung und Kontinuierung verschiedenster Beziehungen genutzt werden. Dazu gehören vor allem das Fernsehen, Musikabspielmedien wie Radios und Kassettengeräte und das Festnetztelefon (Baacke et al. 1990; Berg & Kiefer 1986). Über zwanzig Jahre später spielen diese Medien noch immer eine wichtige Rolle im jugendlichen Alltag. Dennoch hat sich ein grundlegender Medien- und Kommunikationswandel vollzogen, der vor allem durch die Digitalisierung klassischer Medien und das Aufkommen neuer multifunktionaler Medien vorangetrieben wird (Klingler 2008). Heute verfügen nicht nur die Haushalte, in denen Jugendliche aufwachsen, über eine sehr hohe Medienausstattung, auch die Mädchen und Jungen selbst nennen schon sehr frühzeitig ein umfangreiches, multimediales Medienensemble ihr Eigen – angefangen von klassischen Medien wie Fernsehgerät, Kassetten- und Videorecorder, über digitale Medien wie Computer, Laptop oder DVD-Player bis hin zu portablen Multifunktionsmedien wie Mobiltelefon, MP3-Player und Spielkonsole (MPFS 2009: 8ff.). Das Mobiltelefon steht dabei mit 95 Prozent an erster Stelle des persönlichen Medienbesitzes und weist die höchste Alltagsrelevanz auf (Feierabend & Kutteroff 2008: 613; MPFS 2009: 7f.). Darüber hinaus ist nicht nur die Ausstattung mit Medien umfangreicher geworden, auch die Möglichkeiten und Formen kommunikativer Praktiken mit Medien haben sich diversifiziert. Multimodalität und Interaktivität sowie die Möglichkeiten des aktiven und kreativen Gestaltens und Experimentierens mit digitalen Medien erweitern und verändern im Vergleich zu traditionellen Medien die Formen des Medienumgangs. Darüber eröffnen sich auch neue kommunikative Spielräume für die Gestaltung des sozialen Alltags und insbesondere von Beziehungen im Jugendalter.

Vor diesem Hintergrund soll es im Folgenden darum gehen, die mediatisierten Aneignungspraktiken in den Kommunikationsnetzen von Jugendlichen theoretisch zu fundieren und empirisch zu fassen. Die Bearbeitung dieser Zielstellung erfolgt entlang der Entwicklungen des derzeit stattfindenden Mediatisierungsprozesses und im Rahmen der Frage, wie sich Kultur und kulturelle Aneignungspraktiken in sozialen Netzwerken konstituieren und wie sie sich im Zuge der Aneignung digitaler Medien verändern.

Dazu setzt sich der theoretische Teil zunächst mit den Begriffen Kultur und Netzwerk auseinander, wobei die Erkenntnisse der Cultural Studies und der Kultursoziologie sowie Konzepte der soziologischen und symbolisch-interaktionistischen Netzwerkforschung grundlegende Bezugspunkte bilden. Erarbeitet wird ein Verständnis von dynamisch verhandelten Kommunikationsnetzen, in denen sich die Menschen über sozial kontextualisierte

Alltagspraktiken Kultur aneignen, diese artikulieren und produzieren. In einem zweiten Schritt gilt es, diese Überlegungen auf den derzeit stattfindenden Mediatisierungsprozess zu beziehen, in dem vor allem digitale Medien wie Internet und Mobiltelefon eine herausragende Rolle spielen. Eine Medienkultur, so wird argumentiert, konstituiert sich über die Verbindung von Kommunikation und Medien sowie die damit verbundene Aneignung und (Re)Produktion von (digitalen) Medien im sozialen Alltag der Menschen. Darüber entstehen Kommunikationsnetze, in denen face-to-face-Kommunikation und mediatisierte Kommunikation miteinander verschmelzen und in je beziehungsspezifischen, mediatisierten Aneignungspraktiken zum Ausdruck kommen. Diese Erkenntnisse werden schließlich in einem dritten theoretischen Schritt auf die sozialisations- und entwicklungsspezifischen Besonderheiten des Jugendalters sowie den bisherigen Forschungsstand zur Aneignung des Mobiltelefons in den Beziehungen von Jugendlichen zugespitzt.

Die Mediatisierungsprozesse in den Kommunikationsnetzen von Jugendlichen werden im empirischen Teil am Beispiel mediatisierter Aneignungspraktiken mit dem Mobiltelefon untersucht. Grundlage bildet eine multimethodisch angelegte, ethnografische Langzeituntersuchung, die von 2006 bis 2008 mit drei jugendlichen Freundschaftsgruppen im Alter zwischen 14 und 17 Jahren durchgeführt wurde. Im vorliegenden Text wird die Intervention „Zwei Wochen ohne Handy" vorgestellt, bei der die Jugendlichen für ein bzw. zwei Wochen auf ihre Mobiltelefone verzichteten. Im Mittelpunkt steht die Frage, auf welche Weise das Mobiltelefon mit den kommunikativen Praktiken im Beziehungsnetz von Jugendlichen verwoben ist, ob und welche Unterschiede sich in den einzelnen Beziehungen abzeichnen und welche beziehungsspezifischen Konsequenzen mit dem Fehlen des Mediums einhergehen.

Abschließend geht es darum, theoretische Argumentationen und empirische Erkenntnisse aufeinander zu beziehen und Konsequenzen für das Aufwachsen in einer mediatisierten Kommunikationskultur abzuleiten.

2   Theoretische Überlegungen zur Konzeption mediatisierter Beziehungsnetze im Jugendalter

2.1   Kultur und Netzwerk

2.1.1   Kultur als Aneignungspraxis

Einen wesentlichen Anknüpfungspunkt für das Kulturverständnis des vorliegenden Textes liefert der Kulturbegriff der Cultural Studies und der Kultursoziologie. Aus dieser Perspektive wird *Kultur als ein prozesshaftes und auf Kommunikation beruhendes Geschehen gefasst, bei dem das Handeln der Menschen als Kultur produzierende Akteure im Mittelpunkt steht.* Kultur entsteht und verändert sich, indem die Menschen in ihrem sozialen Alltagshandeln ein Geflecht von Bedeutungen und Sinn erzeugen, nach dem sie sich richten und das auf das sie sich beziehen. Gleichzeitig sind diese kulturellen Praktiken als Aneignungspraktiken zu verstehen, insofern Menschen kulturindustriell erzeugte Produkte in ihren Besitz nehmen, sie durch Prozesse des Umdeutens, Weglassens oder Neukombinierens sinnhaft in ihren Alltag integrieren und sie so zu einem Teil ihres kulturellen Eigentums machen.

Wichtige Bezüge für dieses Verständnis von Kultur als Aneignungspraxis finden sich in den Erkenntnisse über die Spezifik des Alltagslebens von Michel de Certeau sowie die daran anknüpfenden Überlegungen von John Fiske und Raymond Williams zu Populärkultur und kulturellem Materialismus. Der Historiker und Kulturtheoretiker de Certeau konzentriert sich in seiner Analyse der „Kunst des Handelns" (de Certeau 1988) auf das Alltagsleben der Menschen und versteht die darin verankerten Alltagspraktiken als Formen des Konsums und als Aneignungspraktiken. Konsum im Sinne von Aneignung meint dabei nicht die simple Nutzung von oder Anpassung an kommerziell erzeugte Waren, sondern ist als aktiver Prozess der Bedeutungsproduktion zu verstehen. John Fiske greift dieses Konzept des Alltagslebens auf und verbindet es mit einem Verständnis von Populärkultur als industrielles Phänomen und als Kultur der Konsumenten. Er fasst alle Ausprägungen von Populärkultur als populäre Texte, die keine geschlossenen Formen darstellen, sondern sich erst in der sozialen Zirkulation von Bedeutung entfalten. Dabei betont Fiske den emanzipatorischen Charakter populärkultureller Praktiken der Menschen und verdeutlicht, dass sich soziale Auseinandersetzungen in einer Gesellschaft nicht nur auf polit-ökonomischer Ebene abspielen, sondern vor allem auch im eigenwilligen, widerständischen Potenzial kultureller Alltagspraktiken zum Ausdruck kommen (Fiske 2006). In ähnlicher Weise argumentiert Raymond Williams und hebt noch einmal hervor, dass kulturelle Praktiken immer materiell gebunden sind, insofern sie sich bestehender Ressourcen bedienen, bestimmte Produktionsmittel voraussetzen und sich in materiellen Objekten manifestieren (Williams 2003).

Auch wenn diese Erkenntnisse von de Certeau, Fiske und Williams immer wieder kritisiert und re-formuliert werden, leisten sie einen grundlegend wichtigen Beitrag für ein Verständnis von Aneignung als kommunikativ begründete Alltagspraxis, die sich über kulturelle Produktions- und Konsumpraktiken in einem gesellschaftlichen Bezugsrahmen konstituiert. Dieses Verständnis, so wird sich zeigen, bildet eine wesentliche Grundlage für eine Auffassung von Medienkultur als Alltagskultur und Aneignungspraxis, die sich nicht nur auf eine einzelne Phase im Rezeptionsprozess beschränken lässt und sozial kontextualisiert, das heißt mit den Kommunikationsprozessen in sozialen Netzwerken verwoben ist.

2.1.2 Soziale Netzwerke als dynamisch verhandelte Kommunikationsbeziehungen

Um die komplexe Gestalt der unter postmodernen Bedingungen konstituierten Beziehungen beschreiben zu können, wird zunehmend der Begriff des „sozialen Netzwerks" verwendet, wobei die dahinter stehenden Konzepte ganz Unterschiedliches meinen und auf verschiedene Theorien Bezug nehmen (Hollstein 2006; Kardorff 1989; Stegbauer 2008). Ursprung und häufiger Bezugspunkt dieser Auseinandersetzungen ist die formale Netzwerkforschung oder -analyse[1], bei der es vor allem darum geht, die *Strukturen von sozialen Netzwerken und deren Funktionen* zu erfassen. Netzwerke bestehen demnach aus sozialen Akteuren, bei denen es sich um Individuen, aber auch um Organisation, Staaten oder andere soziale Gebilden handeln kann. Die Beziehungen oder „Relationen" zwischen diesen Akteuren werden entlang ihrer formalen Merkmale (z. B. Anzahl der Akteure in einem Netzwerk, Häufigkeit der Kontakte) beschrieben. Über diese Strukturen sowie die damit verbundenen Positionen und Rollen der Akteure entstehen soziale Netzwerke, die sich aus unterschiedli-

---

[1] Zur Debatte um Netzwerkanalyse, -forschung oder -theorie – ob es sich um eine Theorie handelt oder nur ein Sammelsurium an Methoden und Vorgehensweisen siehe weiterführend unter anderem Trezzini 1998.

chen Beziehungen zusammensetzen und je spezifische Funktionen (beispielweise emotionale Unterstützung bei persönlichen Netzwerken) erfüllen (Jansen 2003; Trezzini 1998).

Mit Blick auf den vorliegenden Text liefert dieser ursprüngliche Netzwerkansatz zwei
wichtige Erkenntnisse. Erstens werden Individuen immer eingebettet in und im Kontext
von verschiedenen sozialen Beziehungen erforscht. Zweitens ermöglicht die relationale
Perspektive einen für Sozialisationsprozesse bedeutsamen Brückenschlag zwischen der
Mikroebene individuellen Handelns und der gesellschaftlichen Makroebene, insofern die
Beziehungen in persönlichen Netzwerken zwischen dem einzelnen Individuum und der sie
umgebenden Welt vermitteln (Hollstein 2006; Lang 2003). Darüber hinaus ist dieses Ver-
ständnis von sozialen Netzwerken jedoch noch nicht ausreichend, um die kommunikativen
Praktiken in Beziehungsnetzen, insbesondere von Jugendlichen zu beschreiben.

Wichtige Anknüpfungspunkte für ein, auf Kommunikation beruhendes Verständnis
von sozialen Netzwerken finden sich im Anschluss an symbolisch-interaktionistische und
soziologische Erkenntnisse zu sozialen Vergemeinschaftungsprozessen, die im Rahmen
netzwerktheoretischer Überlegungen aufgegriffen und weiter entwickelt wurden. Soziale
Netzwerke werden hier verstanden als ein *Set prozessual angelegter Beziehungen, die über
zwischenmenschliche Aushandlungsprozesse mit Bedeutung versehen und so für soziales
Handeln und soziale Strukturen grundlegend sind* (Fine & Kleinman 1983). Fine und
Kleinman beziehen sich hier zwar auf den ursprünglichen, strukturfunktionalistischen
Netzwerkbegriff, indem sie die Beziehung zwischen Self und signifikantem Anderem nicht
mehr als eine, in homogene Gruppen eingebettete Dyade, sondern als Teil des interrelatio-
nalen Ineinandergreifens in sozialen Netzwerken verstehen (Fuhse 2006). Dieses Netz-
werkverständnis verbinden sie jedoch mit einer symbolisch-interaktionistischen Auffassung
von Sozialbeziehung, die sich über die, zwischen den Beteiligten dynamisch ausgehandelten, subjektiven Sinn- und Bedeutungszuweisungen konstituiert. Zu diesen Aushandlungen
gehört die Definition der Beziehung durch die Beteiligten, etwa als Freundschaft oder Lie-
besbeziehung, ebenso wie damit verbundene Erwartungen und Emotionen, aber auch gemeinsame Aktivitäten, geteilte Erinnerungen und Beziehungssymbole sowie spezifische
Kommunikationsformen und Ausdrucksweisen (Fine & Kleinman 1983; Fuhse 2009). Jan
Fuhse spricht in diesem Zusammenhang auch von einer zu leistenden Beziehungsarbeit
(„relational work"), auf deren Grundlage eine je spezifische Beziehungskultur im sozialen
Netzwerk entsteht (Fuhse 2009). Gleichzeitig kommen über diese Interaktionen und Aus-
handlungsprozesse nicht nur Stabilität und Kontinuität, sondern auch Veränderungen in den
Bedeutungszuweisungen und damit in den Strukturen der sozialen Netzwerke zustande:

> „Since meanings provide the basis for individual and collective actions, people's meanings will
> have consequences for their actions, the production of social structures, and changes within
> those structures. [...] Understanding actor's meaning is fundamental to any analysis of social
> structure." (Fine & Kleinman, 1983: 98)

Indem sich also Beziehungskonzepte und -praktiken im Zeitverlauf verändern, wandeln
sich auch die sozialen Strukturen innerhalb des Netzwerkes. Dabei ist vor allem in hetero-
genen, mobilen Gesellschaften davon auszugehen, dass den Beziehungen in einem Netzwerk eine große Bandbreite an Interaktionen zur Verfügung steht und dass das Handeln der
Menschen weniger durch formale Beschränkungen, sondern vielmehr durch dynamische,
sich immer wieder verändernde Aushandlungen gekennzeichnet ist (Fine & Kleinman
1983).

Mit einem solchen Verständnis von sozialen Netzwerken ist nun möglich, soziale Beziehungen als dynamisch verhandelte und bedeutungsvolle Kommunikationsnetze zu fassen. Dabei soll von der genannten „egozentrierten" Perspektive ausgegangen werden, bei der die verschiedenen persönlichen Beziehungen einer Person oder einer Personengruppe sowie deren Beziehungen untereinander im Mittelpunkt stehen (Diaz-Bone 1997; Kardorff 1989). Die unterschiedlichen Beziehungen der Jugendlichen, zu denen beste Freundschaften, Partnerschaften und Peer-Beziehungen ebenso gehören, wie Familien- und andere Beziehungen, sind demnach als Teil dieser Kommunikationsnetze zu verstehen und können aufeinander bezogen beschrieben werden. Das heißt, die Beziehungen in einem egozentrierten Kommunikationsnetz stehen nicht isoliert nebeneinander, sondern sind über kommunikative Praktiken miteinander verwoben und werden in Bezug aufeinander verhandelt. Diese kommunikativen Praktiken und die damit verbundenen Aushandlungsprozesse, so lässt sich weiter schlussfolgern, sind Teil einer kulturellen Alltagspraxis, über die Beziehungen entstehen, über die sie stabilisiert werden oder sich verändern. Anknüpfend an das oben erarbeitete Kulturverständnis ist die Beziehungskultur eines Kommunikationsnetzes folglich zu verstehen als ein dynamischer und auf Kommunikation beruhender Prozess, in dem über das Erzeugen und Verhandeln von Sinn und Bedeutung beziehungsspezifische Konzepte und Praktiken konstituiert werden.

Mit der Verbreitung digitaler Medien wie Internet und Mobiltelefon ist nun davon auszugehen, dass diese kulturelle Praktiken und damit auch die Beziehungen in den Kommunikationsnetzen zunehmend medial durchdrungen werden. Wie sich dieser Mediatisierungsprozess fassen lässt, wodurch sich eine Medienkultur auszeichnet und wie sich mediatisierte Aneignungspraktiken bzw. mediatisierte Kommunikationsnetze beschreiben lassen, wird im Folgenden geklärt.

2.2 Kultur und Netzwerk im Mediatisierungsprozess

2.2.1 Medienkultur und mediatisierte Aneignungspraktiken

Anknüpfend an das oben beschriebene Verständnis von Kultur als Aneignungspraxis soll im Folgenden eine Perspektive auf Medienkultur herausgearbeitet werden, bei der mediale Produkte wie Bücher, Filme oder Fernsehsendungen ebenfalls als Kulturobjekte zu verstehen sind, die durch soziale Praktiken angeeignet, mit Bedeutung versehen und re-artikuliert werden (Göttlich 2009; Williams 2003). *Die Aneignung von Medien verläuft demnach als kommunikativ begründete Alltagspraxis, die sich über kulturelle Produktions- und Konsumpraktiken in einem gesellschaftlichen Bezugsrahmen konstituiert.* Dabei ist von einem komplexen Prozess auszugehen, in dem sich Produktion, Rezeption, Bedeutungszuweisung und Artikulation von Medienprodukten zirkulär miteinander verbinden und in dem die Menschen als kreative Nutzer und Gestalter von Medien positioniert werden. Derartige Überlegungen sind unter anderem im Modell des „Circuit of Culture" zusammengefasst (Johnson 1999) und am Beispiel des Walkman als einer jugendkulturell höchst bedeutsamen portablen Medientechnologie untersucht worden (du Gay et al. 2003). Danach entsteht beispielsweise der Walkman zwar in der spezifischen Produktionskultur des Sony-Konzerns, lässt sich jedoch in seiner Bedeutung erst über die kulturelle Kontextualisierung sowie die Aneignungs- und Artikulationsprozesse der Menschen vollständig erschließen:

„No serious cultural study of the Walkman could afford to ignore exploring the ways in which
that material cultural artefact has been used to make meaning by people in the practice of their
everyday lives. A focus on consumption therefore helps us to understand that meanings are not
simply sent by producers and received by consumers but are always made in usage." (du Gay et
al. 2003: 85)

Ein solches Verständnis von Medienkultur als Alltagskultur und Aneignungspraxis
geht also über individualistische Theorien sowie die Betrachtung singulärer Kausalitätsan-
nahmen und Effekte hinaus, die über einzelne Medien und deren Botschaften vermittelt
werden. *Vielmehr bezieht sich Medienkultur heute auf eine zunehmende Mediatisierung
kultureller Praktiken in einem sozialen Kontext, wodurch sich alle Bereiche menschlichen
Handelns und Zusammenlebens, und damit auch die Kommunikationsnetze der Menschen,
verändern* (Krotz 2001, 2007). Voraussetzung und technischer Ausgangspunkt dieses Mediatisierungsprozesses ist die Digitalisierung und Konvergenz der Medien. Dabei hat sich
vor allem das Mobiltelefon zu einem multifunktionalen Integrationsmedium entwickelt. Es
vereint klassische Medien wie Radio, Fernsehen oder Print, funktioniert als Telefon, Spielkonsole, Musik- und Videoabspielgerät oder Fotoapparat und kann mit PC und Internet
verbunden werden. Folglich handelt es sich inzwischen weniger um ein mobiles Telefon,
als vielmehr um einen portablen, an das Telekommunikationsnetz angeschlossenen Klein-
computer, der als Kommunikations-, Unterhaltungs- und Informationsmedium vielfältige
Formen der Sprach-, Text- und Bildkommunikation ermöglicht (Krotz & Schulz 2006).
Diese Formen von Digitalisierung und Konvergenz gehen mit Entgrenzungs- und Integrati-
onsprozessen auf zeitlicher und räumlicher Ebene einher, insofern dauerhaft verfügbare
Medieninhalte an immer mehr Orten präsent sind und immer mehr Orte miteinander verbinden. Zudem sind Medien auf sozialer Ebene in ihrer Sinngebung entgrenzt, weil sie auf
Produzenten- wie auf Nutzerseite immer mehr Kontexte, Situationen, Motive und Absich-
ten zulassen und verbinden. Diese Entgrenzungsprozesse führen gleichzeitig zu einer durch
Medien ermöglichten Integration, die in bisher getrennt voneinander praktizierten Kommunikationsformen und medienübergreifenden Kommunikationspraktiken zum Ausdruck
kommt (Krotz 2001).

Medienkultur als mediatisierte Aneignungspraxis konstituiert sich also über die Verbindung von Kommunikation und Medien sowie die damit verbundene Aneignung von
Medien in den Kommunikationsnetzen der Menschen. Mit Blick auf die zunehmende Mediatisierung in allen Bereichen des sozialen Alltags ist davon auszugehen, dass face-to-
face-Kommunikation und medienbezogene Kommunikation immer stärker miteinander
verschmelzen und kaum noch voneinander abzugrenzen sind (Hepp 2005). Darüber verändern sich auch die Kommunikationsnetze der Menschen und führen zu veränderten und
neuen Formen kultureller Praxis und Vergesellschaftung.

2.2.2   Mediatisierte Kommunikationsnetze

Mit Blick auf die Bedeutung von Medien für die Kommunikationsnetze der Menschen
lässt sich zunächst einmal festhalten, dass bereits Massenmedien eine wichtige Rolle für
Vernetzungs- und Vergemeinschaftungsprozesse gespielt haben - angefangen bei religiösen
Schriften, über den Buchdruck, bis hin zu Fernsehen und Radio (Hipfl & Hug 2006). Heute

sind vor allem digitale Kommunikationsmedien wie Internet und Mobiltelefon auf besondere Weise mit der Konstitution, Aufrechterhaltung und Veränderung von Kommunikationsnetzen verwoben. Manuel Castells spricht in diesem Zusammenhang vom Aufkommen einer Weltgesellschaft als „Netzwerkgesellschaft" (Castells 2002). Aktienmärkte, Fernsehsysteme oder mobile Kommunikationsgeräte stellen miteinander verbundene Knoten dar und bilden nach Castells offene, weltumspannende Netzwerke, die grenzenlos expandieren und dabei weitere Knoten integrieren können. Die damit einhergehenden multidimensionalen Prozesse einer zunehmenden Globalisierung und Individualisierung resultieren in der Auflösung lokaler Gebundenheit und der Entstehung ortloser virtueller Räume sowie einer zunehmenden Fragmentierung kultureller Bedeutungen in Kommunikationsnetzwerken (Hepp et al. 2006; Kardorff 2006).

Während derartige Konzepte auf einer gesellschaftlichen Ebene beschreiben, wie sich soziale Vergemeinschaftungsprozesse unter den Bedingungen von Mediatisierung, Globalisierung und Individualisierung fassen lassen, sind für den vorliegenden Text vor allem Überlegungen hilfreich, die am sozialen Alltag der Menschen ansetzen. *In diesem Zusammenhang ist davon auszugehen, dass „reale" und „mediale" Kommunikationsnetze keineswegs nebenbeinander stehen. Vielmehr trägt die zunehmende Mediatisierung sozialer Interaktionen dazu bei, dass mediatisierte und nicht-mediatisierte Beziehungsformen und -praktiken immer mehr miteinander verschmelzen.* (Turkle 2008). Die Aneignung des Mobiltelefons wird dabei vor allem entlang der Vertiefung bereits bestehender, realweltlicher Kontakte beschrieben. Hans Geser argumentiert, dass die Kommunikation mit dem Mobiltelefon die Allgegenwart primärer, partikularistischer sozialer Bindungen stärkt. Das heißt, jenseits zeitlicher, räumlicher und physischer Restriktionen haben Individuen die Freiheit, einander stets und umstandslos zu erreichen. (Geser 2006). Sämtliche private und berufliche Beziehungen werden demzufolge flexibel per Handy organisiert und gepflegt, wobei ad-hoc Absprachen die Notwendigkeit terminlicher Vereinbarungen und zeitlicher Koordination reduzieren. Über diese Aneignungspraktiken konstituieren sich Kommunikationsnetze, die weniger auf stabilen, überindividuellen Verortungen und Regeln, sondern vielmehr auf fortlaufenden, personengebundenen Interaktionen beruhen. Die Kommunikation mit dem Mobiltelefon trägt folglich zu sozialer Integration bei, weil bestehende Beziehungen kontinuierlich aufrechterhalten und vertieft werden können. Gleichzeitig existieren aber auch Tendenzen der Ab- und Ausgrenzung, insofern sich die mobil Kommunizierenden von Fremdem und Neuem abschotten können (Geser 2006). Indem die Individuen eine „private media bubble" (Turkle 2008: 122) bewohnen, in der sie sich überall hin bewegen und auf alle anderen beziehen können, ohne ihr eigenes Kommunikationsnetz verlassen zu müssen, verbindet das Mobiltelefon wie kein anderes Medium das Erleben von Unabhängigkeit und Sicherheit. Es geht also weniger oder nicht nur um die Mobilität der Handybesitzer, sondern vielmehr um die Allgegenwart von und dauerhafte Verbundenheit mit ihrem Beziehungsnetz. Damit ist auch die Bindung der Menschen an ihr eigenes Handy nicht das Ergebnis einer exklusiven Beschäftigung mit der Technologie, sondern es sind eher die Beziehungen zu anderen sowie die damit verbundenen Erwartungen und Erfahrungen, die den Anstoß zur persönlichen, funktionalen und emotionalen Bindung der Nutzer an ihr Handy geben: „Wir interagieren mit ihm so, wie wir es mit anderen Computergeräten nicht tun – wir liebkosen es, wir umklammern es in Krisensituationen, jederzeit bereit, es zu benutzen, um Hilfe oder Trost zu holen, und wir wissen, dass unsere Lieben es genauso machen, möglicherweise sogar zur selben Zeit." (Vincent 2006: 139).

Insgesamt ist also von einem integrativen Verständnis mediatisierter Kommunikationsnetze auszugehen, bei dem soziale Vergemeinschaftungsprozesse untrennbar verbunden sind mit mediatisierten Aneignungspraktiken, die auf je beziehungsspezifische Weise realisiert werden. Dabei ist insbesondere die Aneignung des Mobiltelefons in den Kommunikationsbeziehungen von Jugendlichen höchst bedeutsam.

2.3   Mediatisierte Kommunikationsnetze und Aneignungspraktiken im Jugendalter

Die Analyse von Kultur und Netzwerk im Mediatisierungsprozess auf Jugendliche zu fokussieren, ist aus mehreren Gründen höchst relevant. Erstens gelten Jugendliche als „Early Adopter" und stehen neuen digitalen Medientechnologien besonders aufgeschlossen gegenüber. Sie entwickeln vielfältige, kreative Aneignungsformen, mit denen sie insbesondere das Mobiltelefon in ihre Lebenswelt integrieren. Gleichzeitig lassen sich darüber Prognosen ableiten, welche Medienentwicklungen und Kommunikationspraktiken zukünftig in einer Gesellschaft von Bedeutung sein werden. Zweitens wenden sich Jugendliche Medien zu, um Sozialisationsanforderungen zu bearbeiten, die elementar für Persönlichkeitsentwicklung, soziale Einbindung und gesellschaftliche Orientierung sind. Eine der wichtigsten Herausforderungen bezieht sich dabei auf das Aufbauen neuer bzw. das Neuverhandeln und Differenzieren bereits bestehender Beziehungen. Dabei spielen mediatisierte Aneignungspraktiken eine immer wichtigere Rolle, wobei insbesondere das Mobiltelefon eng mit den Aushandlungsprozessen in den Kommunikationsnetzen der Jugendlichen verwoben ist.

2.3.1   Beziehungen als sozial-kognitive Voraussetzung und Entwicklungsaufgabe

Die Fähigkeit des Menschen, soziale Netze zu knüpfen und kommunikativ zu verhandeln, bildet sich in Sozialisationsprozessen heraus und ist die Voraussetzung für den Aufbau eines reflektierten Selbstbildes und für die Entwicklung zu einem gesellschaftlich handlungsfähigen Subjekt. Das heißt, indem Heranwachsende die eigene Person, persönliche Handlungen und die Gegebenheiten der sozialen Umwelt mit Bedeutung versehen und sie mit anderen im Austausch interpretieren, konstituieren sie soziale Beziehungen und entwickeln soziale Kompetenzen. Robert Selman konzeptualisiert in diesem Zusammenhang ein Stufenmodellmodell zur Entwicklung sozialer Kompetenz und arbeitet die Bedeutung kommunikativer Aushandlungsstrategien für soziale Beziehungen im Jugendalter heraus (Selman 1984; Selman & Schultz 1990). Nach seinen Erkenntnissen wird vor allem in dieser Lebensphase eine Stufe sozialer Kompetenz erreicht, die erstmals durch reflektierte und komplexe Kommunikationsstrategien gekennzeichnet ist und bei der die Ausdifferenzierung sowie das kontinuierliche Neuverhandeln von Beziehungen im Mittelpunkt stehen:

> „It is probably not a coincidence, that the level three capacity for mutual collaboration emerges and begins to consolidate at about the time that most adolescents are turning their attention to often extremely intense and public disequilibrium engendered by powerful boy-girl and peer-group needs and pressures, pressures arising from within the self and throughout the culture." (Selman & Schultz 1990: 91)

Die Entwicklung und Differenzierung von Kommunikationsnetzen ist jedoch nicht nur eine sozial-kognitive Voraussetzung für Sozialisations- und Vergesellschaftungsprozesse, sondern umfasst auch eines der wichtigsten Themen, mit denen sich Jugendliche beschäftigen. Robert J. Havighurst spricht dabei von "Entwicklungsaufgaben", um die persönlichen und sozialen Anforderungen zu beschreiben, die in der Jugendphase bearbeitet werden (Havighurst 1972). Er versteht Entwicklung als einen lebenslangen, sozialen und sich schrittweise vollziehenden Lernprozess, der in jeder Lebensphase mit spezifischen Aufgaben verbunden ist. Diese Lern- oder Entwicklungsaufgaben konstituieren sich über das Zusammenspiel von körperlicher Entwicklung, gesellschaftlichen und kulturellen Rahmenbedingungen sowie individuellen Wünschen und Bedürfnissen des Individuums und müssen erfolgreich bewältigt werden, damit sich ein Mensch in einer Gesellschaft als glücklich und integriert wahrnehmen kann. Das Neuverhandeln von Beziehungen gehört neben der Beschäftigung mit der eigenen persönlichen und beruflichen Zukunft, der Entwicklung einer Geschlechterrolle oder dem Erarbeiten von Normen und Werten zu den zentralen Entwicklungsaufgaben des Jugendalters. Dabei geht es nicht nur darum, die Beziehungen zu Gleichaltrigen in reifere Freundschaften und erste partnerschaftliche Beziehungen auszudifferenzieren, sondern auch die Beziehungen zu Eltern und anderen Erwachsenen auf eine emotional unabhängigere Stufe zu heben (Havighurst 1972: 45ff.). Zudem sind diese Um- und Neugestaltungsprozesse eng miteinander, aber auch mit anderen Entwicklungsaufgaben verwoben. So führt der Aufbau von Freundschaftsbeziehungen zu Gleichaltrigen auch zur Aufnahme intimer Beziehungen und ist mit der Entwicklung von Vorstellungen zu zukünftigen Partnerschaften und Familie verbunden. Gleichzeitig bringen diese neuen, intensiveren Beziehungen zu Freunden eine Lockerung der Bindung an die Eltern mit sich (Dreher & Dreher 1985).

Im Anschluss an die Erkenntnisse von Havighurst und die daran ansetzenden Aktualisierungen von Dreher/Dreher ist eine Vielzahl von Begrifflichkeiten, Katalogen und Studien entstanden, die sich um eine theoretische Erweiterung des Ursprungskonzepts sowie um eine kontinuierliche Aktualisierung der empirischen Erkenntnisse bemühen. Die Ergebnisse zeigen, dass sich vor dem Hintergrund gesellschaftlicher Wandlungsprozesse die Strukturen und Funktionen von Beziehungen im Jugendalter sowie die darin stattfindenden kommunikativen Aushandlungsprozesse grundlegend verändert haben. Ganz allgemein ist mit dem frühzeitigen Entlassen aus kindlichen Schutzräumen und dem Freisetzen aus traditionalen Bindungen der Wunsch Jugendlicher nach befriedigenden sozialen Beziehungen, die ihnen Rückhalt und Sicherheit vermitteln, gestiegen (Shell Studie 2006). Dementsprechend bewegen sich Mädchen und Jungen heute in umfangreichen und vielschichtigen sozialen Kommunikationsnetzen, die sich auf Freunde und Bekannte, Verwandte und Nichtverwandte und sogar auf Haustiere beziehen (Zinnecker et al. 2002).

Vor dem Hintergrund ihrer sozial-kognitiven Entwicklung und im Rahmen des Sozialisationsprozesses etablieren Jugendliche also vielfältige soziale Beziehungen, differenzieren bereits bestehende Relationen oder verhandeln diese neu. Sie bewegen sich in umfangreichen und dynamisch angelegten Kommunikationsnetzen, wobei die darin eingebundenen Beziehungen durch unterschiedliche Bedeutungszuweisungen und Funktionen sowie durch spezifische kommunikative Praktiken gekennzeichnet sind.

Mit Blick auf die Interaktionszusammenhänge und Kommunikationsmuster in ihren Peer-Beziehungen legen Jugendliche großen Wert darauf, so oft wie möglich mit den Peers zusammen zu sein und zählen die mit ihnen verbrachte Zeit zu den wichtigsten Freizeitaktivitäten (MPFS 2009: 9). Dabei geht es vor allem um das gemeinsame „Abhängen" und „Nichtstun" sowie die damit verbundenen kommunikativen Praktiken. Ethnografisch und gesprächsanalytisch orientierte Studien arbeiten in diesem Zusammenhang prozesshaft angelegte und über Routinen und Regeln etablierte, typische Kommunikationsmuster heraus (Corsaro & Eder 1990; Neumann-Braun & Deppermann 1998; Neumann-Braun et al. 2002; Schmidt 2004). Dazu gehören Späße, Witze und Neckereien, ebenso wie Geschichten erzählen, Klatsch und Tratsch, aber auch Lästern und Spott sowie spielerische und ernsthafte Konfliktaustragungen. Über diese und ähnliche Praktiken demonstrieren Jugendliche Kompetenz und Status, verhandeln Grade der Mitgliedschaft, grenzen sich gegenüber Dritten ab und erproben Formen der Selbst- und Fremdkategorisierung:„Peer-Groups können als Interaktionsgemeinschaften verstanden werden, die durch die routinisierten Interaktionspraktiken, mit denen Jugendliche ihre Begegnungen gestalten, als soziale Einheiten konstituiert und reproduziert werden." (Neumann-Braun & Deppermann 1998: 246). Beste, zumeist gleichgeschlechtliche Freundschaften stellen eine besondere Form der Gleichaltrigenbeziehungen dar und zeichnen sich durch länger anhaltende und vertrauensvolle Gegenseitigkeit aus, wobei das Immer-Füreinander-Dasein in gemeinsamen Unternehmungen sowie in Unterstützungs- und Hilfeleistungen zum Ausdruck kommt (Barthelmes & Sander 1997; Kolip 1993) Erste partnerschaftliche Beziehungen und die damit verbundenen Aushandlungsprozesse lassen sich hingegen als eine Art „unbeholfenes Experiment" bezeichnen, bei dem es darum geht, sich überhaupt erst einmal ein Bild von diesen Beziehungen und den Partnern zu machen (Brown, zit. in Furman & Simon 1998: 734). Dementsprechend dauern die ersten Partnerschaften kaum länger als einige Tage und Wochen. Zu den typischen Interaktionsmustern gehören spielerische Kommunikationsformen wie Verkuppeln, Schmusen, sich Verabreden und gemeinsam etwas unternehmen, aber auch durch Zweifel, Unsicherheiten und Ängste gekennzeichnete Kommunikationspraktiken (Barthelmes & Sander 1997; Lenz 1989).

Neben diesen freiwillig eingegangenen Peer-Beziehungen, Freundschaften und Partnerschaften spielt das Neuverhandeln der Beziehung zu den Eltern eine wichtige Rolle im Jugendalter. Mit der Hinwendung zu Freunden und Partnern bemühen sich die Jugendlichen um Selbständigkeit und Unabhängigkeit von ihren Eltern. Gleichzeitig bleiben Mutter und Vater als finanzielles und emotionales Unterstützungssystem höchst bedeutsam. Insofern ist die Beziehung zu den Eltern durch eine ambivalente Mischung aus psychischer Loslösung und funktionaler Bindung gekennzeichnet, die gemeinsamen Überlegungen und Aktivitäten, aber auch in alltäglichen Auseinandersetzungen und Konflikten zum Ausdruck kommt (Fend 2005; Ferchhoff 2007; Gille et al. 2006; Shell Studie 2006).

2.3.2   Mediatisierte Aneignungspraktiken in den Kommunikationsnetzen von Jugendlichen

Mit den digitalen Medien und den damit verbundenen Kommunikationsmöglichkeiten erweitern und verändern sich die kommunikativen Praktiken und damit auch die Strukturen und Bedeutungen in den Beziehungsnetzen von Jugendlichen. *Insbesondere die Aneignung des Mobiltelefons als multifunktionales Medium mit verschiedensten Funktionen erfolgt dabei auf kreativ-innovative Art und Weise, wobei die symbolischen und kommunikativen Bedeutungszuweisungen der Jugendlichen auf die Konstitution und Gestaltung verschiedener Beziehungen gerichtet sind.* Mit Blick auf die Gleichaltrigen geht es vor allem um die

Aufrechterhaltung und Koordination von Peer-Beziehungen sowie um den Stellenwert des Handys als Modeaccessoire und Lifestyle-Objekt bei der Selbstpräsentation im Kontext der Peergroup (Castells et al. 2007; Haddon 2004; Ito et al. 2008). Daneben finden sich Hinweise auf die Bedeutung des Mobiltelefons für die Gestaltung partnerschaftlicher Beziehungen sowie die damit verbundene Regulierung von Nähe und Distanz. Ling (2004, 2007) beschreibt das Mobiltelefon als ein quasi-illegales Kommunikationsmedium, das es Jugendlichen ermöglicht, „hinter dem Rücken der Eltern" Qualifikationen im Bereich partnerschaftsrelevanter Interaktionen zu entwickeln. Bei der Beziehungsanbahnung ermöglichen Kurznachrichten beispielsweise diskrete Flirtstrategien, die im Verborgenen stattfinden können (Höflich et al. 2003) oder fungieren als symbolische Geschenke, die für Formen der Zuneigung und des Aneinander-Denkens stehen (Taylor & Harper 2003). Im Hinblick auf die Beziehung zu den Eltern ist zumeist von der „verlängerten Nabelschnur" und dem Kontroll- und Sicherheitsbedürfnis der Mütter und Väter die Rede (Feldhaus 2004). Während für die Kommunikation mit den Eltern überwiegend die Telefonfunktion genutzt wird, umfassen die im Kontext der Gleichaltrigenbeziehungen realisierten kommunikativen Praktiken mit dem Mobiltelefon sämtliche multimediale Funktionen sowie die damit verbundenen Kommunikationsformen – angefangen beim Versenden von Kurznachrichten über das Erstellen, Verschicken und Speichern von Fotos, Musik- und Videoclips, bis hin zur Auswahl von Logos, Bildern und Klingeltönen, über die jeweils persönliche Beziehungsansichten, aber auch Bemühungen um soziale Zuordnung und Abgrenzung artikuliert werden.

3   „Zwei Wochen ohne Handy" Ergebnisse einer Intervention

Die Aneignung des Mobiltelefons als soziale Alltagspraxis in vollzieht sich also in einer von Medien durchdrungenen, mediatisierten Kultur sowie vor allem in den Beziehungsnetzen von Jugendlichen. Die darin stattfindenden kommunikativen Praktiken sind eng mit dem Mobiltelefon verwoben und werden über die Gestaltung von Alltag sowie über Beziehungs- und Identitätsarbeit (re)artikuliert.

Vor diesem Hintergrund wurden im Rahmen einer ethnografisch angelegten und multimethodisch realisierten Langzeituntersuchung drei Jugendgruppen in die Situation gebracht, eine Schul- und eine Ferienwoche ohne ihr „Handy" zu meistern. Die Jugendlichen gaben für diesen Zeitraum ihre Mobiltelefone in die Obhut der Forscherin. In regelmäßig stattfindenden Einzel- und Gruppeninterviews sowie in Tagebuchprotokollen berichteten sie und ihre Eltern über die Erlebnisse und Erfahrungen in dieser besonderen Situation. Folgende Fragen leiteten die Datenerhebung und -auswertung:

Welche kommunikativen Praktiken sind für die unterschiedlichen Beziehungen von elementarer Bedeutung und werden durch das Fehlen des Mobiltelefons gestört?

Welche alternativen Kommunikationsmöglichkeiten (face-to-face, Internet, Festnetztelefon etc.) werden herangezogen? Inwieweit stellen sie einen adäquaten Ersatz für die Kommunikation mit dem Mobiltelefon dar?

Welche Konsequenzen ergeben sich für die kommunikativen Praktiken in den unterschiedlichen Beziehungen im Kommunikationsnetz?

Im Folgenden werden die Ergebnisse einer Freundschaftsgruppe (vier beste Freundinnen im Alter von 13 und 15 Jahren) vorgestellt. Die Daten von insgesamt fünf Gruppeninterviews, vier Einzelinterviews, vier Interviews mit den Eltern sowie vier, über zwei Wochen geführte Tagebücher wurden mit Hilfe der qualitativen Auswertungssoftware Hyper-research aufbereitet. Die im Folgenden vorgestellten Kategorien wurden in einem mehrstu-figen Verdichtungsverfahren entlang der Prämissen der Grounded Theory sowie im Rah-men der erarbeiteten theoretischen Bezüge herausgearbeitet (Glaser 1998; Krotz 2005).

3.1 Beziehungsrelevante Praktiken

Ein Hauptergebnis der Intervention bezieht sich auf die Störung der kommunikativen Prak-tiken im Beziehungsnetz der vier Mädchen. Dabei sind die Beziehungen der besten Freun-dinnen untereinander sowie zu den Peers und den Eltern auf je spezifische Weise vom Feh-len der Handys betroffen. Bei den besten Freundinnen ist die Beziehungspraxis vor allem während der Ferienwoche, als sich die Mädchen nicht regelmäßig in der Schule sehen, grundlegend erschüttert. Dazu gehört die Organisation von gemeinsamen Treffen und Un-ternehmungen, ebenso wie über den Tag verteilte, permanente Ab- und Rücksprachen per Kurznachricht oder Anruf. Sowohl das Vertrauen, dass alle zur verabredeten Zeit an einem Treffpunkt erscheinen, als auch Geduld und Toleranz bei minimalen Verspätungen der Freundinnen sind kaum vorhanden. Gleichzeitig gelingen Spontanbesuche nicht und führen zu Frust und dem Erleben von Ausgrenzung:

> „Gestern haben wir uns getroffen und gesagt, wir machen morgen was! Morgen, also heute, er-reich ich [niemanden]. Ich überleg mir so: Pech. Fahr ich mal auf gut Glück hin. Hab ich ge-macht. NATÜRLICH keiner da! Ich überleg mir, geh ich noch ein Stündchen zu Hugendubel! So, fahr ich wieder hin, keiner da. Ich geh heim, dort hat mich auch noch niemand versucht, zu erreichen >sich VERARSCHT fühl<" (Liliane: 15 Jahre, Tagebuchprotokoll)[2]

Andere Möglichkeiten der mediatisierten interpersonalen Kommunikation wie Instant Mes-senger und Festnetztelefon werden von den Freundinnen als Alternativen hinzugezogen, sind aber aufgrund ihrer räumlichen Bindung kein adäquater Ersatz für das Mobiltelefon und werden als zu zeitaufwändig und unzuverlässig bewertet. Die Handys der Eltern zu benutzen, stellt eine höchst unangenehme Option dar und kommt für die Mädchen nicht in Frage.

Die Störung der Beziehungspraxis in den Peer-Beziehungen bezieht sich weniger auf dichte und routinierte kommunikative Praktiken, als vielmehr auf sporadische und spieleri-sche, aber ebenso bedeutsame Anfragen, Grüße, Neckereien oder Partyeinladungen per Handy. Dabei führen die während der Intervention stattfindenden Zwischentreffen, in de-nen die Mädchen die Möglichkeit haben, ihre Handys auf entgangene Anrufe und Kurz-nachrichten zu überprüfen, zu einer ernüchternden Erkenntnis. Obwohl die Peers nicht über die Handyabgabe informiert waren, gibt es kaum Kommunikationsversuche. Dementspre-chend ist das Integrationserleben der Freundinnen in ihr umfangreiches Peer-Netz empfind-lich gestört. Die Mädchen sind frustriert und verunsichert. Ähnlich schwierig gestaltet sich die Suche nach Kommunikationsalternativen. Während das Festnetztelefon für Gespräche mit den Peers grundsätzlich nicht in Frage kommt, sind Instant Messenger Programme in

---

[2] Die Tagebuchaufzeichnungen der Jugendlichen wurden, soweit möglich, in ihrer Originalform belassen. Abge-kürzte oder in Großbuchstaben geschriebene Wörter sowie Zeichen wie < > oder * * stammen von den Jugendli-chen selbst. Wörter und Textabschnitte in eckigen Klammern kennzeichnen Textkürzungen bzw. Ergänzungen der Autorin, ebenso wie (…) auf Auslassungen von Textstellen seitens der Autorin hinweisen.

dieser besonderen Situation durchaus akzeptabel, um unverbindlich zu plaudern und den Kontakt zu halten.

Hinsichtlich der Beziehung zu den Eltern wird erstens deutlich, dass die Kommunikation mit dem Mobiltelefon eng mit der Organisation des familiären Alltags verwoben ist. Dabei geht es um die Unterstützung beim Einkauf oder die Betreuung von Geschwistern sowie um die Kommunikation mit getrennt lebenden Elternteilen oder entfernt wohnenden Großeltern. Zweitens gerät das empfindliche Verhältnis zwischen Freiräumen und Kontrolle aus der Balance. Vor der Abgabe ihrer Mobiltelefone spekulieren die vier besten Freundinnen darauf, mehr Freiheiten zu erhalten und weniger kontrollierbar zu sein, wenn sie nicht auf dem Mobiltelefon erreichbar sind. Tatsächlich erkennen die Eltern ihnen bereits zugestandene Freiräume und ausgehandelte Kompromisse wieder ab. Ohne dass eines der vier Mädchen ein Handy dabei hat, dürfen sie vor allem abends nicht mehr so lang wegbleiben. Die Mütter sind erst beruhigt, als sich die Mädchen ausgediente „Ersatzhandys" besorgen und versprechen, Telefonzellen benutzen, um sich regelmäßig zu melden. Für die Jugendlichen bedeutet dieser „Zustand" einen Rückschritt im Aushandeln der Beziehung zu den Eltern.

3.2 Identitätsbezogene Praktiken und Beziehungen

Neben der gestörten Beziehungspraxis in den verschiedenen Beziehungen der vier besten Freundinnen, verweisen die Ergebnisse der Intervention auf die Bedeutung von Beziehungs- oder Kommunikationspotenzialen im Jugendalter. Dabei geht es weniger darum, tatsächlich zu telefonieren oder Kurznachrichten zu schreiben. Vielmehr steht die Möglichkeit im Mittelpunkt, potenziell jeden erreichen zu können und für jeden potenziell erreichbar zu sein. Nicht immer alle Beziehungen in Form gespeicherter Handynummern bei sich und damit immer abrufbar zu haben, verunsichert das Erleben von sozialer Integration in ein Sicherheit vermittelndes Polster an Peer-Beziehungen maßgeblich:

> „Ohne Handy ist man unerreichbar und abgesehen vom Internet von der Zivilisation abgeschnitten." (Ricarda:13 Jahre, Tagebuchprotokoll)
> „Wir haben keine Freunde und wir sind nicht wichtig. (…) Wir sind allein auf der Welt." (Tabea:13 Jahre, Gruppeninterview)
> „Es hat genervt, dass ich so unwichtig bin. (…) *frustriert sei*" (Katja:13 Jahre, Tagebuchprotokoll)

Damit verbunden ist die Entwicklung einer sozial gefestigten Identität, die während der Intervention auf eine harte Probe gestellt wird. Immer wieder stellen sich die Mädchen die Frage, wie wichtig sie eigentlich sind und betonen, dass sie sich verloren und allein fühlen. Die über die Erreichbarkeit mit dem Handy vermittelte Beziehungssicherheit scheint grundlegend erschüttert und die fehlenden Kommunikationspotenziale kommen einem Verschwinden der Beziehungen, vor allem dem der Peer-Beziehungen, gleich. In der Konsequenz zweifeln die Freundinnen an ihrer eigenen „Sichtbarkeit".

3.3   Alltagsstrukturierende Praktiken und Beziehungen

Das Mobiltelefon steht nicht nur in enger Verbindung mit der Beziehungspraxis sowie dem Bereitstellen von Beziehungspotenzialen im Jugendalter. Es ist darüber hinaus für die Gestaltung des sozialen Alltags höchst relevant. Dies zeigt sich erstens im Hinblick auf die Alltagsorganisation, bei der das Handy als Wecker, Uhr und Terminkalender fungiert. Angefangen beim morgendlichen Aufstehen über das pünktliche Erreichen von Verkehrsmitteln und Treffpunkten bis hin zum Erinnern an Termine und Verpflichtungen ist das Mobiltelefon unentbehrlich:

> „Ich frag mich die ganze Zeit, wie ich es schaffen soll, Bus/Bahn zu fahren, wenn ich keine Ahnung hab, wann der Bus kommt, weil ich keine Uhr mehr hab- I-wie fühl ich mich voll hilflos! (…) Omas Uhr ist stehen geblieben, hab keine Uhr, das NERVT! (…) BRAUCH UHR *noch Anfall krieg*!" (Katja:13 Jahre, Tagebuchprotokoll)

Da die vier Freundinnen, wie heute die meisten Jugendlichen, keine Armbanduhr mehr tragen, um sich zeitlich zu orientieren und keine Papierkalender oder PC-Software benutzen, um Termine zu koordinieren, wird das Fehlen des Handys in diesem Zusammenhang als sehr schmerzlich erlebt. Mit alten Weckern, der Orientierung an städtischen Uhren sowie mit Hilfe von Notizzetteln versuchen die Mädchen das zeitliche und terminliche Durcheinander während der Intervention zu begrenzen, was ihnen aber nur bedingt gelingt.

Zweitens wird das Mobiltelefon als persönlichen Alltagsbegleiter vermisst, und zwar auf mehreren Ebenen. Einmal geht es um das diffuse Gefühl, das „etwas fehlt", was sonst immer dabei ist. Die Mädchen ertappen sich dabei, wie sie in ihre Hosentasche – und plötzlich ins Leere greifen. Ständig nach dem Handy zu tasten, immer mal drauf zu schauen, ohne dass man eine Nachricht oder einen Anruf erwartet und sporadisch herum zu tippen, sind routinierte Praktiken, die ein Gefühl von Sicherheit vermitteln und während der Intervention empfindlich gestört sind:

> „Mich hat genervt, dass immer was beim Einpacken gefehlt hat. Und das tägliche drauf gucken nicht mehr war. […] Ein leeres Gefühl in meiner linken Hosentasche." (…) Fahr jetzt zu meiner Mutti nach Leipzig. Ich glaub, ich hab i-was vergessen! Ah genau, mein Handy. Ach nein, das ist ja bei Iren. Sich verloren fühl. Mist." (Liliane:15 Jahre, Tagebuchprotokoll)
> „Hab nichts zum Rumtippen, das ist ja auch blöd." (Tabea:13 Jahre, Gruppeninterview)

Zudem fühlen sich die Freundinnen in „langweiligen" Situationen verloren, in denen sie keine Möglichkeit haben, ihre Beziehungen über im Handy gespeicherte Kurznachrichten, Fotos oder Videos „aufzurufen". „Langweilig" bezieht sich aus der Perspektive der Jugendlichen immer auf Situationen, in denen sie allein, das heißt ohne beste Freundinnen oder Peers, sind – sei es beim Warten an der Haltestelle, während des Besuchs bei entfernt lebenden Elternteilen oder abends im Bett vor dem Einschlafen. Vor diesem Hintergrund wird deutlich, wie schwer es den Jugendlichen fällt, Zeit allein und für sich selbst zu nutzen ohne ihr Beziehungsnetz „stand by" zu haben.

4 Fazit

Zusammenfassend zeigen die empirischen Ergebnisse, dass die kommunikative Aneignung des Mobiltelefons untrennbar mit der Alltagspraxis der Jugendlichen verwoben ist und zu einem Wandel der Kommunikationsnetze im Jugendalter beiträgt, der sich auf mindestens drei Ebenen abzeichnet. Erstens verändern sich die Organisation von Beziehungen, die Beziehungspraxis sowie das beziehungsspezifische Erleben von Integration und Zugehörigkeit, aber auch von Freiheit und Unabhängigkeit. Zweitens ist von einem Wandel der Persönlichkeitsentwicklung auszugehen, der über die Mediatisierung von Beziehungspotenzialen (soziales Selbst) und die damit verbundene Entwicklung sozialer Kompetenzen zum Ausdruck kommt. Drittens verändert sich die Organisation und Gestaltung des sozialen Alltags, der einen wesentlichen Kontext von Kommunikationsnetzen im Jugendalter darstellt und darüber beziehungswirksam wird.

Diese, auf allen drei Ebenen stattfindende Mediatisierung kultureller Aneignungspraktiken im Kommunikationsnetz der Jugendlichen wird maßgeblich durch die Aneignung des Mobiltelefons vorangetrieben. Dabei wird das Mobiltelefon nicht isoliert genutzt, sondern ist in den verschiedenen Beziehungen auf je spezifische Weise mit der face-to-face-Kommunikation sowie mit den über Internet und Festnetztelefon realisierten Kommunikationspraktiken verbunden.

Insgesamt geht die mediale Durchdringung kultureller Aneignungspraktiken in den Kommunikationsnetzen der Jugendlichen weit über einzelne, technikzentrierte Medieneffekte hinaus und lässt sich als eine umfassende Mediatisierung von Kultur und sozialen Netzwerken fassen. Folglich muss eine Analyse von Kultur als sozial kontextualisierte Aneignungspraxis immer in Bezug auf (digitale) Medien stattfinden, ebenso wie die sozialen Beziehungen der Menschen als dynamisch verhandelte Kommunikationsnetze zu verstehen sind, die sich über mediatisierte Aneignungspraktiken konstituieren und verändern.

Literatur

Baacke, D., Sander, U., & Vollbrecht, R. 1990. *Lebenswelten sind Medienwelten.* Opladen: Leske+Budrich.

Barthelmes, J., & Sander, E. 1997. *Medien in Familie und Peer-Group. Vom Nutzen der Medien für 13- und 14-jährige. Medienerfahrungen von Jugendlichen. Band 1.* München: DJI.

Berg, K., & Kiefer, M.-L. 1986. *Jugend und Medien. Eine Studie der ARD/ZDF-Medienkommission und der Bertelsmann Stiftung.* Frankfurt/Main: Alfred Metzner Verlag.

Castells, M. (2002). *The rise of the network society.* Oxford [u.a.]: Blackwell.

Castells, M., Fernández-Ardèvol, M., Qiu, J., & Sey, A. 2007. *Mobile Communication and Society. A Global Perspective.* Cambridge, Massachusetts, London: MIT Press.

Corsaro, W. A., & Eder, D. 1990. „Children's Peer Cultures." *Annual Review of Sociology, 16,* 197-220.

de Certeau, M. 1988. *The Practice of Everyday Life.* Berkeley / Los Angeles: University of California Press.

Diaz-Bone, R. 1997. *Ego-zentrierte Netzwerke und familiale Beziehungssysteme.* Wiesbaden: DUV.

Dreher, E., & Dreher, M. 1985. Entwicklungsaufgaben im Jugendalter: Bedeutsamkeit und Bewältigungskonzepte. In D. Liepmann & A. Stiksrud (Hrsg.), *Entwicklungsaufgaben und Bewältigungsprobleme in der Adoleszenz. Sozial- und entwicklungspsychologische Perspektiven* (S. 56-70). Göttingen: Hogrefe.

du Gay, P., Hall, S., Janes, L., Mackay, H., & Negus, K. 2003. *Doing Cultural Studies. The Story of the Walkman*. London: Sage.

Feierabend, S., & Kutteroff, A. 2008. „Medien im Alltag. Jugendlicher – multimedial und multifunktional". *Media Perspektiven, 12*, 612-624.

Feldhaus, M. 2004. *Mobile Kommunikation im Familiensystem. Zu den Chancen und Risiken mobiler Kommunikation für das familiale Zusammenleben*. Würzburg: Ergon Verlag.

Fend, H. 2005. *Entwicklungspsychologie des Jugendalters*. 3., durchgesehene Auflage. Wiesbaden: VS.

Ferchhoff, W. 2007. *Jugend und Jugendkulturen im 21. Jahrhundert. Lebensformen und Lebensstile*. Wiesbaden: VS.

Fine, G. A., & Kleinman, S. 1983. „Network and Meaning. An Interactionist Approach to Structure." *Symbolic Interaction, 6*(1), 97-110.

Fiske, J. 2006. „Populäre Texte, Sprache und Alltagskultur." In A. Hepp & R. Winter (Hrsg.), *Kultur - Medien - Macht. Cultural Studies und Medienanalyse* (S. 41-60). Wiesbaden: VS.

Fuhse, J. A. 2006. „Gruppe und Netzwerk - eine begriffsgeschichtliche Rekonstruktion." *Berliner Journal für Soziologie*(2), 245-262.

Fuhse, J. A. 2009. „The Meaning Structure of Social Networks." *Sociological Theory, 27*(1), 51-73.

Furman, W., & Simon, V. A. (1998). „Advice from Youth: Some Lessons from the Study of Adolescent Relationships." *Journal of Social and Personal Relationships, 15*, 723-739.

Geser, H. 2006. „Untergräbt das Handy die soziale Ordnung? Das Mobiltelefon aus soziologischer Sicht." In P. Glotz, S. Bertschi & C. Locke (Hrsg.), *Daumenkultur: Das Mobiltelefon in der Gesellschaft* (S. 25-39). Bielefeld: transcript.

Gille, M., Sardei-Biermann, S., Gaiser, W., & de Rijke, J. 2006. *Jugendliche und junge Erwachsene in Deutschland. Lebensverhältnisse, Werte und gesellschaftliche Beteiligung 12- bis 29-Jähriger*. Wiesbaden: VS.

Glaser, B. G., & Strauss, A. L. 1998. *Grounded Theory. Strategien qualitativer Forschung*. Bern: Hans Huber.

Göttlich, U. 2009. Raymond Williams: „Materialität und Kultur." In A. Hepp, F. Krotz & T. Thomas (Hrsg.), *Schlüsselwerke der Cultural Studies* (S. 94-103). Wiesbaden: VS.

Haddon, L. 2004. *Information And Communication Technologies In Everday Life. A Consice Introduction And Research Guide*. Oxford: Berg.

Havighurst, R. J. 1972. *Developmental Tasks and Education*. New York: McKay.

Hepp, A. 2005. „Kommunikative Aneignung." In L. Mikos & C. Wegener (Hrsg.), *Qualitative Medienforschung. Ein Handdbuch* (S. 67-79). Konstanz: UVK.

Hepp, A., Krotz, F., Moores, S., & Winter, C. (Hrsg.). 2006. *Konnektivität, Netzwerk und Fluss. Konzepte gegenwärtiger Medien-, Kommunikations- und Kulturtheorie*. Wiesbaden: VS.

Hipfl, B., & Hug, T. 2006. „Introduction: Media Communities - Current Discourses and Conceptional Analyses." In B. Hipfl & T. Hug (Hrsg.), *Media Communities* (S. 9-32). Münster: Waxmann.

Hollstein, B. 2006. „Qualitative Methoden und Netzwerkanalyse - ein Widerspruch?" In B. Hollstein & F. Straus (Hrsg.), *Qualitative Netzwerkanalyse. Konzepte, Methoden, Anwendungen*. Wiesbaden: VS.

Höflich, J. R., Gebhardt, J., & Steuber, S. 2003. „SMS im Medienalltag Jugendlicher. Ergebnisse einer qualitativen Studie." In J. R. Höflich & J. Gebhardt (Hrsg.), *Vermittlungskulturen im Wandel. Brief. E-Mail. SMS* (S. 265-289). Frankfurt am Main: Peter Lang.

Ito, M., Horst, H., Bittanti, M., Boyd, et al. 2008. *Living and Learning with New Media: Summary of Findings from the Digital Youth Project*: The John D. and Catherine T. MacArthur Foundation Reports on Digital Media and Learning.

Jansen, D. 2003. *Einführung in die Netzwerkanalyse. Grundlagen, Methoden, Forschungsbeispiele*. (2. erweiterte Auflage). Opladen: Leske + Budrich.

Johnson, R. 1999. „Was sind eigentlich Cultural Studies?" In R. Bromley, U. Göttlich & C. Winter (Hrsg.), *Cultural Studies. Grundlagentexte zur Einführung* (S. 139-188). Lüneburg: zu Klampen.

Kardorff, E. v. 1989. „Soziale Netzwerke. Konzepte und sozialpolitische Perspektiven ihrer Verwendung." In E. v. Kardorff, W. Stark, R. Rohner & P. Wiedemann (Hrsg.), *Zwischen Netzwerk und Lebenswelt - Soziale Unterstützung im Wandel. Wissenschaftliche Analysen und praktische Strategien* (S. 27-60). München: Profil Verlag.

Kardorff, E. v. 2006. „Virtuelle Netzwerke - eine neue Form der Vergesellschaftung?" In B. Hollstein & F. Straus (Hrsg.), *Netzwerkanalyse. Konzepte, Methoden, Anwendungen* (S. 63-97). Wiesbaden: VS.

Klingler, W. 2008. „Jugendliche und ihre Mediennutzung 1998 bis 2008." *Media Perspektiven* (12), 625-634.

Kolip, P. 1993. *Freundschaften im Jugendalter. Der Beitrag sozialer Netzwerke zur Problembewältigung.* Weinheim/München: Juventa.

Krotz, F. 2001. *Die Mediatisierung kommunikativen Handelns. Der Wandel von Alltag und sozialen Beziehungen, Kultur und Gesellschaft durch die Medien.* Wiesbaden: Westdeutscher Verlag.

Krotz, F. 2005. Neue Theorien entwickeln. Eine Einführung in die Grounded Theory, die Heuristische Sozialforschung und die Ethnographie anhand von Beispielen aus der Kommunikationsforschung. Köln: Halem.

Krotz, F. 2007. *Mediatisierung: Fallstudien zum Wandel von Kommunikation.* Wiesbaden: Verlag für Sozialwissenschaften.

Krotz, F., & Schulz, I. 2006. „Vom mobilen Telefon zum kommunikativen Begleiter in neu interpretierten Realitäten. Die Bedeutung des Mobiltelefons in Alltag, Kultur und Gesellschaft." *Ästhetik & Kommunikation, 37*(135), 59-65.

Lang, F. R. 2003. „Die Gestaltung und Regulation sozialer Beziehungen im Lebenslauf: Eine entwicklungspsychologische Perspektive." *Berliner Journal für Soziologie*(2), 175-195.

Lenz, K. 1989. *Jugendliche heute. Lebenslagen, Lebensbewältigung und Lebenspläne.* Linz: Veritas.

Ling, R. 2004. *The Mobile Connection. The Cellphone's Impact On Society.* Amsterdam u.a.: Morgan Kaufmann.

Ling, R. 2007. „Children, Youth, And Mobile Communication." *Journal of Children and Media, 1*(1), 60-67.

Medienpädagogischer Forschungsverbund Südwest (MPFS) (Hrsg.). 2009. *JIM-Studie 2009. Jugend, Information, (Multi-) Media. Basisuntersuchung zum Medienumgang 12- bis 19-Jähriger.* Baden-Baden.

Neumann-Braun, K., & Deppermann, A. 1998. „Ethnographie der Kommunikationskulturen Jugendlicher. Zur Gegenstandskonzeption und Methodik der Untersuchung von Peer-Groups." *Zeitschrift für Soziologie, 27*(4), 239-255.

Neumann-Braun, K., Deppermann, A., & Schmidt, A. 2002. „Identitätswettbewerbe und unernste Konflikte: Interaktionspraktiken in Peer-Groups." In H. Merkens & J. Zinnecker (Hrsg.), *Jahrbuch Jugendforschung* (S. 241-264). Opladen: Leske + Budrich.

Schmidt-Denter, U. 2005. *Soziale Beziehungen im Lebenslauf. Lehrbuch der sozialen Entwicklung* (4., vollständig überarbeitete Auflage). Basel: Beltz.

Selman, R. L. 1984. *Die Entwicklung des sozialen Verstehens. Entwicklungspsychologische und klinische Untersuchungen.* Frankfurt/Main: Suhrkamp.

Selman, R. L., & Schultz, L. H. 1990. *Making a Friend in Youth. Developmental Theory and Pair Therapy.* Chicago: Chicago Press.

Shell Deutschland Holding (Hrsg.). 2006. *Jugend 2006. Eine pragmatische Generation unter Druck.* Frankfurt/Main: Fischer Taschenbuch.

Stegbauer, C. 2008. „Soziale Netzwerkanalyse". In U. Sander, F. v. Gross & K.-U. Hugger (Hrsg.), *Handbuch Medienpädagogik* (S. 166-172). Wiesbaden: VS.

Taylor, A. S., & Harper, R. 2003. „The gift of the gab?: a design oriented sociology of young people's use of 'mobilZe!'" *Journal of Computer Supported Cooperative Work (JCSCW), 12*(3), 267-296.

Trezzini, B. 1998. „Theoretische Aspekte der sozialwissenschaftlichen Netzwerkanalyse." *Schweizerische Zeitschrift für Soziologie, 24*(3), 511-544.

Turkle, S. 2008. „Always-On/Always-On-You: The Tethered Self." In J. E. Katz (Ed.), *Handbook of mobile communication studies* (S. 122-137). Cambridge: MIT Press.

Vincent, J. 2006. „Emotionale Bindungen im Zeichen des Mobiltelefons." In P. Glotz, S. Bertschi & C. Locke (Hrsg.), *Daumenkultur: Das Mobiltelefon in der Gesellschaft* (S. 135-142). Bielefeld: transcript.

Williams, R. 2003. *Television: Technology and Cultural Form* London [u.a.]: Routledge.

Zinnecker, J., Behnken, I., Maschke, S., & Stecher, L. 2002. *Null Zoff & Voll Busy. Die erste Jugendgeneration des neuen Jahrhunderts*. Opladen: Leske + Budrich.

Die Interaktionskultur freiberuflich tätiger Web-Designer in New York City – Unsicherheit, Verletzlichkeit und der bekannte Dritte

Matthias Thiemann

1 Einleitung

Dieses Kapitel behandelt die Problematik der Bildung von Interaktionskulturen zwischen Freelance-Web-Designern[1] in New York City und ihren Kunden. Das Problem der Überwindung der doppelten Kontingenz, welches jedem sozialen System zugrunde liegt (Luhmann1984: 148ff)[2], ist in diesen Strukturen unter den Erwartungen des Tausches und der Kooperation gegeben, welche zusätzliche Risiken birgt und die Kultur (d.h. die sich etablierenden, wiederkehrenden Interaktionsmuster) entscheidend prägt. Zur Erforschung dieser Interaktionskultur aus der Sicht von alleinselbständigen Web-Designern wurden 11 Designer in New York City in semi-strukturierten Interviews befragt, welche zwischen 45 und 90 Minuten andauerten. In der Analyse stellt sich der Markt für diese Dienstleistung als ein Netzwerk von Märkten dar, indem die Reputation eines jeden Freelancers und die damit einhergehenden Möglichkeiten der Vertrauensbildung die relevanten Variablen für die Ausweitung der spezifischen Netzwerke der Verkäufer der Dienstleistungen sind (Granovetter 1985; Callon 1998; Callon et al. 2002; White 2002; aufbauend auf Chamberlin 1936). Für die Alleinselbständigen stellt sich das virulente Problem, eine relativ konstante Auftragslage zur Sicherung der ökonomischen Lage zu erreichen. Wie umfangreiche Untersuchungen der Web-Design Industrie in New York City zeigen (Batt et al. 2001; Christopherson 2004; Damarin 2004; 2006), sind Freiberufler das benachteiligste Segment des Web-Design Marktes. Der Mangel an professioneller Abgrenzung der beruflichen Bilder und der Selbstregulierung über Berufsverbände (Christopherson 2004: 552) ist charakteristisch für diesen Markt. Es gibt keine Minimumpreise, Qualitätszertifikate oder andere Regelungen, die Fachleute vor unqualifizierter Konkurrenz und Ausnutzung schützen. Freelancer müssen im Gegensatz zu ihren festangestellten „Peers" sich nicht nur an eine sich stetig wandelnde Technologie anpassen, sie müssen auch Wege finden, die Ungewissheit ihrer Auftragslage und die Flüchtigkeit des Einkommens zu überwinden (Fenwick 2006). Ihre Kunden, häufig kleine Geschäfte, haben normalerweise nur wenige, nicht wiederkehrende Aufträge, sodass es stets die Gefahr eines plötzlichen Versiegens von Aufträgen gibt.

---

[1] Web-Design ist als Tätigkeitsfeld und als skill-set ziemlich unscharf definiert, welches sowohl mit der kurzen Dauer der Existenz der Branche als auch mit den um die Definitionshoheit konkurrierenden Berufsgruppen der Software-Entwickler und der Graphikdesigner zusammenhängt (s. Kotamraju 2002: 1). Web-Design wird infolge von mir in Anlehnung an die Literatur breit gefasst (s. Damarin 2004, 2006; Batt et al. 2001; Osnowitz 2006).

[2] „Soziale Systeme entstehen jedoch dadurch (und nur dadurch), dass beide Partner doppelte Kontingenz erfahren und dass die Unbestimmtheit einer solchen Situation für beide Partner jeder Aktivität, die dann stattfindet, strukturbildende Bedeutung gibt." (Luhmann 1984: 154).

Die Interaktionskulturen der Web-Designer sind von dieser Notwendigkeit der aktiven Kundenakquise geprägt. Das Problem des generell fehlenden Vertrauens in einer Käufer-Verkäufer-Beziehung wird dabei durch die sich rapide wandelnden Kommunikationstechnologien im Bereich des Web-Designs noch verstärkt. Der Käufer des „Erstellens einer Web-Seite" kann auf Grund seines Informationsdefizits nie wirklich einschätzen, wie viel Zeit und Aufwand es den Alleinselbständigen kostet, sie zu erstellen. Obwohl diese Unsicherheitsräume prinzipiell für die Selbständigen ein Vorteil ist, sind sie jedoch gleichzeitig ein strukturelles Hindernis zur Vertrauensbildung. Im Zusammenhang mit diesem Problem entwickeln die Freelancer im Laufe ihrer Tätigkeit Interaktionskulturen, die auf eine spezifische Art der Einbindung der Kunden zielen. Die Interviews und der unterschiedliche Erfolg der Freelancer im Markt legen dabei nahe, dass sich diese Kulturen nischenspezifisch für einen bestimmten Kundenkreis herausbilden, und dass sie quasi-evolutionär selektiert werden. Dass bedeutet, dass Interaktionskulturen, welche die dem Marktverhältnis inhärente Vertrauenslücke überwinden helfen, die Einkommenssituation der Alleinselbständigen verstetigen und damit ein längerfristiges Verbleiben im Markt ermöglichen. Alleinselbständigen, denen es nicht gelingt, die Kunden und deren Netzwerke einzubinden, leiden unter einer derart unsteten Einkommenslage, dass sie nicht längerfristig im Markt verbleiben. Bevor das empirische Material präsentiert wird, um diese These zu belegen, möchte ich zunächst mein Verständnis des sozialen Netzwerkbegriffs und des Kulturbegriffs darlegen.

2   Soziale Netzwerke und Interaktionskulturen in Märkten

Netzwerkanalyse ist ein Ansatz mittlerer Reichweite, der die Effekte spezifischer Beziehungskonstellationen (Verbindungen in Machteliten, soziale Kommunikations- und Tauschstrukturen) auf die Dynamiken sozialer Prozesse in den Blick nimmt (Informationsfluss, Tauschprozesse, Revolutionen). Der Begriff des sozialen Netzwerks hat in den letzten 40 Jahren eine starke Verbreitung gefunden, mit der üblichen Konsequenz, dass viele verschiedene Schulen sich auf ihn beziehen, dabei jedoch verschiedene Aspekte einbeziehen beziehungsweise unterschiedlich betonen (eine gute Übersicht über die derzeitigen Ansätze in Deutschland gibt Stegbauer 2008). Die ursprüngliche strukturalistische Ausrichtung der Netzwerkforschung (White et al 1976, Wellman and Berkowitz 1988) hatte betont, dass das Verhalten von Akteuren in sozialen Situationen nur aus den Strukturen der zwischenmenschlichen Beziehungen, in denen sie agieren, zu erklären ist.[3] Als die entscheidende Struktur wurde die Morphologie der Beziehungsmuster verstanden, welche die Untersuchungseinheit bildeten. Verschiedene Kritikpunkte wurden an diesem strukturalistischen Ansatz geäußert. Die beiden wichtigsten für dieses Kapitel sind die statische Natur der Repräsentationen von dynamischen Netzwerken einerseits, und eine mangelnde Konzeptualisierung des Handlungsfreiraums des Akteurs, welche die Dynamiken dieser Netzwerke mitbestimmen, andererseits. Seit den 90ern hat die Netzwerkanalyse dementsprechend begonnen, sich der Bildung, Reproduktion und Transformation von Netzwerken zuzuwenden, wobei sie zunehmend das Wechselspiel von „agency, culture and network structures" betonte (Emirbayer and Goodwin 1994: 1411, s. auch Fuhse/Mützel 2010, dort insbesondere Breiger). Für die Erfassung und Analyse dieser Dynamiken von Netzwerken gibt es in der

---

[3] So fordert Berkowitz, "to draw inferences about the behavior of elements from aspects of the overall structure of systems (wholes)" (Berkowitz 1988, p. 483).

Netzwerktheorie derzeit verschiedene Angebote (so kann man mit Hilfe des Analyse-programms SIENA Dynamiken aus rationalen Entscheidungen von Akteuren ableiten, s. Heidler 2008, kritisch s. Thiemann 2009; oder feldtheoretische Überlegungen anstellen, s. Bernhard 2008 und Blümel 2008).

In kritischer Anbindung an die strukturalistische Netzwerktheorie versucht dieses Kapitel, das Verhalten der Akteure aus den Strukturen heraus zu verstehen, in denen sie agieren. Strukturen werden von mir jedoch nicht als Beziehungsmuster verstanden, sondern als die den sozialen Situationen inhärenten Unsicherheiten und Verletzlichkeiten, welche die Beziehungsbildung stark beeinflussen. Damit werde ich Harrison Whites grundlegender Einsicht gerecht, dass Netzwerkdynamiken und die Herausbildung spezifischer Netzwerk-kulturen aus den Versuchen von Identitäten abgeleitet werden müssen, ihr Umfeld insofern zu kontrollieren, dass sie beständig ihre Identität reproduzieren können. In Whites Formulierung ist dies die beständige Suche nach „social footing" (White 2008, z.B. S. 10), aus der sich dann die Erwartungen an einen Akteur kristallisieren, welche seine Identität darstellen. Im Fall von alleinselbständigen Web-Designern ist dieses Überwinden von hoher Bedeutung für die Unterhaltssicherung, während gleichzeitig Verletzlichkeit und Unsicherheit in der Kooperations- und Tauschsituation sehr ausgeprägt sind. Der Begriff der Strukturen wird von mir in der Anlehnung an die Untersuchung von Informationsasymmetrien und deren Auswirkungen auf die Formation von Tauschbeziehungen entwickelt (zur Einführung in die wirtschaftswissenschaftliche Analyse der Informationsasymmetrien Stiglitz 2001; Macho-Stadler/Perez-Castrillo 1997). Im Unterschied zu dieser Forschungsrichtung fokussiere ich nicht auf das Design optimaler Verträge, welche das Informationsdefizit des Auftraggebers berichtigen könnten. Ich interessiere mich für die Interaktionskultur, welche die potenziellen Auftragnehmer entwickeln, um Vertrauen zu erwecken und somit das Informationsdefizit durch eine Reduktion des Misstrauens in der Kontaktphase zu überwinden.

Diese Konzeptualisierung lehnt sich weiterhin an Simmels Idee der Beziehungsformen an, welche die Grenzen der Leistungsfähigkeit von Beziehungen abstrakt bestimmen, in deren Rahmen dann individuelle Orientierungen und Handlungen die konkrete Ausformung im Rahmen der Parameter, welche durch die Beziehungsform gegeben ist, verantworten (s. Hollstein 2008). Die Unsicherheiten und Verletzlichkeiten in der Situation der beiden Interaktionspartner bestimmen in diesem theoretischen Rahmen die Grenzen der Leistungsfähigkeit. Ich interessiere mich nun dafür, wie die Alleinselbständigen das ihrer Erwerbssituation inhärente Vertrauensdefizit zu überwinden versuchen, welches die Wahrscheinlichkeit von Beziehungsbildungen reduziert. Netzwerke werden von mir also nicht als statische Gebilde, sondern als durch die kommunikative Artikulation einer Interaktionskultur geschaffene Gebilde gesehen, welche die Bildung von Beziehungen (und damit Netzwerken) zum Ziel hat (Hepp 2010: 4).

Die sich bei erfolgreichen Alleinselbständigen herausbildenden Interaktionskulturen verstehe ich dabei als eine Antwort auf die durch die Situation gestellten Probleme der Verletzlichkeit beider Vertragspartner. Alleinselbständige, die sich über einen längeren Zeitraum in diesem Metier halten können, lernen aus den Interaktionen mit ihren Kunden, deren Ängste und Bedürfnisse so einzubinden, dass sich gegenseitiges Vertrauen schnell herstellt und die Kooperationsbeziehungen meist erfolgreich abgeschlossen werden können. Dieses geschieht in Form einer quasi-evolutionären Selektion, da diejenigen Web-Designer, die erfolgreiche Interaktionsmuster verwenden, Kunden binden und dauerhaft als Designer bestehen, die anderen jedoch auf Grund der fehlenden Beständigkeit von Aufträgen neue

Einnahmequellen suchen. Auf Grund der institutionellen Unsicherheit beim Erstkontakt zwischen Kunden und Designern lässt sich in meinem Sample eine Orientierung der Designer auf ihre, in den Kundennetzwerken zirkulierende Reputation erkennen, die schon vor dem Erstkontakt Vertrauen schafft. Im Folgenden werde ich Vertrauen als konzeptionelles Gegenstück zu Verletzlichkeit und Unsicherheit näher erläutern, welches zentral für mein Verständnis von Struktur ist.

3   Vertrauen

Auf Vertrauen hin zu handeln bedeutet stets, sich einer möglicherweise schädlichen Tätigkeit von anderen auszusetzen, die man nicht kontrollieren kann (Luhmann [1967], 1979; s. auch Gambetta 1988). Um sich an diesen Interaktionsketten zu beteiligen, bedarf es einer zumindest temporären Aufhebung des Misstrauens. Vertrauen generell ist eine funktionale Antwort auf die Unmöglichkeit des Menschen, das Handeln eines anderen vollständig zu kontrollieren. Selbst das Design optimaler Verträge kann dieses Problem nicht eindeutig lösen, da es eine geteilte Interpretation der Situation und geteilte Wertmaßstäbe zwischen den Interagierenden annimmt, die so nicht einfach gegeben sind. Vielmehr muss es in der Interaktion darum gehen, Zeichen auszusenden, welche den anderen in der Annahme geteilter Erwartungen bestärken, welches ich im obigen als Interaktionskultur bezeichnet habe.

Vertrauen wirkt dann wie ein „tranquilizer in social relations enabling the trust-giver to remain calm despite the uncontrollable freedom of action of the trust-taker" (Beckert 2005: 18), also als ein Beruhigungsmittel welche eine Reduktion der Komplexität der Gegenwart erlaubt (Luhmann 1979: 14). Auf sein Vertrauen hin zu handeln, setzt also den Vertrauenden der Möglichkeit schadhaften Handelns des Vertrauensnehmers aus (s. Hardin 2002). In Hardin's Ansatz basiert Vertrauen auf der Wahrnehmung, dass es dem Vertrauten nicht allein um sein eigenes Interesse geht, sondern die Interessen des Anderen zu seinen eigenen macht.

> „For us to trust you requires both that we suppose you are competent to perform what we trust you to do and that we suppose your reason for doing so is not merely your immediate interest but also your concern with our interests and well being." (Cook, Hardin and Levi 2005: 6f)

Dieser Aspekt der Vertrauensbildung liegt in der zwischenmenschlichen Kommunikation und muss dort durch die Alleinselbständigen realisiert werden. Dies geschieht in einer Situation, deren Vorbedingungen im Sinne des institutionalisierten Vertrauens (s. z.B. Zucker 1986) vergleichsweise schlecht sind. Institutionalisiertes Vertrauen im Bezug auf die Fähigkeiten des Anbieters wird durch Zugangsbegrenzungen zum Metier, die eine fachliche Reife bestätigen, geschaffen. Vertrauen darin, dass die Preissetzung des Anbieters keinen Wucher darstellen, werden durch Preisrichtlinien geschaffen und durch Modalitäten, die einen Umtausch beziehungsweise eine teilweise Erstattung bei mangelnder Qualität garantieren. Strukturelle Absicherungen, z.B. Entschädigungsregelungen und Garantien, welche der Interaktionszusammenhang zur Verfügung stellt, wirken vertrauensschaffend (McKnight et al. 1998: 479f). All diese Faktoren sind für Web-Designer in New York äusserst schwach bis gar nicht ausgebildet. Dieser Mangel an Institutionalisierung von Rollen geht einher mit einem Mangel an Interaktionsskripten, welche die Interaktion strukturieren könnten, wie das zum Beispiel bei einer Arzt-Patienten-Interaktion der Fall ist. Alleinselbständige müssen also in einer Situation Vertrauen herstellen, in der es fast kein institutionalisiertes Grundvertrauen gibt. Aus diesem Grund bietet es sich an, die Vertrauensbildung als Prozess zu analysieren, in dem man Vertrauen als kontinuierliche Variable begreift. Anfangsvertrauen kann dann als „bedingtes Vertrauen" (Jones und George 1998: 535f) abhängig von anhaltenden Zeichen der geteilten Interpretation der Situation im gegenseitigen Rollenspiel interpretiert werden, welches sich dann entweder in unbedingtes Vertrauen oder in Misstrauen entwickelt. Faktoren, die das Vorkommen des bedingten Vertrauens für Geschäftsbeziehungen begrenzen, sind das Ausmaß des potenziellen Schadens in einer Interaktion (Verwundbarkeit) und die Ungewissheit, welche das Wohlwollen, die Fähigkeit und die Integrität des Geschäftspartners betreffen (Heimer 2001; Mayer et al. 1995).

Ein Weg der Verringerung der Ungewissheit, während die Verwundbarkeit des Vertrauensgebers von einem niedrigen Niveau aus gesteigert wird, beruht darin, den Einsatz und möglichen Verlust des Vertrauensgebers von kleinem Einsatz her langsam zu steigern (Luhmann [1967] 1979: 41). Dieses erlaubt dem Vertrauensgeber die Eigenschaften des Vertrauensnehmers kennenzulernen, bevor zu hohe Beträge im Spiel sind. Im Alltagsgeschäft der Web-Designer ist diese Taktik des graduellen Anstiegs der Größe der Aufträge jedoch meist nicht möglich, da die meisten der Kunden mit dem Auftrag des Erstellens einer Webseite an die Designer herantreten, welche später meist nur von Ihnen gewartet werden muss. Während eine graduelle Steigerung der Geschäftsbeziehungen zwischen den einzelnen Kunden und den Web-Designern meist nicht der Fall ist, werden wir später beobachten, wie sich diese Strategie auf die Ebene der Netzwerke der Bekannten der Kunden verschiebt.

Die Formulierung des Vertrauensproblems in der Tradition der Principal-Agent Theorie (Dasgupta 1988) rückt die Konzepte der Reputation und der Signale in den Mittelpunkt. Reputation ermöglicht es, den Mangel an Vertrauen in einer Interaktion zwischen Unbekannten durch einen guten Ruf zu überwinden. Dieser Ruf erlangt damit einen wirtschaftlichen Wert, den rationale Akteure zu schützen suchen, was wiederum als Garantie für Kunden wirkt.[4] Der „Schatten der Zukunft" (Gibbons 2001) verringert die Betrugsgefahr. Soziale Netzwerke spielen in der Interaktionskultur von Web-Designern eine analoge Rolle. Sie dienen als Ersatz für die wiederholte persönliche Interaktion, indem sie den „Schatten der Zukunft" über einer Gruppe aufspannen, die somit auch ohne individuelle wiederholte Interaktion Schutz vor Betrug erfährt (Greif 1989). Weiterhin spielen Signale der Qualität eine bedeutende Rolle für die Wahl eines Designers. Insbesondere der oben erwähnte Mangel an institutionalisierten Qualitätssignalen für Freelance Designer führt zu einem erhöhten Wert der Zirkulation persönlicher Signale in den interpersonellen Netzwerken der Klienten.

In Studien über Freelance-Web-Designer und speziell über den Arbeitsmarkt für Web-Designer in New York tritt deshalb die Zentralität von Informationsnetzwerken für die Kundenacquise in den Vordergrund. So bezeichnen Gottschall/ Henninger (2005) in ihrer Studie von Freelance-Designern in Deutschland den Erstkontakt mit Kunden als das „zentrale Nadelöhr" (ebd.: 162). Sie führen dieses auf die hohe Unsicherheit auf der Seite der Auftraggeber bezüglich der Fähigkeiten der Alleinselbständigen zurück, welche eine *informal governance* befördert, die auf Kommunikation, Vertrauen und Reputation basiert (ebd.;

---

[4] Eine Anmerkung eines freiberuflich tätigen Videoschnittmeisters verdeutlicht den Wert einer Masse zurückkehrender Kunden. Er sagte, dass er trotz eines Jobangebots nicht in die Unternehmenswelt zurückkehrt, da er dadurch alle seine Klienten verlieren würde. Das offenbart den Klientenstamm als Unternehmerkapital. Er ist durch ein Vertrauensverhältnis gekennzeichnet, welches schwer zu erwerben ist.

für ähnliche Befunde in New York City Batt et al. 2001:18). Ein Teil der Unsicherheit liegt darin begründet, dass ein Kunde im ersten Treffen einen Produktionsprozess vereinbart, innerhalb dessen er erst die tatsächlichen kooperativen Verhaltenseigenschaften des Freiberuflers erfährt.[5]

Um zu verstehen, wie Web-Designer mit dieser Situation umgehen, muss der analytische Fokus von den Vertrauensgebern auf die Vertrauensnehmer verschoben werden (Beckert 2005; Bacharach und Gambetta 2001). Da Web-Designer unbedingt davon abhängen, in Kundenkontakt zu treten, sind sie auch bereit, in die Erhöhung der Wahrscheinlichkeit einer solchen Interaktion zu investieren, dass heißt Signale auszusenden, welche das Vertrauen des potenziellen Kunden erhöhen (Bacharach und Gambetta 2001). Die „signaling management strategies" (ebd.: 150) der Web-Designer, die gezielte Produktion der Bereitwilligkeit zu Vertrauen durch den Vertrauensnehmer und folglich dessen Investition in Signalstrategien, die ihn vertrauenswürdig erscheinen lassen, sind Gegenstand meiner Analyse. Dabei interessiert mich vor allem der Einsatz dramaturgischer Mittel der Selbstdarstellung, welche verwendet werden, um Integrität, Kompetenz und Wohlwollen auszustrahlen. Hierbei sind die idiosynkratischen Merkmale der interaktiven Dienstleistungsarbeit zu beachten. Dadurch dass bei interaktiver Service-Arbeit die Austauschrelation gleichzeitig eine Relation der Kooperation ist, in der das gewünschte Produkt erst in der Interaktion erstellt wird, werden Produzent und Art der Produktion Bestandteil in der Bewertung des Produktes.[6] Das führt auf Seiten der Designer zu spezifischen Strategien der Kundenbindung im Produktionsprozess. Im Folgenden werde ich zunächst das Sample der Web-Designer in NYC vorstellen, um dann die Strategien zu dokumentieren, mit denen sie versuchen, den Lebensunterhalt zu verstetigen.

4   Sample und Methode

Die leitende Forschungsfrage der empirischen Studie war, welche Strategien Alleinselbständige in unstrukturierten Arbeitsmärkten anwenden, um eine konstantere Auftragslage und ein konstanteres Einkommen zu erzielen. Um diese Frage zu beantworten führte ich zwei Experteninterviews und elf semi-strukturierte Interviews mit freiberuflich tätigen Web-Designern im Alter von 25 bis 49 durch (sechs Frauen, fünf Männer). Die Teilnehmer wurden durch Internet-Kontakt, persönliche Kontakte und bei einem Event der Freelancer Union gefunden. Die Bedingungen für die Teilnahme waren, dass die Interviewten seit mindestens 6 Monaten als freiberuflich tätige Web-Designer arbeiten und dass sie mehr als 50% ihres Gesamteinkommens durch diese Tätigkeit erzielen. Die Einkommensspanne betrug zwischen 10.000 und 80.000 Dollar im Jahr. Die durchschnittliche Berufserfahrung als Freiberufler war drei Jahre. Sechs der Interviewten waren jünger als 30; vier waren zwischen 30 und 40; und ein Befragter war über 40 Jahre alt. Die Interviews dauerten im Durchschnitt 75 Minuten. Der Leitfaden des semi-strukturierten Formats erlaubte es mir, die Interviewten auf ihre Erfahrungen des Klientenerwerbs, der Klienteninteraktion und die

---

[5] In dieser Hinsicht bewahrheitet sich Nootebooms Anmerkung, das Vertrauen „is as much the result of cooperation as a condition for it" (Nooteboom, 1996, p. 989), obwohl es häufig vorherige Mitarbeit mit Bekanntschaften des Klienten sind, die die Basis für die Kooperation mit dem Kunden bilden.

[6] „Weil der Kunde bei interaktiver Dienstleistungsarbeit nicht nur das Produkt, sondern auch die Produktion sieht, erblickt er auch den Produzenten. Produktion und Produzent werden hierdurch in der Tendenz zu einem Aspekt des Produkts." (Voswinkel 2000: 179)

potenziellen Probleme der volatilen Arbeitslast und -einkommens hin zu befragen, und gleichzeitig relevante Themen zu besprechen, die im Laufe des Interviews in den Vordergrund traten.

Zur Auswertung wurden die Leitfadeninterviews transkribiert, und dann unter Verwendung der Methode der „Grounded Theory" (Glaser/ Strauss 1967) kodiert, um kontextspezifische Hypothesen über das Marktverhalten der Akteure zu erzeugen. Die Analyse der ersten Interviews offenbarte die Bedeutung der Kundenbeziehung für die Auftragsakquise und die Entwicklung des Arbeitsvermögens. Es wurde offensichtlich, dass Alleinselbständige teilweise die Nachfrage für ihre Arbeit selbst schaffen. Weiterhin war bemerkenswert, dass sich verschiedene Freelancer mit ihrem Preis unter dem Marktpreis verorten, sie aber dabei völlig verschiedene Preise pro Stunde verlangen (25 bis 75 Dollar pro Stunde). In diesem Zusammenhang fiel auf, dass die Vorstellung gängiger Preise sich primär aus direkten Kontakten und nicht aus generellen Preisinformationen speiste. Diese Informationen bewirkten eine Neukonzeptualisierung „des Marktes" für Freelance Web-Design Arbeit in NYC. In der Analyse wurden dann die Erfahrungen der Freiberufler und der unterschiedliche Erfolg ihrer Strategien verglichen und ihre generellen Beschreibungen der Arbeitsbedingungen synthetisiert. Hierbei stellten sich der Aufbau von Vertrauen und das Management der sozialen Beziehungen mit ihrem Kundenstamm als dominierende Themen dar.

5   "Making a living" in einem fragmentierten Markt: Die Arbeitssituation eines Freelancers

Analysiert man das Sample im Hinblick auf Faktoren, die den Erfolg in der Verstetigung der Auftragslage bewirken, ergeben sich fünf wichtige Faktoren. Das sind die Zeitdauer, die man als Freelancer arbeitet und die Kontaktnetzwerke, die man in dieser Zeit etabliert. Damit verbunden ist der Ort, von dem aus man in die Selbständigkeit startet, die Ausrichtung auf ein spezifisches Kundensegment (Nische) und die Art, in der Kundenbeziehungen entwickelt und unterhalten werden. Der dominante Mechanismus, mit dessen Hilfe Arbeit in meinem Sample gefunden wird, ist das *referral* (die Empfehlung). Dies verdeutlicht nochmals, welche Bedeutung die Unsicherheit der Kunden bezüglich der Qualität der Dienstleistungen der Designer haben, welche die Bedeutung von Reputation erhöhen (s. Podolny 2001: 33). Netzwerke funktionieren in diesem Markt als die Prismen des Marktes, die über die Qualität des Dienstleistenden Auskunft geben.

Wie wichtig die Rolle von Empfehlungen ist, wird zum Beispiel in folgender Aussage deutlich:

> „I think everything is about networking and putting your name out and having other people say oh I know this designer." (Maria, Zeile 35)[7]

Die Bedeutung von Empfehlungen wird dabei darin gesehen, dass sie ein Gefühl der Vertrautheit erzeugen:

> „Just because...word of mouth really helps, just because people feel a little bit more comfortable when they know that oh, my friend so-and so-worked with you." (Tom, Zeile 117f)

---

[7] Zur Wahrung der Anonymität der Befragten sind die Vornamen von mir verändert worden.

Um die Furcht vor dem Übervorteiltwerden zu reduzieren, erheben die Alleinselbständigen keine Gebühr für das erste Kundentreffen, das stattfindet, um die Ausmaße seines Projekts zu verstehen. In diesem Moment muss der Alleinselbständige nicht nur die Wünsche des Kunden erfassen, sondern ihn auch beraten und eine Bindung mit ihm herstellen. Nach den Gründen gefragt, weshalb sie bestimmte Aufträge erhalten haben, erwähnten einige Befragte die Fähigkeit schnell zu erfassen, was der Kunde benötigt:

> „That was more of if I managed to establish the connection with the client, if I got what they want." (Giovanni, Zeile 220f)
> „One of my skills I am good at seeing what you want on your site, I am good at giving you descriptions back that make you go, ‚Yes, that is what I am talking about'." (Tom, Zeile 526f)

Im ersten Treffen Kompetenz zu signalisieren ist von offensichtlicher Bedeutung, auch um dem Kunden die Furcht vor der ungewohnten Situation des Erstellens einer Web-Seite zu nehmen. Die Spezialisierung in einer bestimmten Nische ist hier von Vorteil. Alleinselbständige können so ihre Kunden gezielt dabei beraten, welche Eigenschaften die von Ihnen gewünschte Web-Seite haben muss, um zu funktionieren.

> „I think like the thing that are my strongest skills is being able to sort of analyze your business, to tell you what you need, because like as I said, a lot of people never thought about a lot of those issues that I thought about, because I had multiple clients, you know, and so in that sense I am kind of reassuring, because if they are clueless and scared, I can inform them about some things." (Helena, Zeile 292ff)

Die verschiedenen Elemente, die in diesem Moment von Bedeutung sind (die Präsentation der eigenen Fähigkeiten, die Beratung und das Herstellen eines persönlichen Kontakts) kann man gut am folgenden Interview-Zitat ablesen.

> „So it is like creating an instant relationship and a connection to them, that to me is pitching, sort of like being a consultant and teaching them that you have a lot of expertise but also at the same time learning about them so that you create a bond that goes past a phone call." (John, Zeile 59ff)

6   Vom anonymen Markt zum sozialen Netzwerk

Ein weit verbreitetes Muster in der Karriere der Freiberufler ist die graduelle Verschiebung weg von On-line-Postings und einem Markt, in dem sich die Designer gegenseitig unterbieten, hin zu einem Markt, der weniger von Konkurrenz geprägt ist und der primär durch Empfehlungen funktioniert. Für diesen allmählichen Wandel ist die folgende Ausführung paradigmatisch:

> „In the beginning, I would have to source clients, I didn't have like sort of a name or people for whom I was doing it, so I would have to source clients naturally, but after like most people became aware or even my clients liked the level of my work or they would refer me to other people, so it is, then it was snowball, after a year of me going alone by myself, trying to source clients." (Ariane, Zeile 245ff)

Dieser Wandel, welcher von Designern als sehr positiv bewertet wird, bedeutet gleichzeitig einen Wandel des Umfelds, in dem man agiert. Von einem vertrauensarmen anonymen Umfeld, in dem es schwierig für die Designer ist, ihre Integrität zu vermitteln, hin zu einem, welches auf Mechanismen beruht, die Vertrauen benötigen und schaffen. Bei Online-Postings konkurrieren die Designer nicht nur mit Billiganbietern, es ist auch sehr kompliziert das notwendige Vertrauen herzustellen.

> „You can send them all the information you want and like this and that and they will still think that you are trying to rip 'em off." (Maria, Zeile 515f)

Gleichzeitig haben Online-Postings auch den Nachteil, dass die Personen, mit denen man interagiert, Fremde sind, mit denen man nicht einmal Kontakte zu gemeinsamen Dritten teilt. Die fehlende Kenntnis des Anderen und die hohe Wahrscheinlichkeit einer einmaligen Interaktion erhöhen das Risiko, im Endeffekt nicht bezahlt zu werden. Wie aus Peters Reflexion im folgenden Zitat deutlich wird, benötigen Geschäftsbeziehungen in einem legal nur schwach regulierten Umfeld den Aufbau persönlicher Beziehungen.

> „Well, there are, in a sense, as a freelancer it is more of a personal relationship at least to me...It is not just clear-cut business or you do stand the chance of just getting screwed over by a client, so in terms of coverage, that especially legally, it is very loose, you don't have any coverage." (Peter, Zeile 159ff)

Der längerfristige Aufbau persönlicher Beziehungen kann den Alleinselbständigen auch helfen, sich in einem bestimmten Zirkel von Bekannten zu etablieren. Gefragt, was sie denn mit persönlichen Beziehungen meine, führt Helena aus,

> „Just that it is not, I guess they can call me and ask me questions and I am not going to charge them for answering the question. You know it is like, or they don't remember how to do something that I have already taught them how to do, and so, you know and so I will explain it to them and so it is not like that is not in the contract, so I feel like I kind of have an ongoing relationship with their business... So I have some ongoing relationships and so I think, *that helps that then if somebody says, oh, I need a web developer, they think oh, this person keeps helping me out, and they, you know, so they tend to refer me, because they have sort of a personal relationship*." (Helena, Zeile 145ff., Hervorhebung M.T.)

Indem sie Klienten mit der Technologie vertraut macht, reduziert sie deren Abhängigkeit von ihr, während das kostenlose Updaten ihrer Web-Seiten oder andere kleine Dienste die Klienten an Sie in einer gegenseitig vorteilhaften Beziehung bindet. In diesem Sinne finde ich in meinem Sample den graduellen Aufbau von Vertrauen in Tauschbeziehungen zwischen Alleinselbständigen und ihren Kunden, jedoch meist nicht in spezifischen Kundenbeziehungen, sondern eher mit dem Netzwerk der Bekannten dieses Kunden. Empfehlungen, welche positiven Erfahrungen kommunizieren, bauen hierbei das Vertrauen auf. Befragt, weshalb Menschen, die sie noch nicht einmal getroffen hat, ihr vertrauen, antwortet Helena:

> „I have no idea. There is no reason. I don't know if people are just naive or – I mean I obviously I think I have a good reputation from the referrals – and I think that is essential. I think that is the biggest thing." (Helena, Zeile 354ff)

Der Wechsel vom kompetitiven Marktsegment hin zu sozialen Kreisen, in welchen man die Adresse für Web-Design Arbeit wird, ist häufig auch mit einem Anstieg der Preise verbunden. Wirtschaftssoziologische und ökonomische Ansätze, die sich auf die Fähigkeit der Kunden beziehen, die Qualität der Produkte und die Verlässlichkeit der Verkäufer einzuschätzen (Callon 1998; Callon et al. 2002; Chamberlin 1936), können diese Zweiteilung des Marktes erklären helfen. In solchen Märkten kauft der Kunde nicht nur das Gut, sondern auch die Reputation und Ehre des Verkäufers („the customer buys not only the material good, but also the reputation and honour of the seller", Callon et al 2002: 200). Als Konsequenz dieser Überlegung folgt: „It is to be recognized that the whole is not a single market, but a network of related markets, one for each seller" (Chamberlin 1936, in Callon et al. 2002: 201; vgl. White 1981, 2002 für eine Anwendung dieser Einsicht auf Produktmärkte). Wenn die Fähigkeit von Kunden, die Qualität der angebotenen Produkte und ihrer Verkäufer zu erkennen, zentral ist, begrenzt sich der Markt für jeden einzelnen Verkäufer automatisch auf die Anzahl der Personen, mit denen man eine gewisse Vertrauensbeziehung aufbauen kann.[8] Gleichzeitig gibt es im empirischen Fall auch einen unpersönlichen Markt, der aber auf Grund der fehlenden Informationen, die im persönlichen Markt durch die Einbindungen in Netzwerke transportiert werden (s. Podolny 2001), vom Misstrauen der Kunden und der Designer bestimmt wird. Im „Netzwerksegment" des Marktes werden die Preise dann nicht durch den Wettbewerb bestimmt, sondern durch als „üblich" empfundene Preise ersetzt. Der Einstieg in ein Marktsegment, das durch Empfehlungen vermittelt wird und folglich Vertrauensverhältnisse aufbaut, stellt oft eine wichtige Verbesserung für Freiberufler in der Verstetigung ihres Einkommens dar. Die Etablierung in diesen Marktsegmenten kann durch einen persönlichen Interaktionsstil befördert werden.

7   Kooperation: vom Problem zum Geschäftsmodell

Die Besonderheiten   interaktiver Dienstleistungsarbeit verleihen dem Management der Kooperation mit dem Kunden besondere Bedeutung. Durch die wiederholte Interaktion werden Produzent und Art der Produktion Bestandteil in der Bewertung des Produktes.

> „Weil der Kunde bei interaktiver Dienstleistungsarbeit nicht nur das Produkt, sondern auch die Produktion sieht, erblickt er auch den Produzenten. Produktion und Produzent werden hierdurch in der Tendenz zu einem Aspekt des Produkts." (Voswinkel 2000: 179)

Das Wohlbefinden des Kunden bei interaktiver Dienstleistungsarbeit ist damit von erhöhter Bedeutung für etwaige weitere Aufträge desselben Kunden. Die starke dialogische Ausprägung von Web-Design kann dabei auch als äußerst störend empfunden werden. Kunden sehen oft nicht die Prinzipien, die ein Gesamtdesign leiten. Die Änderung eines kleinen Details durch den Kunden kann dadurch potenziell größere Veränderungen im Design erfordern. Weiterhin unterbrechen Kundenwünsche den Arbeitsfluss, so dass es zu intensiven Arbeitsintervallen vor *deadlines* sowohl für Freelancer als auch für Internetfirmen kommen kann:

---

[8] Über den Mechanismus der Empfehlung kann dieser potenzielle Kundenkreis jedoch relativ groß sein.

„Vor allem aber tragen Kunden durch permanente Veränderungen von Anforderungen und Zeit-
plänen sowie durch unrealistisch knappe deadlines zur steigenden Arbeitsdichte und Improvisa-
tionskultur bei, welche als charakteristisch für Internetprojekte beschrieben wird" (Mayer-
Ahuja/Wolf 2005: 102).

Auf Grund der Möglichkeit der Nachfolgeaufträge und von Empfehlungen ist die Ausges-
taltung dieses Kooperationsprozesses für die Alleinselbständigen von großer Bedeutung. Es
gibt das Potenzial für einen sich vergrößernden positiven feedback-loop von Kundenzufriedenheit zu Kundenacquise. Wenn es ihnen gelingt, die Furcht ihrer Klienten proaktiv anzu-
sprechen und in angemessenes Design zu kanalisieren, können einige Freiberufler diese
strukturelle Besonderheit in Stärken ihrer jeweiligen Geschäftsmodelle umwandeln. Die
Experten-Laienbeziehung schafft, im Zusammenspiel mit einer generellen Angst vor der
Technikverwendung eine Ungewissheit der Klienten, welche für eine erfolgreiche Interaktion zwischen dem Designer und dem Klienten nachteilig ist. Der Designer muss die Bandbreite des Möglichen vermitteln und gleichzeitig das Input des Kunden ermutigen, um si-
cherzustellen, dass das Endprodukt, welches häufig eine sehr persönliche Darstellung des
Kunden im Internet ist, den Kunden zufrieden stellt. Eine Alleinselbständige erklärt:

„There is a lot of fear about technology and you know it can be really overwhelming, and I am
really nice with people and I take a lot of time, like whatever time they need, I take, and I mean
they are paying for it, so why should I be in a hurry." (Alina, Zeile 336ff.)

Alina und Helena versuchen, ihre Kunden aktiv in den Produktionsprozess einzubinden, sie
zu Ko-Produzenten zu machen, welche einen großen Einfluss auf das Design der Web-Seite
haben. Das hat mindestens zwei vorteilhafte Effekte: Erstens gehen die Kunden, wenn sie
ihre Furcht vor der Technologie abgelegt haben und sich im Prozess involvieren, oftmals
über vorher gesetzte Budgetgrenzen hinaus, um ein befriedigenderes Resultat zu erzielen.
Zweitens sind sie sowohl mit dem Resultat als auch mit dem Prozess sehr zufrieden, weshalb sich die Wahrscheinlichkeit von Nachfolgeaufträgen beziehungsweise eine Weiter-
empfehlung stark erhöht. Diese intensive Kooperation entspricht einem Budget-Plan, der
von Anfang an Zeit für Änderungspläne und andere Kontingenzen beinhaltet. Das erhöht
die Flexibilität des Alleinselbständigen im Produktionsprozess und hat den positiven Ne-
beneffekt, dass, falls das Zeitbudget nicht vollkommen ausgeschöpft wird, dem Kunden
Geld zurückerstattet werden kann. Anstatt ihre Fähigkeiten vom Kunden abzugrenzen, ihn
im Designprozess außen vor zu lassen, laden Sie ihre Kunden ein, mitzuwirken und nehmen Ihnen somit ihre Ängste.[9] Der Erfolg dieser Strategie steht im Kontrast zu denjenigen
Alleinselbständigen, welche Kunden als Hemmnis für gutes Design ansehen und somit
nicht fähig sind, Kunden auf diese Art zu binden und sich in sozialen Kreisen zu etablieren.

„The second biggest challenge I think is that everybody thinks they are a designer, so even
though they want me to design it for them, they are telling me how to design. So sometimes it
gets a little crazy... because they want to design too, but you hired me to do it. " (Maria, Zeile
52ff)

---

[9] Dass die Designer dabei ihren Kunden nicht total freie Hand lassen, lässt sich aus folgendem Zitat ablesen: „It is
a balance, because I mean if I literally did what they wanted me to do, it would be really bad, because they are not
a designer, you know and like my clients aren't designers and when they lead the way too strongly, the product is
not something that I am happy with so I have to very diplomatically balance what they want and right with what
makes sense and s good and right for the audience and the situations and for like aesthetics" (Alina , Zeile 553f).

Es ist dieses Abgrenzen und die Betonung der eigenen Kompetenz, welche den wechselseitigen Prozess des Inputs in das Web-Site design behindert und den Kunden nicht in den Designprozess integriert, welches die Kundenzufriedenheit reduziert.

8   Auf der Suche nach Nischen mit genügend Aufträgen

Der Erfolg eines Alleinselbständigen in Segmenten, die über Empfehlungen funktionieren, hängt von der Zahl der Aufträge und von den Betriebsmitteln der Klienten in der spezifischen Nische ab, in die man sich begibt. Bezüglich ihrer eher stetigen Auftragslage reflektiert Helena,

> „I don't know, I mean partially it is just people who are gonna spend more money talk to other people who have done other big projects, so I think you know if you have a more sophisticated business, you will gonna talk to someone who has had that experience, so the more of those I do, the more people will mention my name when it comes to it. " (Helena, Zeile 555ff)

E-businesses mit eher größerem Budget oder NGOs mit einer konstanten Fluktuation des Personals, welche zur Zirkulation der Reputation eines Web-Designers beitragen (Alina), sind vorteilhafte Nischen, während andere Nischen mit zu wenig Ressourcen ausgestattet sind, um allein den Designer zu versorgen.

> „So, by that time, I actually realized that there was actually a niche in the market, because students, fresh especially when graduating, they needed to have a web presence to show your website to prospective employers, so I started, I had to do at least two people where I had to do their portfolio of work, ... so it could have been a market just with the students, but then your rates would have to be lower, because they could not really pay that high rates." (Ariane, Zeile 529ff.)

Wie aus den oben zitierten Anmerkungen deutlich wird, können Nischen, in denen die Kunden ungefähr dasselbe Produkt wollen und sich untereinander kennen, sehr vorteilhaft für Designer sein. Aus diesem Grund wird das Eindringen in solche Informationskreisläufe und das Erwerben einer guten Reputation in denselben zum Bestandteil der Reflexionen und des Handelns der Freiberuflichen. Das extremste Beispiel bewussten Handelns stellt hierbei Tom dar, welcher gezielt die Bekanntschaft von Musikern zu machen sucht:

> „I am actually building on a niche right now because I am so involved with music communities, so I do work a lot with musicians on their sites and growing them out.... But I am sort of trying to track down mostly musicians and artists, and it is kind of interesting niche to grow, especially in an area like New York, there are so many musicians, it is almost like an infinite resource to work with." (Tom, Zeile 191ff.)

Der Aufbau von Nischen ist ein bewusster Versuch, in soziale Kreise vorzudringen, in denen ihre Fähigkeiten eine hohe Nachfrage haben. Alleinselbständige nutzen dabei häufig soziale Bekanntschaften, *um durch* sie in die gewünschten sozialen Situationen *eingeführt zu werden*, so dass sie selbst nicht direkt die Gruppe ansteuern. Eine andere Möglichkeit ist das Suchen des unverbindlichen Gesprächs, welches letztendlich zur Frage des jeweiligen

Berufes führt. Auch hier geht es darum, dass nicht der Eindruck des Anpreisens der eigenen Dienste entsteht, sondern darauf zu warten, dass das Thema zufällig besprochen wird:

> „Somebody asked me like a networking question, and I say, 'Just sort of find one thing. Just find one thing that they are interested in and then you can roll on it to whatever you need to talk about.' ...So I just stand around and somebody will say something and then start talking, I am like, ... 'Oh, I have something like this on my computer,' and he will be like 'I just had something doing this,' and I am like, 'No,' and that will roll into like 'And, what do you do?' 'Oh, I am a web designer.' And, that is how that rolls." (Tom, Zeile 937ff.)

9   The Drivers' Seat

Diese Kategorie der Aufträge „Oh, you happen to be there jobs" (Tom), ist für zwei der Alleinselbständigen eine wichtige Auftragsquelle, wird aber als Strategie von mindestens fünf Selbständigen im Sample verfolgt. Die Idee dabei ist es, zu vermeiden, seine Dienste selbst anzupreisen, da die Rolle des Bittstellers Zweifel an der Qualität der Dienste des Bittstellenden erzeugt und dem Gefragten eine erhöhte Verhandlungsmacht gibt. Im Gegensatz dazu erzeugen diese Situationen für den Selbständigen einen Vertrauensvorschuss durch den gemeinsamen Bekannten beziehungsweise eine Verminderung des Misstrauens durch den „zufälligen" Charakter des Aufeinandertreffens. Dadurch hat der Selbständige weitaus mehr Verhandlungsmacht dem anderen entgegen zu kommen und die Beziehung auch vorteilhaft für sich zu gestalten.

> „A good example is on Saturday I went to- I actually missed my friends' show, because I was at another show that was before that, but he was hanging out, so I came around and said hi, and his guitarist has his own company, that are off selling guitars, trying to get that off base, and he goes and says, 'Well we really don't have a website.' So, it is like, 'Wow, Tom here is a Web-Designer,' and it then just rolls from there, and so we are in talks right now." (Tom, Zeile 211ff.)

Dieses Vertrauensmanagement, welches den Selbständigen anstelle des Fragenden in die Position des Gefragten bringt, ist für den Selbständigen ein Sachverhalt von substanziellem Vorteil, welche auch in anderen Strategien zu erreichen versucht wird. In der Position des Gesuchten, die z.B. durch Empfehlungen erreicht werden kann, hat der Selbständige die Möglichkeit mehr Kontrolle auf die Verhandlungen auszuüben, sozusagen „in the driver's seat" zu sein. Aus dieser Position kann der Gesuchte Gefälligkeiten leisten, anstelle auf Gefälligkeiten angewiesen zu sein und er kann die eigenen Anstrengungen für diese Aufträge weitaus besser selbst bestimmen. Das hat wichtige Auswirkungen auf die Gestaltung des Preis-Leistungsverhältnisses, wie folgendes Zitat verdeutlicht:

> „With an estimate or a quote it is more like they come to you because they are looking for something and they heard that maybe you are a good person for it and so they are really sort of courting you in a way...And, then, they go, 'Oh, well, you know, I don't have that amount of money.' And, you go, 'Well I could- I could do it in this way. I could scale back and then I could afford to do it at that premium.' So it is more like, it is more like you are in more you know the driver's seat, with the project." (Alina , Zeile 473ff.)

Dieser Prozess, in dem der Selbständige für einen gewissen Preis die Arbeitsleistungen senken kann, steht im Widerspruch zum Bietverfahren, in dem mehrere Selbständige sich gegenseitig für einen Auftrag preislich unterbieten und damit für diesen Preis ihre Arbeitsleistung nach oben schrauben.

10   Die Rationalität kurzfristig irrationaler Handlungen

Wenn man die strukturelle Bedeutung der Reputation der Selbständigen in Informationskreisläufen versteht, werden auch Verhaltensweisen, die zunächst irrational erscheinen und kurzfristig irrational sind, rational deutbar. Zum Beispiel das Weiterreichen von Klienten an günstigere Konkurrenten, das kostenlose Einbauen kleiner Extras oder der Verweis auf Quellen, wo einfache Web-Seiten kostenfrei gebaut werden können, erlauben es den Selbständigen den Eindruck zu pflegen, dass sie das Wohl des Kunden vor ihr eigenes Wohl stellen. Diese Gefälligkeiten bewirken den Aufbau von Vertrauen. Das führt zu Empfehlungen und bindet die Kunden (für die man kleine Extras einbaut) langfristig an den Selbständigen.

> „And I would always go and tell a client, if I can't do it or if I consider it could be done better in some other way, because ultimately, I want the client more than I would want the project, I would much rather have them saying: 'This guy is straight with us. I am going to use him again,' than try to do something just to get the money and then not do a good job." (Giovanni, Zeile 196ff.)

Giovannis Ziel ist es also, eher den Kunden zu binden, als den kurzfristigen Gewinn zu erzielen. Dieses Verhalten konkurriert jedoch auf der anderen Seite mit der Tendenz der Selbständigen sich über ihre Fähigkeiten zu verkaufen. Das führt normalerweise dazu, dass sie während der Auftragsbearbeitung neue Fähigkeiten erwerben müssen. Je mehr Kunden man hat, desto einfacher ist es, der ersten Strategie zu folgen. Das hat vorteilhafte Auswirkungen, wie das folgende Zitat zeigt:

> „It is always in the interest of the person, you know, that I am turning them down, so it is not like I am turning them down because I am a jerk, but it is because you know, it is not a good match …It is weird, because it is usually the opposite, we get more work out of a situation like that because the client really understands that we are looking out for them and care about them and to care about their project, so they then tend to send more people to us and to come back to us with other projects….They like knowing this is a person that not only is she not trying to screw me over, she is turning down the job you know because she thinks it would be better if it would be done by somebody else. So people really like that." (Alina, Zeile 573ff.)

Wie die obigen Zitate verdeutlichen, kann für die Selbständigen die Reputation eines persönlichen Desinteresses am schnellen Gewinn durch immer wiederkehrende Klienten und eine erhöhte Anzahl von Empfehlungen sehr positive Auswirkungen haben. Auf diese Art können kurzfristige Verluste sich in langfristige Gewinne umwandeln. Solche Handlungen signalisieren Integrität und eine gute Auftragslage (als Zeichen der Kompetenz). Tom fasst das Image, welches er durch solche Handlungen wie das Verweisen auf kostenlose Mini-Web-Seiten zu verbreiten versucht, als

„being a friendly guy that helps you out, …and I will try to work in your budget if I can. If I can't, I will help you find somebody or something that will." (Tom, Zeile 493ff.)

Im Weiteren weist er darauf hin, dass diese Aktionen nicht nur Empfehlungen generieren, sondern auch seinen Preis pro Stunde beschützen, da auch diese Informationen zirkulieren. Während diese Zeichen die Auftragssuche erleichtern können, weisen sie auch auf stark stratifizierende Tendenzen im Markt hin, die sich pfadabhängig entwickeln. Alleinselbständige mit einer guten Auftragslage sind weitaus eher in der Lage, nicht ins Tätigkeitsbild passende Kunden wegzuschicken und somit Signale der Vertrauenswürdigkeit auszusenden, die ihre Auftragsbücher füllen können.

11   Fazit

Das empirische Material legt eine Deutung der Märkte für interaktive Dienstleistungsarbeit als eine Ökologie von Informationsräumen nahe, welche durch die Ressourcen, die in ihnen zirkulieren und die Art und Weise differenziert sind, in welcher Akteure die Probleme der Unsicherheit und Verletzlichkeit der Kunden lösen. Auf der einen Seite steht der anonyme Markt, in welchem die Verkäufer von Web-Design Service sich gegenseitig unterbieten und das Überwinden der Vertrauenslücke, die durch die anonymisierten Kommunikationsmedien entsteht (Email). Auf der anderen Seite gibt es verschiedene Informationsnetzwerke, in welchen spezialisierte Alleinselbständige ihre Reputation etabliert haben und Arbeit durch Empfehlungen erhalten (s. für die grundlegende Formulierung, Chamberlin 1936; für eine Anwendung auf Produktmärkte White 2002). Die hohe Unsicherheit in Bezug auf die Qualitäten der Anbieter in diesem Markt, in den Worten Podolnys der „altercentric uncertainty" lässt den sozialen Netzwerken eine eminente Rolle in diesen Märkten zukommen (für das theoretische Argument, s. Podolny 2001). Die Netzwerkdynamiken, die sich daraus ergeben, werden auch maßgeblich von den Designern selbst initiiert, die eine Interaktionskultur entwickeln, die auf den Aufbau von Beziehungen ausgerichtet ist. In diesem Kapitel wurden mehrere erfolgreiche Strategien in solchen Interaktionskulturen vorgestellt, die sich an diese Marktgegebenheiten anpassen. Für jede dieser Strategien gilt, dass sie darauf abzielen, persönliche Beziehungen mit den Kunden herzustellen und die Vertrauenslücke zu überwinden, welche zwischenmenschlichen Tausch- und Kooperationsbeziehungen innewohnt, die nur schwach rechtlich strukturiert sind. Alle diese Strategien der Kundeninteraktion zielen auf eine Begrenzung der Unberechenbarkeit eines unpersönlichen Marktes ab (Voswinkel 2005: 45). Diese Strategien können mit Hirschman (1987) in drei Dimensionen verstanden werden. Als ein Erhöhen der Kosten der Exit-Option für den Kunden, wenn einmal ein geeigneter Designer gefunden ist, als eine Ausweitung der Möglichkeiten der Mitbestimmung in der Dienstleistungsbeziehung (Erweiterung des Voice) und eine Steigerung der Loyalität zum Beispiel durch kleine, kostenlose Serviceleistungen.

Das Aufbauen eines Kundennetzwerkes ist von entscheidender Bedeutung, wenn ein Alleinselbständiger seine Auftragslage, Einkommen und Arbeitszeiten verstetigen will. Die Kooperation im Design einer Web-Seite und die Vertrauenswürdigkeit als Bedingung für die Vertragsschließung führen zu einer Segmentierung des Web-Design Marktes. Auf der einen Seite gibt es verschiedene soziale Zirkel, in denen die Reputation eines Web-Designers zirkuliert und auf der anderen Seite gibt es einen anonymen Bietermarkt. Der Markt für Web-Design muss daher als ein imperfekt verbundener Informationsraum verstanden werden, der von verschiedenen Netzwerken gebildet wird. Der Einstieg in bestimmte Kommunikationskanäle und der Aufbau einer guten Reputation in diesen Zirkeln sind entscheidend für die Arbeitssituation eines Alleinselbständigen. Aus diesem Grund versuchen sie sich in bestimmten Nischen einzubetten. Sie erreichen das durch das Erzeugen „persönlicher Beziehungen" zu ihren Kunden, welche über den Markttausch hinausgehen oder indem sie soziale Netzwerk-Situationen suchen, in denen der Kundenkontakt von weitaus geringerem Misstrauen und Unsicherheit gekennzeichnet ist, und das Gefühl der Verletzbarkeit durch gemeinsame Bekannte reduziert wird.[10] Diese sozialen Netzwerke, in denen eine positive Reputation der Designer zirkuliert und somit den Untersuchten eine relative Sicherheit gibt, erfordert beständige Pflege. Das verlängert die Arbeitszeiten bis tief in die Nacht und verlangt bei wichtigen Kunden sofortigen Service ohne Rücksicht auf die eigene Tagesplanung. Es schränkt also die Fluktuationen ein, eliminiert sie aber nicht.

Um diese zwischenmenschlichen Beziehungen zu den Kunden aufzubauen und zu pflegen, müssen die Alleinselbständigen auch Vertrauensmanagement in ihre Strategien einbeziehen. Aus diesem Grund engagieren sie sich in Image und Reputationsmanagement, gebildet durch Signale der Integrität, der Kompetenz und des Wohlwollens. Diese Vorschussinvestitionen haben dann mindestens denselben Effekt auf die Empfehlungsnetzwerke der Kunden wie auf die Kunden selbst. Dabei zahlt sich besonders der Status als Spezialist für eine bestimmte Web-Seitenform aus, der es den Alleinselbständigen ermöglicht, das Gefühl der Unsicherheit ihrer Kunden durch Beratung im Produktionsprozess zu reduzieren. Auf diese Weise kann die Angst vor der Technologie überwunden werden, während die Reputation als fähige Akteure, die sich um das Wohl ihrer Kunden sorgen die Angst des Übervorteiltwerdens auf Seiten der Kunden reduziert. Die Reduktion der Angst der Kunden vor der Technologie und die Stärkung des Vertrauens der Kunden in ihre eigenen Fähigkeiten als Designer ist eine weitere Strategie, um das Einkommen zu verstetigen. Dieses führt zu mehr bezahlten Arbeitsstunden, da Kundenengagement mehr Rücksprache erfordert. Außerdem scheint es die Kundenzufriedenheit zu erhöhen und zu mehr Empfehlungen zu führen.

Die Alleinselbständigen reagieren auf die verschiedenen spezifischen Marktbedingungen durch das Herausbilden einer spezifischen Interaktionskultur. Indem sie in die Produktion der Zeichen der Vertrauenswürdigkeit und vertrauensschaffende Praktiken investieren, gelingt ihnen eine relative Verstetigung ihres Einkommens. Viele dieser Strategien entstanden bei den Akteuren durch die Arbeitserfahrung in einem längeren Zeitraum, sie wurden also nicht von Beginn intentional geplant. Aus diesem Grund scheint eine Analogie zur evolutionären Spieltheorie adäquat.

> „The units that are subject to selection pressure in evolutionary biology are 'strategies'…, which are conditional strategies from available menus so as to further their projects and purposes" (Dasgupta, 2010).

---

[10] Diese Strategien generieren jedoch nicht immer genügend Aufträge. Diese Art soziales Kapital kann keine Vollbeschäftigung im traditionellen Sinn fuer die Selbständigen sichern. Acht der elf Befragten erlebten längere Phasen, in denen sie keine Aufträge und damit kein Einkommen hatten und auf Erspartes zurückgreifen mussten, eine nervlich sehr belastende Situation. Eine besondere Gefahr des Arbeitens über Empfehlungen und Kundenstamm ist ein genereller Markteinbruch, der den ganzen Kundenstamm löschen kann, so wie Giovanni es 2001 erlebte (für eine Analyse der Arbeitssituation von Alleinselbständigen in Deutschland, s. Ertel/ Pröll 2004).

Analog können wir sagen, dass diejenigen Selbständigen, welche erfolgreich das Vertrauensmanagement beherrschen, sich selbst in Nischen etablieren und daher eine höhere Chance haben, in dieser Position diese Arbeit weiterhin zu verrichten. Neben dem Faktor des Zufalls können wir auch positive „feedback loops" beobachten: Je besser jemand in eine Nische eingebettet ist (je höher die Anzahl der dort gesicherten Aufträge), desto besser kann er/sie vertrauenerweckenden Strategien verfolgen. Das bedeutet gleichzeitig, dass diejenigen, die nicht in solchen Nischen sind, der Gefahr negativer Feedback-loops und fortdauernder Prekarität ausgesetzt sind.

Literatur

Bacharach, Michael und Diego Gambetta. 2001. „Trust in signs". in K.S. Cook (Hg.), *Trust in Society*. New York: Russell Sage Foundation. S. 148-184.

Batt, Rosemary, Christopherson, Susan, Rightor, Ned und Danielle van Jaarsveld. 2001. *Net working: Labor market challenges for the new media workforce*. Washington, D.C.: Economic Policy Institute.

Beckert, Jens. 2005. „Trust and the performative construction of markets". *MPIfG Discussion Paper* 05/8. Köln, Germany: Max Planck Institut für Gesellschaftsforschung.

Berkowitz, Stephen D. 1988. „Afterword: Toward a formal structural sociology". in Barry Wellman / Steven Berkowitz (Hg.) *Social structures: A network approach*. Cambridge: Cambridge University Press. S. 477-497.

Bernhard, Stefan. 2008. „Netzwerkanalyse und Feldtheorie. Grundriss einer Integration im Rahmen von Bourdieus Sozialtheorie". in Christian Stegbauer (Hg.) *Netzwerkanalyse und Netzwerktheorie*. VS Verlag für Sozialwissenschaften. S. 121-130.

Blümel, Clemens. 2008. „Institutionelle Muster der Wissensproduktion in den Optischen Technologien: Feldtheoretische Perspektiven zur Interpretation von Netzwerkstrukturen". in Christian Stegbauer (Hg.). *Netzwerkanalyse und Netzwerktheorie. Ein neues Paradigma in den Sozialwissenschaften*. Wiesbaden: VS Verlag für Sozialwissenschaften. S. 131-144.

Breiger, Ronald. 2010. „Dualities of Culture and Structure: Seeing Through Cultural Holes". in Jan Fuhse und Sophie Mützel (Hg.) *Relationale Soziologie. Zur kulturellen Wende der Netzwerkforschung*. Wiesbaden: VS Verlag für Sozialwissenschaften, S. 37-48.

Callon, Michel (Hg.). 1998. *The Laws of the Markets*, Oxford: Blackwell.

Callon, Michel, Cecile Meadel and Vololona Rabehariso. 2002. „The Economy of Qualities". *Economy and Society* 31(2): 194-217.

Chamberlin, Edward Hastings. 1936. *Theory of Monopolistic Competition- A re-orientation of the theory of value*. Cambridge, USA: Harvard University Press.

Christopherson, Susan. 2004. „The divergent worlds of new media: How policy shapes work in the creative economy". *Review of Policy Research*, 21(4): 543-558.

Cook, Karin S., Hardin, Russel. und Levi, Margaret. 2005. *Cooperation without trust?* New York: Russell Sage Foundation.

Damarin, Amanda K. 2004. *Fit, flexibility, and connection: Organizing employment in emerging web labor markets*. New York City 1993-2003. Unpublished doctoral dissertation, Columbia University, New York.

Damarin, Amanda K. 2006. „Rethinking occupational structure – The case of web site production work." *Work and Occupations* 33(4): 429-463.

Dasgupta, Partha. 1988. „Trust as a commodity". in D. Gambetta (Hg.) *Trust: Making and Breaking Co-operative Relations*. Oxford, UK: Basil Blackwell, 49-72.

Dasgupta, Partha. 2010. „Trust and Cooperation among Economic Agents". *Philosophical Transactions of the Royal Society B*.

Emirbayer, Mustafa and Goodwin, Jeff. 1994. „Network Analysis, Culture, and the Problem of Agency". *American Journal of Sociology,* Vol. 99, No. 6: 1411–1454.

Pröll, Ulrich und Michael Ertel. 2004. „Arbeitssituation und Gesundheit von „neuen Selbständigen" im Dienstleistungssektor". *Arbeit* 1: 1-12.

Fenwick, Tara. (2006). „Contradictions in portfolio careers: Work design and client relations". *Career Development International* 11(1): 65-79.

Fuhse, Jan. und Sophie Mützel. (Hg.) 2010. *Relationale Soziologie. Zur kulturellen Wende der Netzwerkforschung.* Wiesbaden: VS Verlag für Sozialwissenschaftenn.

Gambetta, Diego. 1988. „Introduction". in Gambetta, Diego (Hg.), *Trust: Making and breaking cooperative relations.* Oxford, UK: Basil Blackwell. S. 1-13.

Gibbons, Robert. 2001. „Trust in social structures: Hobbes and Coase meet repeated games". in K.S. Cook (Hg.) *Trust in Society.* New York: Russell Sage Foundation, S. 332-353.

Glaser, Barney und Anselm L. Strauss. 1967. *The discovery of grounded theory-Strategies for qualitative research.* New York: Aldine.

Gottschall, Karin. und Anne Henninger. 2005. „Freelancer in den Kultur- und Medienberufen: Freiberuflich, aber nicht frei schwebend". In N. Mayer-Ahuja, und H. Wolf (Hg.) *Entfesselte Arbeit-Neue Bindungen* Berlin, Germany: Edition Sigma. S. 156-184.

Granovetter, Mark. 1985. „Economic action and social structure: A theory of embeddedness". *American Journal of Sociology,* 91(3): 481–510.

Greif, Avner. 1989. „Reputation and Coalitions in Medieval Trade: Evidence on the Maghribi Traders. " *Journal of Economic History*, Vol. XLIX, No. 4 (Dec. 1989): 857-882.

Hardin, Robert. 2002. *Trust and Trustworthiness.* New York: Russel Sage Foundation.

Heidler, Richard. 2008. „Zur Evolution sozialer Netzwerke. Theoretische Implikationen einer akteursbasierten Methode". in Christian Stegbauer (Hrsg.) *Netzwerkanalyse und Netzwerktheorie: Ein neues Paradigma in den Sozialwissenschaften*, Wiesbaden, VS Verlag für Sozialwissenschaften, S. 359-372.

Heimer, Christine .A. 2001. „Solving the problem of trust". in Karen S Cook (Hg.) *Trust in Society.* New York: Russell Sage Foundation. S. 40-88.

Hepp, Andreas. 2010. „Netzwerk und Kultur". in Christian Stegbauer und Roger Häußling (Hg.): Handbuch der Netzwerkforschung. Wiesbaden: Verlag für Sozialwissenschaften.

Hirschman, Albert O. 1987. *Abwanderung und Widerspruch.* Tübingen: Mohr.

Hollstein, Bettina. 2008. „Strukturen, Akteure, Wechselwirkungen". in C. Stegbauer (Hg.) *Netzwerkanalyse und Netzwerktheorie.* VS Verlag für Sozialwissenschaften. S. 91-104.

Jones, Gareth. R. und Jennifer M. George. 1998. „The Experience and Evolution of Trust: Implications for Cooperation and Teamwork". *Academy of Management Review* 23 (3): 473-490.

Luhmann, Niklas. 1979. *Trust and power: Two works by Niklas Luhmann.* Chichester, UK: Wiley.

Luhmann, Niklas. 1984. *Soziale Systeme. Grundriss einer allgemeinen Theorie.* Frankfurt/Main: Suhrkamp Verlag.

Schoorman, F. David, Mayer, Roger .C. und James H. Davis. 1995. „An integrative model of organizational trust". *Academy of Management Review*, 20(3): 709–734.

Mayer-Ahuja, Nicole und Harald Wolf. 2005. „Arbeit am Netz: Formen der Fremd- und Selbstbindung bei Internetdienstleistern." in Nicole Mayer-Ahuja und Harald Wolf (Hg.) *Entfesselte Arbeit - Neue Bindungen.* Berlin: Edition Sigma: S. 61-108.

Macho-Stadler, Ines und David Perez-Castrillo. 1997. *An Introduction to the Economics of Information-Incentives and Contracts.* Oxford: Oxford University.

Mcknight, D. Harrison., Cummings, Larry. L. und Norman L. Chervany. 1998. „Initial trust formation in new organizational relationships. " *Academy of Management Review*, 23 (3): 473-490.

Nooteboom, Bert. 1996. „Trust, opportunism and governance: A process and control model". *Organization Studies,* 17(6): 985–1010.

Podolny, Joel M. „Networks as the pipes and prisms of the market". *American Journal of Sociology;* Vol. 107 (1): 33-60

Stegbauer, Christian. (Hg.). 2008. *Netzwerkanalyse und Netzwerktheorie. Ein neues Paradigma in den Sozialwissenschaften.* Wiesbaden: VS Verlag für Sozialwissenschaften.

Stiglitz, Joseph. 2001. „Information and the change in the Paradigm in Economics". Prize Lecture. http://nobelprize.org/nobel_prizes/economics/laureates/2001/stiglitz-lecture.pdf

Thiemann, Matthias. 2009. „Is the Whole More than the Sum of its Parts? " *Proto-Sociology* Vol. 26: 262-271.

Voswinkel, Stefan. 2005. *Welche Kundenorientierung? Anerkennung in der Dienstleistungsarbeit.* Berlin: Edition Sigma.

Voswinkel, Stefan. 2000. „Das mcdonaldistische Produktionsmodell - Schnittstellenmanagement interaktiver Dienstleistungsarbeit". in Heiner Minssen. (Hg.). *Begrenzte Entgrenzungen. Wandlungen von Organisation und Arbeit,* Berlin, Germany: edition sigma. S 177-203.

Wellman, Barry and Steven D. Berkowitz (Hg.). 1988. *Social structures: a network approach.* Cambrdige: Cambridge University Press.

White, Harrison C. 2008. *Identity and Control: How Social Formations Emerge.* Princeton University Press

White, Harrison C. 2002. *Markets from Networks: Socioeconomic Models of Production.* Princeton: Princeton University.

White, Harrison C. 1981. „Where Do Markets Come From? " *American Journal of Sociology* 87 (3): 983-38.

White, Harrison C., Boormann, Scott. und Ronald. L. Breiger. 1976. „Social structure from multiple networks: Blockmodels of roles and positions." *American Journal of Sociology, 81*(4), 730–780.

Zucker, Luise G. 1986. „Production of trust: Institutional sources of economic structure, 1840-1920." in Barry M. Staw und Larry L. Cummings (Hg.) *Research in Organizational Behavior,* 8: 53-111, Greenwich, CT: JAI Press.

Zu den Autoren

Dr. Jan Fuhse ist wissenschaftlicher Mitarbeiter an der Universität Bielefeld. Forschungsschwerpunkte: Theorie sozialer Netzwerke, Ungleichheitsforschung, Politische und Kultursoziologie. Neuere Veröffentlichungen: „The Meaning Structure of Social Networks" *Sociological Theory* (2009), „Die kommunikative Konstruktion von Akteuren in Netzwerken" *Soziale Systeme* (2009), *Relationale Soziologie* (Hg. mit Sophie Mützel, VS 2010).

PD Dr. Gerit Götzenbrucker ist Ass. Prof. am Institut für Publizistik- und Kommunikationswissenschaft der Universität Wien. Ihre Forschungsschwerpunkte sind Theorie und Praxis Neuer Medien und Kommunikationstechnologien, insb. Technikfolgenabschätzung und Evaluation; Organisationskommunikation; Soziale Netzwerkforschung; Digitale Spieleforschung. Gegenwärtig arbeitet sie mit ihrem Team am Projekt „Internet Use and Friendship Structures of young migrants in Vienna: the Question for Diversity within Social Networks and Online Social Games".

Dr. Elke Hemminger ist wissenschaftliche Mitarbeiterin an der Pädagogischen Hochschule Schwäbisch Gmünd. Forschungsschwerpunkte: Digital Game Studies, neue Formen jugendlicher Vergemeinschaftung, Fankulturen im Web 2.0, Jugend- und Mediensoziologie. Neuere Veröffentlichungen: *The Mergence of Spaces* (Sigma 2009), „Fantasy Facebook. Merged Gameplay in MMORPGs as Social Networking Activities" in: *Edges of Gaming* (hg. von Konstantin Mitgutsch et al., 2010).

Dr. Andreas Hepp ist Professor für Kommunikations- und Medienwissenschaft mit dem Schwerpunkt Medienkultur und Kommunikationstheorie an der Universität Bremen. Forschungsschwerpunkte: Mediensoziologie, transnationale und transkulturelle Kommunikation, Cultural Studies und Medienwandel. Neuere Veröffentlichungen: *Cultural Studies und Medienanalyse* (VS 2010), *Die Mediatisierung der Alltagswelt* (Hg. mit Maren Hartmann, VS 2010) und *Media Events in a Global Age* (Hg. mit Nick Couldry und Friedrich Krotz, Routledge 2010).

Dr. Klaus Neumann-Braun ist Ordinarius am Institut für Medienwissenschaft der Universität Basel (Schweiz). Forschungsschwerpunkte: Populärkulturanalysen, Publikumsforschung, Bild und Medien. Buchveröffentlichungen u.a.: *VIVA MTV! Reloaded* (mit A. Schmidt und U. Autenrieth, Nomos 2009), *Die Bedeutung populärer Musik in audiovisuellen Formaten* (Hg. mit C. Jost, A. Schmidt und D. Klug, Nomos 2009), *Doku-Glamour im Web 2.0. Partyportale und ihre Bilderwelten* (Hg. mit A. Astheimer, Nomos 2010).

Dr. Jürgen Pfeffer, Studium der Wirtschaftsinformatik/Informatik an der Technischen Universität Wien. Forschungsschwerpunkte: Struktur und Dynamik in Mensch-zu-Mensch Kommunikationsnetzwerken, Netzwerkvisualisierung, Diffusion, Simulation, Programmierung von Netzwerkanalyse-Software, Zusammenführung qualitativer und quantitativer Methoden.

Dr. Florian Schulz ist wissenschaftlicher Mitarbeiter am Institut für Arbeitsmarkt- und Berufsforschung (IAB) der Bundesagentur für Arbeit in Nürnberg. Forschungsschwerpunkte: Berufsforschung, Arbeitsmarkt- und Familiensoziologie. Neuere Veröffentlichungen: *Verbundene Lebensläufe* (VS 2010), „Who contacts whom? Educational homophily in online mate selection" *European Sociological Review* (mit Jan Skopek & Hans-Peter Blossfeld, 2010).

Iren Schulz ist wissenschaftliche Mitarbeiterin am Seminar für Medien- und Kommunikationswissenschaft der Universität Erfurt. Forschungsschwerpunkte: Digitale Medien, soziale Netzwerke und Sozialisation. Neuere Veröffentlichungen: „Mediatisierung und der Wandel von Sozialisation: Die Bedeutung des Mobiltelefons für Beziehungen, Identität und Alltag im Jugendalter" in: *Die Mediatisierung der Alltagswelt* (hg. von Maren Hartmann und Andreas Hepp, VS 2010).

PD Dr. Christian Stegbauer vertritt z.Zt. eine Professur für Empirische Sozialforschung an der Universität Erfurt. Forschungsschwerpunkte: Theoretische und empirische Netzwerkforschung, Kultursoziologie, Medien- und Kommunikationssoziologie. Veröffentlichungen: *Netzwerkanalyse und Netzwerktheorie* (Hg., VS 2008), *Wikipedia: Das Rätsel der Kooperation* (VS 2009), *Handbuch Netzwerkforschung* (Hg. mit Roger Häußling, VS 2010).

Matthias Thiemann ist Doktorand am Soziologie-Department der Columbia University (New York) und zurzeit Enseignant am Institut d'Etudes Politiques Paris. Forschungsschwerpunkt: Regulierung von Arbeit und Geld in den „Varieties of Capitalism". Neueste Veroeffentlichung: „Taming Finance by Empowering Regulators. A Survey of Policies, Politics and Possibilities" *UNDP Discussion Paper* (mit S. Griffith Jones und L. Seabrooke, 2010).

Dominic Wirz, B.A., arbeitet als wissenschaftliche Hilfsassistenz im Rahmen des SNF-geförderten Forschungsprojekts „Jugendbilder im Netz" (Leitung: Prof. Dr. Klaus Neumann-Braun) am Institut für Medienwissenschaft an der Universität Basel (Schweiz). Forschungsschwerpunkte: Digitale Medien und Partizipation, Design und Konsumkulturen am Beispiel der Retro-Kultur.

GPSR Compliance
The European Union's (EU) General Product Safety Regulation (GPSR) is a set
of rules that requires consumer products to be safe and our obligations to
ensure this.

If you have any concerns about our products, you can contact us on

ProductSafety@springernature.com

In case Publisher is established outside the EU, the EU authorized
representative is:

Springer Nature Customer Service Center GmbH
Europaplatz 3
69115 Heidelberg, Germany